新能源车用燃料电池应用技术

质子交换膜燃料电池
原理及耐久性

杨代军　主编

卢奕睿　明平文　李 冰　副主编

U0201493

化学工业出版社

·北京·

内容简介

《质子交换膜燃料电池原理及耐久性》主要汇集了同济大学教研团队多年的燃料电池教学和科研工作成果及最新进展，特别总结了参与国家新能源汽车、氢能重点专项研究的工程经验。书中围绕质子交换膜燃料电池的耐久性展开阐述，介绍了燃料电池的分类、发电原理，燃料电池耐久性现状及目标等；阐述了质子交换膜、催化层、气体扩散层与双极板等关键材料和部件的结构、衰退机制与抑制策略；分析了电堆运行条件下的耐久性并介绍了杂质气体对质子交换膜燃料电池性能的影响。

《质子交换膜燃料电池原理及耐久性》可供开展燃料电池相关研究的高校和科研院所的师生、研究人员使用，也可供企业研发人员参考。

图书在版编目（CIP）数据

质子交换膜燃料电池原理及耐久性/杨代军主编；卢奕睿，明平文，李冰副主编. —北京：化学工业出版社，2023.12
（新能源车用燃料电池应用技术）
ISBN 978-7-122-44757-9

Ⅰ.①质… Ⅱ.①杨…②卢…③明…④李… Ⅲ.①质子交换膜燃料电池 Ⅳ.①TM911.4

中国国家版本馆 CIP 数据核字（2023）第 237472 号

责任编辑：丁建华　　　　　　　　文字编辑：毕梅芳　师明远
责任校对：杜杏然　　　　　　　　装帧设计：关　飞

出版发行：化学工业出版社
　　　　　（北京市东城区青年湖南街 13 号　邮政编码 100011）
印　　刷：北京云浩印刷有限责任公司
装　　订：三河市振勇印装有限公司
710mm×1000mm　1/16　印张 18　字数 335 千字
2024 年 7 月北京第 1 版第 1 次印刷

购书咨询：010-64518888　　　　　售后服务：010-64518899
网　　址：http://www.cip.com.cn
凡购买本书，如有缺损质量问题，本社销售中心负责调换。

定　　价：138.00 元

前言

在我国"双碳"目标的强力驱动下，政府众多的激励政策相继出台，氢能领域科技水平飞速发展，取得了长足的进步。质子交换膜燃料电池（PEMFC）以氢气为燃料，启动迅速、清洁高效。从全球范围看，随着其发电性能的持续提升以及材料与制造成本的不断下降，PEMFC 在交通和能源领域的商业化大门已经开启。这体现在以下几个方面：

1. 燃料电池性能提升，成本下降。电池堆（电堆）功率密度已突破 4kW/L，成本已降至 1000 元/kW 以下。

2. 燃料电池寿命进步显著。石墨板电堆寿命可达 4 万小时，金属板电堆 1 万小时寿命已非鲜见。

3. 加氢基础设施不断完善。加氢站数量不断增多，已达 2000 座以上，其中东亚的加氢站建设势头尤其迅猛。

4. 氢燃料成本下降，经济效益开始显现。我国利用风、光和水等可再生能源发电领域的全球领先优势，不断开拓绿色制氢途径，氢气成本已逐级下降至市场可接受的水平。

近二十多年来在我国政府科技项目支持和科研人员的努力下，燃料电池堆的性能和寿命进步显著，成本逐步下降；氢气的"制-储-输-用"各环节技术成熟度不断提升，降本之路逐渐打通，极大地促进了燃料电池的发展。

我国氢能与燃料电池的发展，经历了"十五"和"十一五"（2003~2010 年）期间在科技部重大专项的支持和引领下，由同济大学、清华大学分别领衔各整车厂开发乘用和商用燃料电池汽车的热潮；也经历了 2008 年在美国金融危机的冲击下燃料电池汽车开发热的退潮；更经历了我国纯电动汽车在"三纵三横"战略引领下从与燃料电池汽车并驾齐驱到实现百万产能、举世瞩目。与纯电动汽车相比，在大众眼里的新能源汽车中，尚难觅燃料电池汽车的一席之地，在电站领域燃料电池的应用更是聊胜于无。这也是如今我国各级政府在"双碳"目标的引领下，纷纷出台产业和经济政策支持燃料电池发展的原因。

因此，尽管燃料电池的商业化已经开启，但想要达到一定的市场渗透率，真正为市场所接受，并在国民经济中发挥较大的作用，还必须克服自身耐久性不足这一重要短板。而长生命周期内的电堆耐久性，需要更先进的科技与工程解决方案，这也是本书的写作目的。本书将从燃料电池发电的基础热力学、动力学机制开始，介绍电堆的结构与组成；然后介绍膜电极组件、双极板、密封件和其他组件等关键材料和部件材料、结构、衰退机制与抑制策略；最后还针对电堆工作环境、水热管理和运行工况等展开分析，阐述外围因素对电堆寿命的影响。

本书汇集了课题组在燃料电池耐久性及相关方面的多年研究成果，由杨代军担任主编，卢奕睿、明平文和李冰担任副主编，刘鹏程、廖珮懿、冷宇、姚欢、贾林瀚、吴浩宇、屈同舟、徐胜楠、蓝弋林、田一凡和姚伟涛参与了编写工作。同时，也对为本书做出贡献的组内研究人员表示感谢。

本书的目的是希望给予燃料电池行业的学生、科研人员和工程技术人员关于燃料电池耐久性方面比较全面的指导，以促进行业发展，早日走向成熟。

目录

第3章 / 052
催化层：化学降解与结构破坏

第4章 / 102
气体扩散层：制造工艺及衰退机理

第5章 / 129
双极板与流场：成形方式与腐蚀失效分析

第6章 / 153
关键零部件对燃料电池堆耐久性的影响

第7章 / 178
电堆运行条件下的耐久分析

第8章 / 212
杂质气体对PEMFC性能的影响

术语表

中文	英文
磷酸型燃料电池	phosphoric acid fuel cell，PAFC
质子交换膜燃料电池	proton exchange membrane fuel cell，PEMFC
熔融碳酸盐燃料电池	molten carbonate fuel cell，MCFC
固体氧化物燃料电池	solid oxide fuel cell，SOFC
碱性燃料电池	alkaline fuel cell，AFC
开路电压	open circuit voltage，OCV
氧化还原反应	oxidation-reduction reaction，ORR
氢氧化反应	hydrogen oxidation reaction，HOR
膜电极	membrane electrode assembly，MEA
内燃机	internal combustion engine，ICE
气体扩散层	gas diffusion layer，GDL
双极板	bipolar plate，BPP
全氟磺酸	perfluorosulfonic acid，PFSA
聚四氟乙烯	poly tetra fluoro ethylene，PTFE
催化层	catalyst layer，CL
催化剂涂层膜	catalyst coated membrane，CCM
三元乙丙橡胶	ethylene-propylene-diene monomer，EPDM
线性伏安扫描	linear sweep voltammetry，LSV
氟离子流失速率	fluoride emission rate，FER
离子选择电极法	ion selective electrode，ISE
总离子强度调节缓冲溶液	total ionic strength adjustment buffer，TISAB
旋转圆盘电极	rotating disk electrode，RDE
直接膜沉积	direct membrane deposition，DMD
透射电子显微镜	transmission electron microscope，TEM
核磁共振波谱法	nuclear magnetic resonance，NMR
原子力显微镜	atomic force microscope，AFM

中文	英文
电化学活性表面积	electrochemical active surface area，ECSA
X射线光电子能谱法	X-ray photoelectron spectroscopy，XPS
大孔基底层	macroporous substrate，MPS
微孔层	microporous layer，MPL
界面接触电阻	interfacial contact resistance，ICR
热接触电阻	thermal contact resistance，TCR
有限元法	finite element method，FEM
聚丙烯腈	polyacrylonitrile，PAN
反应离子	reactive ion etching，RIE
聚偏氟乙烯	polyvinylidene fluoride，PVDF
氟化乙烯丙烯	fluorinated ethylene propylene，FEP
聚苯胺	polyaniline，PANI
聚吡咯	polypyrrole，PPY
电感耦合等离子体	inductively coupled plasma，ICP
扫描电子显微镜	scanning electron microscope，SEM
饱和甘汞电极	saturated calomel electrode，SCE
硅橡胶	silicone rubber，SR
氟橡胶	fluororubber，FKM
丁腈橡胶	nitrile butadiene rubber，NBR
氯丁橡胶	chloroprene rubber，CR
氟硅橡胶	fluorosilicone rubber，FVMQ
丙烯酸酯橡胶	acrylate material，ACM
5-亚乙基-2 降冰片烯	5-ethylidene-2-norbornene，ENB，mixture of endo-and exo-isomers
双环戊二烯	dicyclopentadiene，DCPD
1,4-己二烯	1,4-hexadiene，HD
热重量分析	thermogravimetric analysis，TGA
差热分析	differential thermal analysis，DTA
差示扫描量热法	differential scanning calorimetry，DSC
气相色谱质谱仪	gas chromatographic-mass spectrometer，GC-MS
能谱仪	energy dispersive spectrometer，EDS
X射线荧光光谱法	X-ray fluorescence，XRF
傅里叶变换衰减全反射红外光谱	attenuated total internal reflectance-Fourier transform infrared spectroscopy，ATR-FTIR

中文	英文
计算流体力学	computational fluid dynamics,CFD
电渗拖曳效应	electro-osmotic drag,EOD
新欧洲驾驶循环周期	new European driving circle,NEDC
全球统一轻型车辆测试程序	worldwide harmonised light vehicle test procedure,WLTP
美国环境保护署	U. S. environmental protection agency,EPA
中国汽车测试循环	China automotive testing cycle,CATC
燃料电池汽车	fuel cell vehicle,FCV
天然气蒸汽重整	steam methane reforming,SMR
变压吸附	pressure swing adsorption,PSA
碳捕集、利用与封存	carbon capture,utilization and storage,CCUS
选择离子监测	selected ion monitor,SIM
火焰离子化检测器	flame ionization detector,FID
热导检测器	thermal conductivity detector,TCD
光腔衰荡光谱	cavity ring-down spectroscopy,CRDS
光声光谱	photoacoustic spectroscopy,PAS
离子色谱法	ion chromatography,IC
电化学交流阻抗谱	electrochemical impedance spectroscopy,EIS
循环伏安法	cyclic voltammetry,CV

第**1**章

概述

氢能是未来交通和能源领域的重点发展方向之一，燃料电池是氢能的重要载体，我国投入了大量的人力财力不遗余力地进行开发[1]。

1.1 燃料电池分类

燃料电池（fuel cell）是一种特殊的"电池"，它借助内部发生的电化学反应，将化学能直接转化成电能。燃料电池与我们日常生活中用到的一次电池（如锌锰干电池）和可反复充电的二次电池（如铅酸蓄电池和镍-镉电池）有很大的区别。一般来说，一次电池活性物质利用完后就不能再发电，二次电池在充电时也不能输出电能。而燃料电池只要不断地供给其电极燃料，就像往炉膛里添加煤和油一样，它便能连续地输出电能。一次或二次电池与环境只有能量交换而没有物质交换，是一个封闭的电化学体系；而燃料电池却是一个敞开的电化学体系，与环境既有能量的交换，又有物质的交换。所以燃料电池又被称作一种由外部供给燃料的能量转换装置。这也正是燃料电池与普通的一、二次电池最本质的区别所在。

燃料电池研究与开发所涉及的特性参数很多，要给它一个确切的范畴来划分并不容易。通常，燃料电池可依据其工作温度、燃料种类和电解质类型进行分类。

按工作温度，燃料电池可分为高、中、低温型3类。工作温度从室温至373K，称为低温燃料电池，这类电池包括固体聚合物电解质膜型燃料电池等；工作温度介于 373~773K 之间的为中温燃料电池，如磷酸型燃料电池等；工作温度在 773K 以上的为高温燃料电池，这类电池包括熔融碳酸盐燃料电池和固体氧化物燃料电池。

按燃料种类，燃料电池也可分为 3 类。第一类是直接式燃料电池，即其燃料直接用氢气；第二类是间接式燃料电池，其燃料不是直接用氢气，而是通过某种方法（如蒸汽转化）把甲烷、甲醇或其他烃类化合物转变成氢气（或含氢混合气）然后再供应给燃料电池来发电；第三类是再生式燃料电池，它是把燃料电池反应生成的水，通过电解等方法分解成氢和氧，再将氢和氧重新输入燃料电池中发电。

按电解质类型分类已逐渐被国内外燃料电池研究者所采纳。目前正在开发的商用燃料电池，依据电解质类型可以分成 5 大类：碱性燃料电池（AFC）、质子交换膜燃料电池（PEMFC）、磷酸型燃料电池（PAFC）、熔融碳酸盐燃料电池（MCFC）和固体氧化物燃料电池（SOFC）（表 1-1）。

表 1-1　主要燃料电池分类及基本特性

电池类型	碱性 燃料电池	质子交换膜 燃料电池	磷酸型 燃料电池	熔融碳酸盐 燃料电池	固体氧化物 燃料电池
温度类型	低温	低温	中温	高温	高温
阳极	Pt/Ni	Pt/C	Pt/C	Ni/Al	Ni/ZrO$_2$
阴极	Pt/Ag	Pt/C	Pt/C	Li/NiO	Sr/LaMnO$_2$
电解质	KOH(液)	Nafion(固)	H$_3$PO$_4$(液)	K$_2$CO$_3$/Li$_2$CO$_3$(液)	YSZ(固)
工作温度/℃	约 100	<100	约 200	约 600	约 1000
比功率/(W/kg)	35~105	340~3000	120~180	30~40	15~20
启动时间	几分钟	<5s	几分钟	>10min	>10min
寿命水平/h	10000	数千~数万 （主要取决于应用场景）	数万	数万	数千
转化效率/%	50~55	40~50	40~50	50~60	45~60
应用方向	飞船、 航空飞机	潜艇、移动电源、 电动汽车、洁净电站、 卫星、飞船	洁净电站	洁净电站	洁净电站

1.2　燃料电池发电原理

根据燃料电池类型的不同，其所采用的燃料可以是 H$_2$、氨、肼，或富含氢的有机物如天然气、甲醇、乙醇等；而氧化剂都是空气或氧气。不管怎样，燃料电池的原理都没有本质差别。

质子交换膜燃料电池（PEMFC）是一组以质子交换膜（PEM）为质子的迁移和输送提供通道、构成回路的燃料电池。图 1-1 以 H_2/O_2 燃料电池为例，显示了燃料电池的基本原理（如非特别说明，后文所述燃料电池均指 H_2/O_2 质子交换膜燃料电池）。

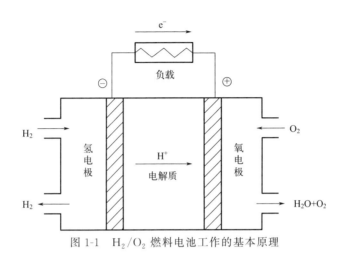

图 1-1　H_2/O_2 燃料电池工作的基本原理

氢电极（阳极）上发生氧化反应，释放出的电子流过外部电路，到达氧电极（阴极）与氧气和氢离子进行反应生成水，反应式如下：

$$阳极：H_2 - 2e^- \longrightarrow 2H^+ \qquad \varphi^\ominus = 0 \qquad\qquad (1-1)$$

$$阴极：\frac{1}{2}O_2 + 2H^+ + 2e^- \longrightarrow H_2O \qquad \varphi^\ominus = 1.229V \qquad (1-2)$$

$$总反应：H_2 + \frac{1}{2}O_2 \longrightarrow H_2O \qquad E^\ominus = 1.229V \qquad (1-3)$$

式中，$\varphi^\ominus$ 是半电池的电极电位［在本书中如非特别说明，其值都是相对于氢标准电极（RHE）而言的］，V；$E^\ominus$ 是电池标准电动势，V。

因此，燃料电池内部实际发生的是氢氧化生成水的电化学反应。氢离子通过在电解质中的传导从阳极到达阴极，而电子通过外电路产生直流电。如图 1-2 所示，作为 PEMFC 核心部件的膜电极（MEA）三合一组件主要由两个气体扩散层（GDL）、阳极催化层、阴极催化层和质子交换膜等五个组件构成。质子交换膜仅允许质子在电极反应造成的电势差的作用下从阳极移动到阴极，而 H_2 和 O_2 则不能通过，只能分别在阳极和阴极在催化剂的作用下进行电化学反应。此时，如果外电路中有负载，电池即可以对外做电功，还有一部分能量则以热的形式散失。

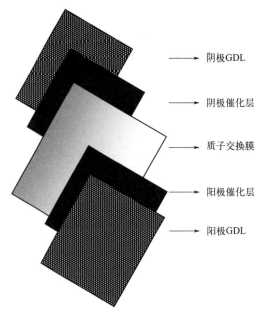

图 1-2 MEA 基本结构示意图

阴极GDL

阴极催化层

质子交换膜

阳极催化层

阳极GDL

迄今为止，美国杜邦公司的 Nafion® 膜及其复合膜是应用最多的质子交换膜。它由含全氟乙烯磺酰醚侧链的聚四氟乙烯（PTFE）骨架组成，该聚合物膜充分水化后，质子传导性极好。阴阳极都是由 Nafion® 作为连接剂和碳载金属催化剂组成的复合催化层，其中活性金属主要是全 Pt 或以 Pt 为主的合金。

由式(1-3) 可知，H_2/O_2 燃料电池的标准电动势为 1.229V，但由于它是一个放热反应，在 80℃ 左右的运行温度下电池电动势会低于这个值，再加上由于生成 PtO 所产生的混合电位（mixing potential）的存在，电池的开路电压（OCV）一般会低于 1V。OCV 与 $E^\ominus$ 的差值叫开路极化。电池从开路到有电流放出，将会产生极化现象，如图 1-3 所示，各种极化过程产生的电压损失从开路电压中扣减，就形成了最后的电池极化（V-I）曲线。这些极化过程包括：阴极活化极化、电池欧姆阻抗（包括质子交换膜质子传导阻抗和电池各部件电阻）、阳极活化极化和浓差极化。最后，电池的实际工作电压就可以用下式表示：

$$V_{cell} = E^\ominus - |\eta_{cathode}| - |\eta_{anode}| - iR - \eta_{diffusion} \qquad (1-4)$$

式中，$E^\ominus$ 是电池在工作温度下的理论平衡电位，这跟所选用的催化剂、电池设计和温度、湿度、压力等运行条件直接相关；$|\eta_{cathode}|$ 和 $|\eta_{anode}|$ 分别是阴极和阳极极化电位的绝对值；i 和 R 分别是欧姆极化的电流和电阻；$\eta_{diffusion}$ 是浓差极化电压损失。

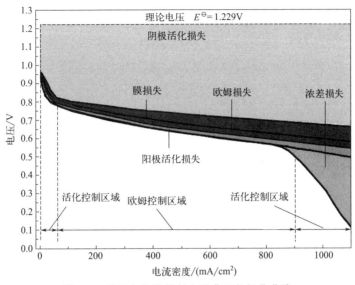

图 1-3　质子交换膜燃料电池典型的极化曲线

1.3　燃料电池热力学

1.3.1　标准电极电势与可逆电动势

1.3.1.1　标准电极电势

恒温恒压下，一个系统能够输出的最大电功为该过程中吉布斯自由能变化的负值。对于摩尔量（对于一个变量 U，$\hat{u}$ 表示其摩尔本征量，与其数量没有关系）表示的一个化学反应，可以有：

$$W_{\text{elec}} = -\Delta\hat{g} \tag{1-5}$$

式中，W_{elec} 为系统能够输出的最大电功；$\Delta\hat{g}$ 为化学反应过程中每摩尔燃料的吉布斯自由能变化。

一个系统做功的潜能是用电压（也称电势）度量的。通过在电势差 E（以伏特为单位）下移动电荷 Q（以库仑为单位）来实现电功：

$$W_{\text{elec}} = EQ \tag{1-6}$$

如果电荷由电子携带，则有：

$$Q = nF \tag{1-7}$$

式中，n 是迁移电子的物质的量，mol；F 是法拉第常数，联合式（1-5）～式（1-7）可知：

$$\Delta \hat{g} = -nFE \tag{1-8}$$

因此，吉布斯自由能决定了电化学反应的可逆电压。例如，在燃料电池中，下列反应：

$$H_2 + \frac{1}{2}O_2 \Longrightarrow H_2O \tag{1-9}$$

在标准状态下，对于液态水生成物有 -237kJ/mol 的吉布斯自由能变化。因此，燃料电池在标准状态下的可逆电压为：

$$E^{\ominus} = -\frac{\Delta \hat{g}^{\ominus}}{nF} = -\frac{-237000\text{J}}{2\text{mol} \times 96485\text{C/mol}} = 1.23\text{V} \tag{1-10}$$

式中，$E^{\ominus}$ 是标准状态下的可逆电压；$\Delta \hat{g}^{\ominus}$ 是标准状态下的自由能变化。

在标准状态下，热力学认为 H_2/O_2 燃料电池可获得的最高电压为 1.23V。通过选择不同的燃料电池化学反应可以得到不同的电池可逆电压。为了得到较大电压，例如 10V，通常把若干个电池串联起来。

1.3.1.2　可逆电动势

标准状态的燃料电池可逆电压（$E^{\ominus}$ 值）只在标准状态条件下（室温、大气压、所有物质的单位活度）使用，而燃料电池通常工作于远不同于标准状态的条件下。例如，高温电池工作在 873K 以上，汽车用燃料电池通常工作在 3～5atm（1atm＝101325Pa）下，而几乎所有燃料电池都克服着反应物浓度（和活度）的变化。

（1）可逆电压随温度的变化

对于吉布斯自由能的微分方程：

$$dG = -SdT + Vdp \tag{1-11}$$

由上式可以写出：

$$\left(\frac{dG}{dT}\right)_p = -S \tag{1-12}$$

对于摩尔反应量，该式为：

$$\left[\frac{d(\Delta \hat{g})}{dT}\right]_p = -\Delta \hat{s} \tag{1-13}$$

吉布斯自由能与电池可逆电压有关：

$$\Delta \hat{g} = -nFE \tag{1-14}$$

联合式（1-13）和式（1-14），可以得到电池可逆电压随温度的变化函数：

$$\left(\frac{dE}{dT}\right)_p = \frac{\Delta \hat{s}}{nF} \tag{1-15}$$

定义 E_T 为任意温度 T 下的电池可逆电压。在常压下 E_T 可由下式计算：

$$E_T = E^\ominus + \frac{\Delta \hat{s}}{nF}(T - T_0) \tag{1-16}$$

如上式所示，如果一个化学反应的 $\Delta \hat{s}$ 是正的，则 E_T 随温度升高而增加；如果 $\Delta \hat{s}$ 为负，则 E_T 随温度升高而减小。对于大多数的燃料电池反应，$\Delta \hat{s}$ 为负，因此随温度的升高燃料电池的可逆电压会下降。

对于不同燃料的电化学氧化，电池电压随温度的变化如图 1-4 所示。

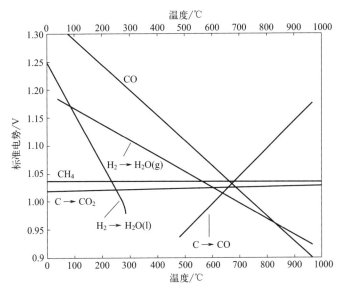

图 1-4 各种燃料电化学氧化反应中可逆电压与温度的关系

(2) 可逆电压随压强的变化

由式(1-11)可以写出：

$$\left(\frac{\mathrm{d}G}{\mathrm{d}p}\right)_T = V \tag{1-17}$$

写成摩尔反应量的形式为：

$$\left[\frac{\mathrm{d}(\Delta \hat{g})}{\mathrm{d}p}\right]_T = \Delta \hat{v} \tag{1-18}$$

将式(1-15)代入上式，则电池可逆电压与压强的函数表示为：

$$\left(\frac{\mathrm{d}E}{\mathrm{d}p}\right)_T = -\frac{\Delta \hat{v}}{nF} \tag{1-19}$$

换言之，电池可逆电压随压强的变化与反应体积变化有关。如果反应的体积变化为负，则电池电压将会随着压强的增大而增大。

通常，只有气体物质产生一个可测的体积变化。假设理想气体定律适用，可以

把式(1-19) 写成:

$$\left(\frac{\mathrm{d}E}{\mathrm{d}p}\right)_T = -\frac{\Delta n_g RT}{nFp} \tag{1-20}$$

式中, Δn_g 表示反应中气体总的物质的量的变化。如果 n_p 表示生成物气体的物质的量, n_r 表示反应物气体的物质的量, 则 $\Delta n_g = n_p - n_r$。

(3) 可逆电压随浓度的变化: 能斯特方程

为了理解可逆电压随浓度的变化, 需要引进化学势的概念。化学势表征了系统的吉布斯自由能如何随着系统化学性质的变化而变化。系统中每种化学物质都有一个化学势。定义为:

$$\mu_i^\alpha = \left(\frac{\partial G}{\partial n_i}\right)_{T,p,n_{j \neq i}} \tag{1-21}$$

式中, μ_i^α 是物质 i 在 α 相的化学势; $\left(\dfrac{\partial G}{\partial n_i}\right)_{T,p,n_{j \neq i}}$ 表示物质 i 的量有一个无穷小的增加时 (当温度、压强和系统中其他物质的数量保持不变时), 系统的吉布斯自由能的变化。当改变燃料电池中化学物质的量 (浓度) 时, 则改变了系统的自由能, 该自由能的变化反过来又改变了燃料电池的可逆电压。

化学势和浓度通过活度 α 相联系:

$$\mu_i = \mu_i^\ominus + RT \ln \alpha_i \tag{1-22}$$

式中, $\mu_i^\ominus$ 是物质 i 在标准状态条件下的参考化学势; α_i 是物质的活度。物质的活度取决于它的化学性质: 对于理想气体, $\alpha_i = p_i/p^\ominus$, 其中 p_i 是气体的分压, $p^\ominus$ 是标准状态的压强 (1atm)。例如, 在 1atm 下, 空气中氧气的活度大约是 0.21; 在 2atm 下, 氧气的活度是 0.42。虽然我们知道 $p^\ominus = 1$atm, 然而我们经常写成 $\alpha_i = p_i$, 认为 p_i 是无量纲的压强。对于非理想气体, $\alpha_i = \gamma_i (p_i/p^\ominus)$, 其中 γ_i 是活度系数, 描述与理想状态的偏离程度 ($0 < \gamma_i < 1$)。对于理想溶液, $\alpha_i = c_i/c^\ominus$, 其中 c_i 是物质的摩尔浓度, $c^\ominus$ 是标准状态浓度。对于非理想溶液, $\alpha_i = \gamma_i (c_i/c^\ominus)$, 我们再次用 γ_i 来描述与理想状态的偏离程度 ($0 < \gamma_i < 1$)。对于纯组分物质, $\alpha_i = 1$。

综合式(1-21)、式(1-22), 对于包含 i 种化学物质的系统, 吉布斯自由能的变化可以由下式计算:

$$\mathrm{d}G = \sum_i \mu_i \mathrm{d}n_i = \sum_i (\mu_i^\ominus + RT \ln \alpha_i) \mathrm{d}n_i \tag{1-23}$$

考虑任意一个化学反应, 反应物质 A (一般为燃料电池中的燃料) 以 1mol 为基准:

$$1\mathrm{A} + b\mathrm{B} \Longleftrightarrow m\mathrm{M} + n\mathrm{N} \tag{1-24}$$

式中, A 和 B 是反应物; M 和 N 是生成物; 1、b、m、n 分别是 A、B、M、

N 的物质的量。物质 A 以 1mol 为基准，对于该反应，$\Delta\hat{g}$ 可以通过反应物和生成物的化学势来计算（假定没有相变）：

$$\Delta\hat{g} = (m\mu_M^\ominus + n\mu_N^\ominus) - (\mu_A^\ominus + b\mu_B^\ominus) + RT\ln\frac{\alpha_M^m\alpha_N^n}{\alpha_A\alpha_B^b} \tag{1-25}$$

该等式可以简化为一个最终的形式：

$$\Delta\hat{g} = \Delta\hat{g}^\ominus + RT\ln\frac{\alpha_M^m\alpha_N^n}{\alpha_A\alpha_B^b} \tag{1-26}$$

这个等式称为范托夫等温方程，它告诉我们系统的吉布斯自由能作为反应物和生成物活性（浓度或气体压强）的函数是如何变化的。

联立式(1-14) 和式(1-26)，可以把电池可逆电压表示为化学活度的函数：

$$E = E^\ominus - \frac{RT}{nF}\ln\frac{\prod\alpha_M^m\alpha_N^n}{\prod\alpha_A\alpha_B^b} \tag{1-27}$$

对于一个由任意多个生成物和反应物构成的系统，该等式可以写成一个通用的形式：

$$E = E^\ominus - \frac{RT}{nF}\ln\frac{\prod\alpha_{products}^{\nu_i}}{\prod\alpha_{reactants}^{\nu_i}} \tag{1-28}$$

式中，ν_i 为物质 i 的化学计量系数；products 表示产物；reactants 表示反应物。这就是人们所熟知的能斯特方程。把其运用到燃料电池反应中：

$$H_2 + \frac{1}{2}O_2 \Longrightarrow H_2O \tag{1-29}$$

该反应的能斯特方程为：

$$E = E^\ominus - \frac{RT}{2F}\ln\frac{\alpha_{H_2O}}{\alpha_{H_2}\alpha_{O_2}^{1/2}} \tag{1-30}$$

根据活度的原则，把氢气和氧气的活度换成它们的无量纲分压（$\alpha_{H_2} = p_{H_2}$，$\alpha_{O_2} = p_{O_2}$）。如果燃料电池工作在 100℃ 以下，则生成液态的水，把水的活度设为单位 1，于是就有：

$$E = E^\ominus - \frac{RT}{2F}\ln\frac{1}{p_{H_2}p_{O_2}^{1/2}} \tag{1-31}$$

由此可知，为了增加反应物气体的分压而给燃料电池加压将会提高可逆电压。但是，因为该压强项出现在自然对数里，因此提高的电压很微小，为此给燃料电池堆加压而额外做功以提高电池电压不一定是值得的。

1.3.2 燃料电池效率计算

效率对于任何能量转换装置都是非常重要的，燃料电池正是因氢转化效率高的热力学上的优点，而成为氢能发展的重要研究内容，也指引着氢能科技发展的方向。

能量转换装置的效率是指从装置输出的可用能量与输入能量之比。这里，输出的可用能量可以是电能、机械能或者热能等。效率分为理想（可逆）效率与真实（实际）效率。一般认为理想效率是 100%，但事实并非这样，根据热力学知识，燃料电池可利用的电功以吉布斯自由能的变化 ΔG 为限，燃料电池的理想效率也以 ΔG 为限。而燃料电池的实际效率总是比理想效率低，因为实际的燃料电池在工作中存在非理想的不可逆的能量损耗。

1.3.2.1　燃料电池的可逆效率

在能量转换过程中，效率 η 是提取的有用能量和总能量的比：

$$\eta = \frac{\text{有用能量}}{\text{总能量}} \tag{1-32}$$

如果希望从化学反应中提取有用功，则效率为：

$$\eta = \frac{\text{有用功}}{\Delta \hat{h}} \tag{1-33}$$

式中，$\Delta \hat{h}$ 为反应焓。

对于燃料电池，用于做功的最大能量等于吉布斯自由能 G，因此，燃料电池的可逆效率可以写成：

$$\eta_{\text{thermo,fc}} = \frac{\Delta \hat{g}}{\Delta \hat{h}} \tag{1-34}$$

式中，fc 表示 fuel cell，燃料电池。

在室温和室压下，氢氧燃料电池有标准状态下摩尔自由能变化 $\Delta \hat{g}^{\ominus} = -237.3\text{kJ/mol}$ 和标准反应焓 $\Delta \hat{h}^{\ominus}_{\text{HHV}} = -286\text{kJ/mol}$，即标准状态下氢氧燃料电池的可逆高热值（HHV）效率为 83%。

与燃料电池不同，传统热机的最大理论效率由卡诺循环描述：

$$\eta_{\text{Carnot}} = \frac{T_{\text{H}} - T_{\text{L}}}{T_{\text{H}}} \tag{1-35}$$

式中，T_{H} 是热机的最高温度；T_{L} 是热机的最低温度。

从卡诺方程中我们可以知道，提高工作温度可以提高热机的可逆效率，但对于燃料电池而言，温度的增加意味着可逆效率的降低。

图 1-5 显示了氢氧燃料电池的可逆高热值（HHV）效率与热机（卡诺循环）的可逆效率随温度变化的关系。燃料电池在较低温时有显著的热力学优势，但在较高温时优势消失。燃料电池效率曲线在 100℃ 处的弯曲由液态水和水蒸气的熵差引起。

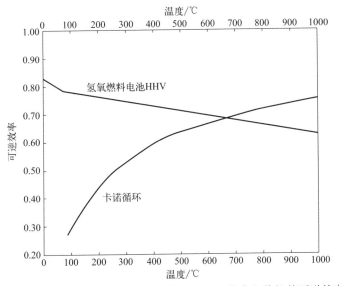

图 1-5 氢氧燃料电池的可逆高热值（HHV）效率和热机的可逆效率

1.3.2.2 燃料电池的实际效率

如前文提到的，燃料电池的实际效率总比可逆热力学效率低。两个主要原因如下：

① 电压损耗；

② 燃料利用损耗。

燃料电池的实际效率可以这样计算：

$$\eta_{real} = \eta_{thermo} \eta_{voltage} \eta_{fuel} \tag{1-36}$$

① 可逆热力学效率 η_{thermo} 在前文中有描述，即使理想情况下也不可能把燃料中所有的焓都转化为有用功。

② 燃料电池的电压效率 $\eta_{voltage}$ 具体表现为燃料电池的不可逆动力学影响所引起的损耗，是燃料电池的实际工作电压（V）和燃料电池的热力学可逆电压（E）的比值：

$$\eta_{voltage} = \frac{V}{E} \tag{1-37}$$

注意，燃料电池的工作电压依赖于燃料电池中产生的电流（I），正如 V-I 曲线中给出的。因此，$\eta_{voltage}$ 会随着电流的变化而变化，电流负载越高，电压效率越低。所以，燃料电池在低负载的情况下效率较高。

③ 燃料利用效率 η_{fuel} 是指并非供给燃料电池的所有燃料都会参与电化学反应。那些过量的燃料可能参与了传质过程（比如排水）但并没有产生电功。那么，燃料

的利用率就是用来产生电流的那部分燃料和提供给燃料电池的总燃料的比值。如果 i 是燃料电池产生的电流，v_{fuel} 是为燃料电池提供燃料的速率（mol/s），则

$$\eta_{fuel} = \frac{i/nF}{v_{fuel}} \tag{1-38}$$

如果给燃料电池提供了多余的燃料，就会产生浪费，这会反映在 η_{fuel} 中，其倒数即为化学计量比（λ）[式(1-39)]。一般来说，在燃料电池的实际应用过程中，燃料的 λ 值是根据电流而调整的，但总是大于1，否则可能会出现"燃料饥饿"现象，对燃料电池的耐久性产生不可逆的损害。

$$\eta_{fuel} = \frac{1}{\lambda} \tag{1-39}$$

综合热力学影响、不可逆动力学损耗和燃料利用率损耗，我们可以把工作过程中燃料电池的实际效率写成：

$$\eta_{real} = \frac{\Delta\hat{g}}{\Delta\hat{h}}_{HHV} \times \frac{V}{E} \times \frac{i/nF}{v_{fuel}} \tag{1-40}$$

对于一个在固定化学当量条件下工作的燃料电池，该公式简化为：

$$\eta_{real} = \frac{\Delta\hat{g}}{\Delta\hat{h}}_{HHV} \times \frac{V}{E} \times \frac{1}{\lambda} \tag{1-41}$$

此外，燃料电池的工作离不开空压机、氢气循环泵、水泵、DC/DC 等系统零部件的辅助，燃料电池的系统效率为：

$$\eta_{sys} = \frac{itE_{cell} - W_{loss}}{-\Delta H} \times 100\% \tag{1-42}$$

式中，i 和 E 分别是燃料电池的工作电流和工作电压；t 是工作时间；W_{loss} 是辅助系统的功耗。这样计算出来的 η_{sys} 才具有真正的现实意义。

目前常用的热电联供系统是把反应产生的废热 ΔQ 回收再利用，从而使燃料电池系统的综合热电效率达到95%甚至更高，其计算式如下：

$$\eta_{sys} = \frac{itE_{cell} - W_{loss} + \Delta Q}{-\Delta H} \times 100\% \tag{1-43}$$

1.4 电极反应动力学

燃料电池电极反应动力学，主要研究范畴为电极电位、电流密度、可逆电位以及反应物质浓度-压力之间的关系，并分析造成燃料电池电压损失的原因以及影响

电极动力学特性的其他因素。

对于每一个电极反应过程来说，化学极化（也称活化极化）的产生是由于反应进行的速度跟不上电子传递的速度。它们的大小与发电电流有关，电流越大，极化越严重。欧姆极化虽不可避免，但可以通过改善电池材料、结构等来尽量使其降低。浓差极化 $\eta_{diffusion}$ 是由电极反应区反应物的浓度发生很大改变造成的，当在高电流密度发电时不能忽略其影响。电池极化由上述三种极化过程组成，但在不同的反应过程（对应不同的电流密度）中对电池极化起决定作用的过程并不相同。如图 1-3 所示，每一条极化曲线都可以按电流密度大小划分为三段：第一段（活化控制），即低电流密度阶段，电池极化主要由阴阳极的活化极化控制；第二段（欧姆控制），即中电流密度阶段，转由欧姆极化控制；第三段（浓差扩散控制），即高电流密度阶段，由浓差极化控制。

物质在电极表面的传递是由于电势差、化学势差（即浓度差）或反应物体积单元的运动引起的，在这些推动力作用下分别形成迁移、扩散和对流过程。因此物质 j 在电极 x 轴的一维方向上的传递可以用 Nernst-Planck 方程表示[2]：

$$V_j(x) = -D_j \frac{\partial c_j(x)}{\partial x} - \frac{z_j F}{RT} D_j c_j \frac{\partial \varphi(x)}{\partial x} + c_j v(x) \tag{1-44}$$

式中，$V_j(x)$ 是距离表面 x 处物质 j 的流量，$mol \cdot s^{-1} \cdot cm^{-2}$；$D_j$ 是扩散系数，$cm^2 \cdot s^{-1}$；z_j 和 c_j 分别是 j 的电荷和浓度；$\frac{\partial c_j(x)}{\partial x}$ 和 $\frac{\partial \varphi(x)}{\partial x}$ 分别是其浓度梯度和电势梯度；$v(x)$ 是 x 处 j 体积单元的移动速度，$cm \cdot s^{-1}$。因此，上式右边三项分别代表了扩散、迁移和对流对物质传递的贡献。在非均相的氧化还原反应（ORR）中，当电极处于浓差极化控制区时，电子的传递过程和电化学反应过程都比物质传递过程快得多，可以不考虑迁移过程的影响；如果 O_2 的对流过程处于稳态，则上式后两项对浓差极化的贡献都可以忽略，此时阴极有电流 i 通过，阴极的电极电势可以表示成：

$$\varphi = \varphi^\ominus + \frac{RT}{nF} \ln\left(\frac{i_1 - i}{i}\right) \tag{1-45}$$

$$i_1 = nFAmc_{O_2} \tag{1-46}$$

式中，$\varphi^\ominus$ 为标准电极电势；第二项为扩散过电位；i_1 为极限电流，是指电极以最大的速度进行反应时的电流值，此时 x 处的 O_2 浓度为零，或远小于其本体浓度 c_{O_2}；m 为 O_2 的传递系数。

由图 1-3 还可见，在这些极化过程中，阴极活化极化对电池性能的影响最大。这是由 ORR 反应的本质决定的。下面以 ORR 反应过程为例，来讲解燃料电池电极过程动力学。

PEMFC 中阴极空气中的 ORR 反应 [式(1-2)] 是整个电池反应的决速步，这也是燃料电池电化学动力学研究的重点和热点。燃料电池性能的衰退与其催化活性的下降、水热管理的优劣以及空气中杂质气体（如 SO_2、NH_3、NO_x 等，详见第 8 章）引起的中毒吸附等过程密不可分。

ORR 反应普遍存在于各种化学、生物反应过程，也是电化学中研究得较多的一个反应，但对其反应机理的揭示远远不如对 H_2 氧化反应（HOR）的研究[3]。这是因为：

① ORR 反应的动力学过程是复杂的 $4e^-$ 反应，反应历程中出现多种中间产物，如 H_2O_2 及 HO_2^-、O_2^- 等中间态含氧吸附物种或 PtO 金属氧化物等。尤其是当出现过氧化氢时，至少存在三对氧化还原体系 [见式(1-49)～式(1-56)]。

② 从热力学角度考虑，H_2O_2 是不稳定的中间物种，其浓度几乎总是由动力学而非热力学决定，因此导致整个反应历程复杂化。

③ ORR 反应的可逆性很小，其交换电流密度 J_0 只有 10^{-12}～$10^{-3}\,A\cdot cm^{-2}$，尽管其 $4e^-$ 还原反应的标准电极电位是 1.229V，但即使使用贵金属 Pt、Pd 等电极催化剂，在开路状态，其过电位也在 0.2V 左右。这是因为在高电势时 O_2 在 Pt 表面的吸附很强，只能通过降低其电势（即增加极化）才能使其与质子和电子发生反应[4]。在很正的电势下，电极本身可能有含氧物质吸附，甚至有异相的氧化物生成，即电极的表面状态发生了改变，因此很难在热力学平衡电位附近研究该反应的动力学问题。

O_2 分子中的两个 O 原子是通过一个 σ 键和两个三电子 π 键结合的。在一个三电子 π 键中，两个电子在成键轨道，一个电子在反键轨道，因此其键能仅相当于半个正常的 π 键，O_2 分子就相当于是通过一个 σ 键和一个 π 键结合的。在 ORR 反应过程中如果 O_2 分子的 σ 键和 π 键都断裂，再与水作用就会有四个 H—O 键建立，同时有四个质子和电子聚在一起生成两分子 H_2O。这就是我们所期望的 $4e^-$ 反应。如果反应只进行到一半，生成的就是 H_2O_2，只能断裂一个 O—O 键，实现这一步的催化剂也很多，Bockris 等人[5] 在研究 Fe 腐蚀的机理时对 Fe 上 ORR 反应进行过详细的归纳。但对想得到更高电效率的燃料电池来讲，$2e^-$ 反应的用处不大，因为此反应的标准电势只有 0.68V，而且 $2e^-$ 反应也只产生一半的电流。对于燃料电池来讲，如果 ORR 反应只进行到这一步，将会造成浪费，生成过多的 H_2O_2，还会使质子交换膜和催化层中的全氟磺酸树脂发生降解（详见第 2 章），影响燃料电池寿命。

ORR 反应的第一步是溶解于水中或气态的 O_2 在 Pt 表面的吸附，可以发生解离吸附或缔合吸附[4]：

$$\frac{1}{2}O_2 + \square \longrightarrow O_{ads} \tag{1-47}$$

$$O_2 + \square \longrightarrow O_{2,ads} \tag{1-48}$$

式中，"□"指表面吸附空位；ads 表示吸附。

Zhdanov 等人[6] 用 Langmuir 方程对这两种吸附机理进行了计算，认为在考虑了 O—O 相互作用的情况下，采用缔合吸附能更好地解释 ORR 反应（按 O_2 压力）的近似一级反应动力学机理。

Yeager 等人[7-8] 长期深入地研究过 ORR 的反应机理，认为在缔合吸附机理的基础上，ORR 反应要么是直接的 $4e^-$ 反应，要么是生成中间体 H_2O_2 的 $2e^-$ 反应。Adzic[9] 总结了这两条反应路径的各个步骤。

（1）直接的 $4e^-$ 反应机理

碱性溶液中：

$$O_2 + 2H_2O + 4e^- \longrightarrow 4OH^- \qquad \varphi^{\ominus} = 0.401V \tag{1-49}$$

酸性溶液中：

$$O_2 + 4H^+ + 4e^- \longrightarrow 2H_2O \qquad \varphi^{\ominus} = 1.229V \tag{1-50}$$

（2）$2e^-$ 反应机理（H_2O_2 机理）

碱性溶液中：

第一步

$$O_{2,ads} + H_2O + 2e^- \longrightarrow HO_2^- + OH^- \qquad \varphi^{\ominus} = -0.065V \tag{1-51}$$

第二步可能是 HO_2^- 进一步氧化，也可能是其发生分解

$$HO_2^- + H_2O + 2e^- \longrightarrow 3OH^- \qquad \varphi^{\ominus} = 0.867V \tag{1-52}$$

$$2HO_2^- \longrightarrow 2OH^- + O_2 \tag{1-53}$$

酸性溶液中：

第一步

$$O_{2,ads} + 2H^+ + 2e^- \longrightarrow H_2O_2 \qquad \varphi^{\ominus} = 0.67V \tag{1-54}$$

第二步则存在两种可能，一种是 H_2O_2 进一步还原，另一种则是其发生分解

$$H_2O_2 + 2H^+ + 2e^- \longrightarrow 2H_2O \qquad \varphi^{\ominus} = 1.77V \tag{1-55}$$

$$2H_2O_2 \longrightarrow 2H_2O + O_2 \tag{1-56}$$

总的反应路径可以简化为图 1-6。

由图 1-6 可见，ORR 反应的中间产物是 H_2O_2，它可以进一步还原生成 $H_2O(k_3)$，也可以化学分解为 O_2 和 H_2O（k_4），或者进入水溶液（k_5），中间产物 H_2O_2 还有可能从金属表面脱附出来。一般来说，在 Pt、Pd 等表面容易发生 $4e^-$ 反应，而其他过渡金属表面只能发生 $2e^-$ 反应。但对于 Pt 来说，ORR 反应的 $2e^-$ 反应和 $4e^-$

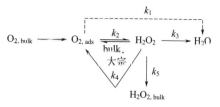

图 1-6 ORR 反应路径原理图

反应并不能截然分开,有时候它们是同时进行的。Marković 等人[10-11] 研究发现,在酸性和中性溶液中 Pt 表面 ORR 反应 [式(1-50)] 的动力学实际上与 H^+ 浓度没有关系,而式(1-54)的反应实际上还可以分解成三个基元反应:

$$O_2 + e^- \longrightarrow O_2^- \tag{1-57}$$

$$O_2^- + H^+ + e^- \longrightarrow HO_2^- \tag{1-58}$$

$$HO_2^- + H^+ \longrightarrow H_2O_2 \tag{1-59}$$

而且整个反应过程的决速步骤是 O_2 得到第一个电子的反应。

反应速率可以用下式表示[12]:

$$i = nFKc_{O_2}(1-\theta_{ad})^x \exp\left(-\frac{\beta FE}{RT}\right)\exp\left(-\frac{\gamma r\theta_{ad}}{RT}\right) \tag{1-60}$$

式中,n 是电子数;K 是速率常数;c_{O_2} 是 O_2 本体浓度;θ_{ad} 是所有吸附物种的表面覆盖率(θ_{OH} 等)的总和;x 是常数,一般取 1 [单址吸附(single site)] 或 2 [双址吸附(dual site)];i 是表观电流;E 是电极电势;β 和 γ 是对称因子(约为 1/2);r 是表征 Pt 表面吸附物质后表观吸附标准自由能随着 θ_{ad} 的上升而下降的参数。式中,假设反应中间产物如 O_2^- 和 HO_2^- 的吸附占 θ_{ad} 的比例很小,则 ORR 反应的动力学主要由可用于 O_2 吸附的 Pt 的活性表面积(即 $1-\theta_{ad}$)和/或由其他吸附物种造成的吸附吉布斯自由能的改变(即 $r\theta_{ad}$)决定。

O_2 分子在过渡金属上的吸附模式有三种,见图 1-7。

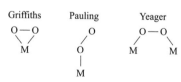

图 1-7　O_2 在过渡金属吸附
位上的吸附模式[13]

① Griffiths 模式:O_2 分子横向与一个金属原子相互作用,O_2 分子的 π 轨道与金属原子中空的 d_{z^2} 轨道作用,而金属原子中至少部分充满的 d_{xy}、d_{xz} 或 d_{yz} 轨道向 O_2 的反键 $2\pi^*$ 轨道反馈电子,形成强的 d-π 反馈键,使 O—O 键减弱,甚至引起 O_2 的离解吸附。所以这种模式有利于 O_2 的 $4e^-$ 反应。

② Pauling 模式:O_2 分子通过以一个空的 π^* 轨道与金属原子中空的 d_{z^2} 作用,这种方式只有一个氧原子受到较强的活化,因此有利于 $2e^-$ 反应。

③ Yeager 模式：O_2 分子的两个原子分别与一个金属原子作用，形状就像一座桥，因此又称"桥式吸附"。这种吸附模式中 O_2 分子同时受到两个金属原子的作用，可促使两个原子同时活化，因此也有利于 $4e^-$ 反应。

前两种模式属于单址吸附模式，第三种属于双址吸附模式。单址吸附有利于 H_2O_2 的生成，而双址吸附则与 O_2 的解离相关。

因此，从 ORR 反应的机理来看，空气中各种杂质对阴极性能的影响可能有以下几个方面。

① 杂质占据有效吸附位，影响 O_2 的吸附；

② 杂质吸附后影响 Yeager 吸附模式的进行，使 O_2 的吸附更多地倾向于单址吸附，O—O 键的断裂变难；

③ 如果吸附在 Pt 表面的杂质也发生氧化还原反应，就会产生混合电位，使 ORR 反应的电极电势下降。

因此当反应物气体中出现杂质时，PEMFC 就会面临多种潜在的危害。此外，ORR 反应过程中产生的双氧水是过氧自由基（HOO·、OO·等）产生的根源之一，而过氧自由基可能会引发质子交换膜的链式反应，促使其加速降解（详见第 2 章）。

1.5 燃料电池堆结构与组成

一节燃料电池的电压只有不到 1.0V。一般地，若同时兼顾发电功率和效率，PEMFC 的工作电压会被选取为 0.6~0.7V 之间。因此，必须通过单电池串并联的方式将大量的单电池组合在一起，才足以产生强大的对外做功的能力。比如，可以将单节电池按串联方式通过特定的机械压力组装起来（类似压滤机），即可得到燃料电池堆（简称电堆）。

1.5.1 电堆结构

质子交换膜燃料电池堆的典型结构如图 1-8 所示。

由图 1-8 可见，燃料电池堆由多个单体燃料电池以串联方式层叠组合构成。双极板与膜电极交替叠合，各单体之间嵌入密封件，经前、后端板压紧后用螺杆紧固拴牢，即构成燃料电池堆。燃料电池堆是发生电化学反应的场所，为燃料电池系统（或燃料电池发动机）核心部分。电堆工作时，氢气和氧气分别经电堆气体主通道分配至各单电池的双极板，经双极板导流均匀分配，通过气体扩散层，最终与催化剂接触进行电化学反应。

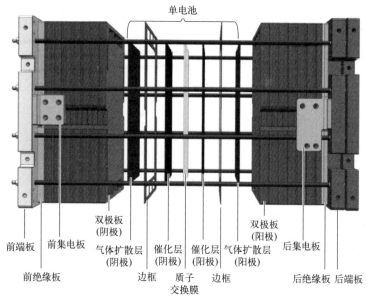

单电池

双极板
(阴极)　　　　　　　　　　双极板
(阳极)

前端板　　前集电板　气体扩散层　催化层　催化层　气体扩散层　后集电板
　　　　　　　　　　(阴极)　(阴极)　(阳极)　(阳极)

前绝缘板　　　　　边框　　质子　边框　　　后绝缘板　后端板
　　　　　　　　　　　　交换膜

图 1-8　质子交换膜燃料电池堆结构示意图

1.5.2　电堆组成

1.5.2.1　燃料电池单电池（single cell/unit cell）

单电池包括七层结构，最中间一层为质子交换膜（又称电解质膜），然后两侧对称地依次为阴/阳极催化层、阴/阳极气体扩散层和阴/阳双极板。

1.5.2.2　部件组成

相邻单电池间用双极板隔开，双极板用来串联前后单电池和提供单电池的气体流路。其总体结构是燃料电池系统的核心，其装配过程定位、静力学分析、流体分配、长期服役环境下的力学稳健性和密封效果等，均是燃料电池整堆和部件设计过程中需要重点考量的关键因素，同时还需要考量其相互影响和匹配关系。

燃料电池堆主要由端板、绝缘板、集电板、双极板、膜电极、紧固件、密封件这七个部分组成。

① 端板（end plate）：端板的主要作用是控制接触压力，因此足够的强度与刚度是端板最重要的特性。足够的强度可以保证在封装力作用下端板不发生破坏，足够的刚度则可以使得端板变形量控制在合理范围，从而均匀地传递封装载荷到密封件、双极板和 MEA 上。端板结构的拓扑优化设计可以实现在其减重、减薄的过程中仍保持足够刚性。

② 绝缘板（isolation plate）：绝缘板对燃料电池功率输出无贡献，仅对集电板

和后端板电隔离。为了提高功率密度，要求在保证绝缘距离（或绝缘电阻）前提下最大化地减小绝缘板的厚度及重量。但减小绝缘板厚度存在制造和使用过程中产生断裂、缺口等缺陷的风险，并且可能引入其他导电材料，引起绝缘性能降低。

③ 集电板（bus plate）：集电板是将燃料电池的电能输送到外部负载的关键部件。考虑到燃料电池的输出电流较大，都采用导电率较高的金属材料制成的金属板（如铜板、镍板，并镀金或镀银）作为燃料电池的集电板。

④ 双极板（bipolar plate）：又叫流场板，是电堆中的"骨架"，与膜电极层叠装配成电堆，在燃料电池中起到支撑、收集电流、为冷却液提供通道、分隔氧化剂和还原剂等作用。

⑤ 膜电极（MEA）：PEMFC 发电的核心组件就是膜电极，它一般由质子交换膜、催化层与气体扩散层三个部分组成所谓的"三合一结构"。PEMFC 的发电性能和长期耐久性都主要取决于 MEA；而 MEA 的性能又主要由质子交换膜、扩散层、催化剂这三种关键材料的化学组成与结构决定；当然 MEA 制备工艺也会对其性能与寿命产生影响。

⑥ 紧固件（tie rod）：紧固件的作用主要是维持电堆各组件之间的接触压力。为了维持接触压力的稳定以及补偿密封件的压缩永久变形，端板与绝缘板之间还可以添加弹性元件。

⑦ 密封件（sealing）：燃料电池用密封件主要作用就是保证电堆内部的气体和液体不产生内窜和外漏，能正常、安全地流动，从而保证电堆的性能，保障电堆自身和其使用环境的安全性。

图 1-8 所示电堆的主要材料、部件和数量在表 1-2 中进行了列示。该电堆包含的单电池数量为 n 节。

表 1-2　一台 PEMFC 电堆中应包含的主要物料表（BOM）

中文名	英文名	单位	数量
端板	end plate	块	2
集电板	bus plate	张	2
单电池	single/unite cell	节	n
质子交换膜	proton exchange membrane(PEM)	张	n
双极板	bipolar plate	对	n
气体扩散层	gas diffusion layer	张	$2n$
催化层	catalyst layer	层	$2n$
边框	frame	层	$2n$
绝缘板	isolation plate	张	2
紧固件	tie rod	根	若干

当然，有些电堆并不是采用螺杆进行紧固的，还可以采用绑带的方式进行紧固，在此不作赘述。有些电堆为了改善流体分配和促进电堆内部温度分布的均匀性而额外增加节数不等的假电极，该种电堆须导通电流，氢气、空气和冷却剂三种流体可以有选择地通过，但并不能发电。

1.6 燃料电池耐久性现状及目标

PEMFC 基于 PEM 膜（尤其是 Nafion$^®$ 膜），在阳极和阴极侧传导质子并分隔反应气。这种燃料电池通常需要昂贵的电催化剂（通常是铂基材料）来催化低温下的电化学反应。它们工作温度低、清洁无污染、功率密度高、功率易扩展，并且氢气的储能密度较高，这就使 PEMFC 成为内燃机（ICE）汽车的较佳替代品之一。PEMFC 还可用于满足小规模电力需求（约 1～250kW）的分布式电力系统。由于对 ICE 的备份电源系统的排放法规越来越严格，电信公司等要求高端绿色低碳能源的行业对采用 PEMFC 的备用电源解决方案表现出了兴趣。此外，便携式 PEMFC 可以为笔记本电脑、充电器、可穿戴电气设备和军用无线电/通信设备供电[14]。

1.6.1 美国能源部的目标

长期以来，美国能源部（DOE）制定的燃料电池相关研究方向和技术指标成了行业的风向标。DOE 关于 PEMFC 电池的相关技术目标如表 1-3 所示。

表 1-3　2025 年美国能源部 PEMFC 技术目标[15]

特征	单位	现状	2025 年目标
膜电极和催化剂			
Pt 组元(PGM)总含量(额定功率)	g/kW	0.125(150kPa)	≤0.10
循环耐用性	h	4100	8000
性能(0.8V)	mW/cm^2	306	300
性能(额定功率)	mW/cm^2	890(150kPa)	1800
催化(质量)活性损失		40%	≤初始的 40%
性能损失(0.8A·cm^{-2})	mV	20	≤30
电催化剂载体稳定性(质量比活性损失)	%	—	≤40
性能损失(1.5A·cm^{-2})	mV	>500	≤30

特征	单位	现状	2025 年目标
质量比活性(900mV[①])	A/mg[②]	0.6	0.44
不含铂族金属催化剂活性(900mV[①])	A/cm^2	0.021	0.044
膜			
理想最高工作温度	℃	120	120
面积比质子电阻:			
120℃,水分压 40kPa	$\Omega \cdot cm^2$	0.054(40kPa) 0.019(80kPa)	0.02
95℃,水分压 25kPa	$\Omega \cdot cm^2$	0.027(25kPa) (在 80℃、25kPa 时为 0.02, 在 80℃、45kPa 时为 0.008)	0.02
30℃,水分压 4kPa	$\Omega \cdot cm^2$	0.018	0.03
—20℃	$\Omega \cdot cm^2$	0.2	0.2
最大氧渗透量	mA/cm^2	0.6	2
最大氢渗透量	mA/cm^2	1.9	2
最小面电阻	$\Omega \cdot cm^2$	1635	1000
耐久性			
机械耐久(渗透量＜10mL/min 的循环)	h	24000	20000
化学耐久(开路电压渗透量＜5mA·cm^{-2} 或损失＜20％)	h	614	500
化学/机械综合耐久(循环至开路电压下的渗透量＜5mA·cm^{-2} 或损失＜20％)	h	—	20000
双极板			
重量	$kg \cdot kW^{-1}$	＜0.4	0.18
板上 H_2 透过率[80℃,3atm 100％相对湿度(RH)]	$cm^3 \cdot (s \cdot cm^2 \cdot Pa)^{-1}$	＜2×10^{-6}	2×10^{-6}
阳极腐蚀电流密度	$\mu A \cdot cm^{-2}$	无峰值	＜1且无峰值
阴极腐蚀电流密度	$\mu A \cdot cm^{-2}$	＜0.1	＜1
电导率	$S \cdot cm^{-1}$	＞100	＞100
抗弯强度	MPa	＞34(碳板)	＞40

① 消除内阻影响后的电压。
② 铂族金属。

1.6.2　日本新能源产业技术综合开发机构的目标

日本早在 20 世纪 80 年代就专门成立了新能源产业技术综合开发机构（NEDO），

隶属通产省。NEDO 分别就住宅、工业和交通领域三大应用方向，分别制定了燃料电池的性能和耐久性开发目标。在 2020 年前，主要目标是在维持发电效率和耐久性的同时，降低电堆的制造和使用成本。2020 年以后，为了进一步提高用户的使用体验，并体现出燃料电池的优点，以提高发电效率和耐久性为目标。

表 1-4 介绍了日本 NEDO 制定的未来 20 年住宅用燃料电池的性能水平目标。

表 1-4　日本 NEDO 制定的未来 20 年住宅用热电联供 PEMFC 的达成性能水平

特征	当前	2020 年左右	2025 年左右	2030 年左右	2040 年以后
发电效率/%	38～52	38～52	40～55	40～55 以上	45～60 以上
耐久性/年	10	10	10 以上	15	—

为了达成表 1-4 所示的住宅用 PEMFC 的目标，日本主要以实用技术开发为中心，开发重点主要包括两项：一是通过现行技术开发的进展和量产效果来提高产品力及降低成本，如重点关注高低温对性能的影响、MEA 杂质耐受性的提高、催化剂活性的提高、低成本化。此外，还有提高电流密度及其带来的小型化和部件简化、热回收技术、辅助设备的低成本化和提高耐久性等；二是在 2030 年左右面向实用化的下一代技术开发。要达到 15 年耐久性的指标要求，需要在电解质材料、催化剂以及提高载体的耐久性和电流密度等方面着力。

具体地，在住宅用 PEMFC 开发方面，NEDO 于 2017 年制定的研究内容如表 1-5 所示。

表 1-5　日本 NEDO 住宅用 PEMFC 的技术开发课题

项目	2025 年左右面向实用化的课题（2022 年前应解决的问题）	2030 年左右面向实用化的课题（2027 年前应解决的问题）	面向大量普及的研究内容
MEA	杂质影响高鲁棒性 MEA 的开发 CCM 批量生产技术的确立	进一步提高性能，实现耐久化、低成本化；通过扩大 PEMFC 的普及以降低部件成本	通过现行技术进展实现高性能化、低成本化
电极催化剂	电解质膜批量生产的制备工艺		
	开发大幅提高杂质耐受性的技术		
	电极催化剂批量生产技术的建立 确立废弃产品的贵金属再利用技术		
气体扩散层、密封件等	廉价材料和零件（GDL、密封件等） 确立低成本双极板批量生产技术		
燃料重整系统	重整催化剂的杂质耐受性、长期耐久性提高	—	

项目	2025年左右面向实用化的课题（2022年前应解决的问题）	2030年左右面向实用化的课题（2027年前应解决的问题）	面向大量普及的研究内容
下一代开发（约2030实用化）	开发具备15年耐久性的电解质材料 大幅抑制催化剂载体腐蚀、贵金属溶解的相界面设计 高温、低湿工况时的高输出密度、高耐久性电池	高功率密度和15年耐久性、高负荷响应性并存的单堆技术的建立	利用高效率纯氢型系统（发电效率60%以上、高氢利用率），提升热综合利用效率
基础技术开发（持续研究任务）	阐明膜中的水分、气体、质子输送机理 阐明电解质膜、电极劣化机理		
	测量和分析技术开发（电极表面反应机理、电解质膜、电极催化剂劣化机理、电极形成工艺、催化剂、电解质、与MEA内部现象高度关联的性能和耐久性分析）确立单电池评价方法	性能、耐久性分析技术、单元评价技术、产业界应用与验证	阐明基于燃料的测量、解析、现象
		测量技术（时间、空间分辨率）、计算科学技术（缩放）精度的高度化 原子、分子水平的燃料电池材料设计方法及确立新材料探索的方法	

与住宅用PEMFC相比，工业用PEMFC的技术开发要点不同，主要包括：

① 大幅减少贵金属使用量，达到0.1g/kW以下水平。

② 提高催化剂活性，降低用于实现高发电效率的活化过电压。

③ 提高输出功率密度，随着电池的大容量化，单电池数、部件使用量的削减率更高；负载追随性提高；催化剂耐久性提高，负载变动对应的要求水平提高。

在工业PEMFC方面，未来的研究方向如表1-6所示。

表1-6 工业用PEMFC的技术开发课题

项目	面向2025年左右的实用化的课题（2022年前应解决的问题）	2030年左右面向实用化的课题（2027年前应解决的问题）	面向大量普及的进一步研究内容
MEA	杂质影响高鲁棒性MEA的开发 CCM批量生产技术的确立	进一步提高性能，实现耐久化、低成本化 通过扩大PEMFC的普及以降低部件成本	现行技术进展实现更高性能、更低成本 发电效率60%以上，提高热综合利用效率
电解质材料	电解质膜批量生产的制备工艺 大幅提高杂质耐受性的技术开发		
电极催化剂	电极催化剂批量生产技术的建立		
GDL、密封件等	适用廉价材料、零件（GDL、密封件等） 确立低成本极板批量生产技术		
实用化技术	电堆批量生产技术的建立		
	通过高温工况使热水储存单元小型化、电力转换装置（变频器、转换器等）的大电流化、低成本化	零部件模块化 辅助设备高耐久化	
	辅助设备（鼓风机、流量计、阀、热交换器等）的低故障率、高耐久化技术开发		

在交通运输领域，燃料电池汽车（FCV）的研究内容如表 1-7 所示。

表 1-7　FCV 技术开发课题（电堆）

项目	面向2025年左右的实用化的课题（到2020年左右应解决的问题）	2030年左右面向实用化的课题（2025年前解决的问题）	2040年左右正式普及的课题（2030~2035年左右的课题）	面向大量普及的研究内容
MEA	大型车辆用高耐久MEA（预计50万公里）CCM的卷对卷量产技术 高温（100℃，<30%RH）MEA 物质移动（气体、水分、质子等）高速化技术 催化剂利用率提高 高功率密度、高耐久MEA设计（输出功率密度×耐久时间/单位输出的贵金属使用量>10）	大型车辆用超高耐久性MEA（预计100万公里）CCM批量生产技术的确立低温（－40℃）启动技术 贵金属使用量大幅度降低（0.05~0.1g/kW）杂质高鲁棒性MEA 高电位耐久性MEA 高电位MEA	极低贵金属化MEA（0.03g/kW）高温（120℃）MEA高电位[0.85V（最高功率）]MEA	高温、高电位、极低贵金属化、高质子传导化单元实用化、高品质制造技术、系统的大幅度简化进展 创新的燃料电池系统（无贵金属、无加湿电解质材料、MEA）的实现
	催化剂、电解质、与MEA内部现象高度关联的性能、耐久性分析 阐明MEA中的水分、气体、质子输送机理 阐明电极形成工艺、相界面设计			
电解质材料	氟系膜原料低成本合成过程开发 烃系膜制造 高温低加湿工作膜开发（约100℃，<30%RH）	大型车辆用高耐久化技术 大幅提高杂质耐受性技术 开发提高氢阻隔性的技术（烃类膜水平）	更高性能、高耐久性、低成本化 按车辆的电堆规格确立的电解质膜、制造技术的通用化	
	探索新型高质子传导性电解质材料、高温无加湿膜（质子传导中不存在水）材料 阐明膜中的水分、气体、质子输送机理 电解质膜劣化机理的阐明		提高质子传导率（大于现行的4~5倍）120℃无加湿工作膜的开发	
电极催化剂	电极催化剂量产技术开发	确立电极催化剂批量生产技术 废弃产品的贵金属回收技术 大型车辆用高耐久性化技术	更高性能、高耐久性 低成本化 按车辆的电堆规格确立电极	低成本燃料电池堆技术通用化，其他移动体动力源的适用范围放大 在新兴国家的普及，加速超低价高级燃料电池开发
	降低贵金属使用量 耐久性提高（输出密度×耐久时间/单位输出的贵金属使用量>10） 低扩散性、非金属芯材料的开发 抗杂质催化剂技术	贵金属使用量大幅度降低（0.05~0.1g/kW）（低扩散性、非贵金属材料的适用等） 开发提高高电位耐久性的技术（高耐蚀性碳系、非碳系载体、贵金属溶解大幅度抑制技术等） 开发高电位活性提高技术	提高质子传导性（大于现行的4~5倍）120℃无加湿工作膜的开发	

1.6.3 欧盟燃料电池及氢能合作组织的目标

欧盟燃料电池及氢能合作组织第二阶段（FCH 2 JU）的 2019 年度工作计划提出了一份研究和示范活动清单，这些活动符合欧盟范围内的目标以及理事会条例中列出的至少一个 FCH 2 JU 目标：降低用于交通领域的燃料电池系统的生产成本，同时将其使用寿命提高到可以与传统动力技术竞争的水平；将用于发电领域的燃料电池的电效率和耐用性提高到可以与传统电站技术竞争的水平，同时降低成本。

当前欧盟 PEMFC 项目的主要专注点之一为 MEA，MEA 应具有合理的耐久性，例如在功率密度大于 $0.78W/cm^2$，耐久时间超过 2450h 且 Pt 负载量低于 $0.50mg/cm^2$ 时，MEA 性能衰减小于 $50\mu V/h$。目前在最先进技术水平下，MEA 所能达到的功率密度约 $1.13W/cm^2$，$4.1kW/L$，催化剂负载在 3500h 内为 $0.4mg/cm^2$，汽车应用要求下一代 PEMFC 在高电流密度（$>2.7A/cm^2$）、低惰性催化剂负载量（$<0.08mg/cm^2$）、高功率密度（$>1.8W/cm^2$，$>9.3kW/L$）和高耐用性（$>6000h$）下运行和低成本（<50 欧元/kW）。很明显，目前的状态距离这些目标还很远，实现这些目标必须采用颠覆性方法，包括新材料和相关工艺、新组件设计和新电堆总体结构等。

欧盟关于 MEA 在 2024 年要实现的具体技术指标整理后如表 1-8 所示。

表 1-8 2024 年欧盟关于 MEA 的技术指标

指标	2024 年目标
功率密度(0.66V)	$>1.8W/cm^2$
电流密度	$>2.7A/cm^2$
最高工作温度	105℃
预计使用寿命	$>6000h$
Pt 效率	$>15A/mg(0.66V)$
总铂负载	$<0.08g/kW$
电池体积功率密度	$>9.3kW/L$
成本	<50 欧元/kW

1.6.4 我国关于氢能与燃料电池的目标

根据《能源技术革命创新行动计划（2016—2030 年）》，我国的重点任务包括氢能与燃料电池技术创新。研究基于可再生能源及先进核能的电解制氢技术、新一代煤催化气化制氢和甲烷重整/部分氧化制氢技术、分布式制氢技术、氢气纯化技术，开发氢气储运的关键材料及技术设备，实现大规模、低成本氢气的制取、存储、运输、应用一体化，以及加氢站现场储氢、制氢模式的标准化和推广应用。研究 PEMFC、DMFC 等燃料电池技术，解决新能源动力电源的重大需求，并实现 PEMFC 电动汽车及 DMFC 增程式电动汽车的示范运行和推广应用。研究燃料电池分布式发电技术，实现示范应用并推广[16]。氢能与燃料电池技术创新路线图见图 1-9。

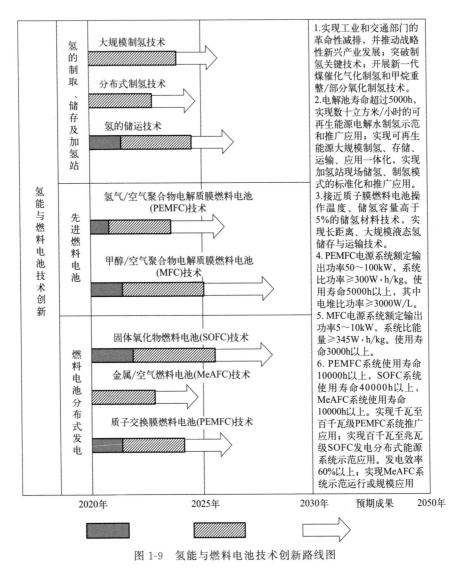

图 1-9　氢能与燃料电池技术创新路线图

其中，国家能源局关于氢能与燃料电池的技术创新目标如下。

1.6.4.1　2030 年目标

实现大规模氢的制取、存储、运输、应用一体化，实现加氢站现场储氢、制氢模式的标准化和推广应用；完全掌握燃料电池核心关键技术，建立完备的燃料电池材料、部件、系统的产业链，实现燃料电池和氢能的大规模推广应用。其中，PEMFC 分布式发电系统使用寿命达到 10000h 以上。

1.6.4.2　2050 年展望

实现氢能和燃料电池的普及应用，实现氢能制取利用新技术的突破性进展。

为落实"十四五"期间国家科技创新有关部署安排，国家重点研发计划启动实施"氢能技术"重点专项。具体研究内容及研究目标如表 1-9 所示。

表 1-9　"十四五"我国关于 PEMFC 的研究课题及技术目标

研究课题	研究内容	主要指标	技术目标
低成本质子交换膜（PEM）水电解制氢电堆关键材料制备技术	针对关键材料制备规模小、单位成本高等制约 PEM 水电解制氢应用和发展的问题，开展低成本电解水制氢用关键材料设计与批量化制备技术研究	低 Ir 催化剂	
		Ir 载量	$\leqslant 0.3\mathrm{mg/cm^2}$
		基于膜电极测试电解电压	$\leqslant 1.9\mathrm{V@2A/cm^2}$
		过电势	$\leqslant 200\mathrm{mV@10mA/cm^2}$
		不同批次催化剂制成膜电极测试的过电势偏差	$\leqslant \pm 10\mathrm{mV@10mA/cm^2}$
		电势衰减（3000h）	$\leqslant 2\%$
		非 Ir 析氧催化剂	
		膜电极电解电压（载量$\leqslant 1.5\mathrm{mg/cm^2}$）	$\leqslant 1.80\mathrm{V@500mA/cm^2}$
		过电势	$\leqslant 350\mathrm{mV@10mA/cm^2}$
		过电势衰减（酸性条件，10000 次循环）	$\leqslant 20\mathrm{mV}$
		质子膜	
		厚度	$\leqslant 80\mu\mathrm{m}$
		偏差	$\leqslant \pm 5\%$（采样面积$\geqslant 300\mathrm{cm^2}$）
		质子电导率	$\geqslant 0.2\mathrm{S/cm@80℃}$
		拉伸强度	$\geqslant 50\mathrm{MPa}$
		弹性模量	$\geqslant 300\mathrm{MPa}$（50%RH,25℃）
		尺寸变化率	$\leqslant 5\%$（50%RH~100%RH）
		质子膜制备及膜电极制备装备设计寿命	$\geqslant 10$ 年

研究课题	研究内容	主要指标	技术目标
电站用高效长寿命膜电极技术	针对固定式电站对燃料电池长寿命和高效率的应用需求，开展电站用燃料电池膜电极设计、制备及寿命关键技术研究	膜电极	
		在额定工作点电压衰减率	≤10%@40000h
		Pt 载量	≤0.25mg/cm²
		性能	≥0.80V@0.4A/cm²
住宅用质子交换膜燃料电池综合供能系统集成关键技术	综合考虑 PEMFC 的产电、产热特性以及住宅场景的电、热能需求，开展住宅用 PEMFC 热电联供系统及其关键技术的研究	PEMFC 电堆功率密度	≥0.8kW/L
		系统额定功率	≥1kW
		峰值发电效率	≥50%
		热电联供效率	≥85%
		实测寿命	≥7500h
		目标寿命	≥40000h
兆瓦级发电用质子交换膜燃料电池堆应用关键技术	针对质子交换膜燃料电池在发电领域兆瓦级应用需求，突破关键材料国产化、零部件和电堆批量化制造一致性、制造效率瓶颈，开展高效率、大功率质子交换膜燃料电池堆设计、工程化制造技术研究	单体电堆功率	≥1MW
		电效率	≥60%
		气体扩散介质抗纵向弯曲模量	≥10000MPa
		电导率	≥1600S/m
		接触电阻	≤5mΩ·cm²
		0.4A/cm² 电流密度处	额定工作点电压衰减率在 40000h 内≤10%
聚合物膜燃料电池非贵金属催化的电极设计与应用关键技术	针对聚合物膜燃料电池低成本应用需求，探索高性能非贵金属催化剂及催化层设计、制备技术及评价方法，实现非贵金属催化电极性能验证	不同批次电性能偏差	≤5%
		非贵金属催化电堆功率	≤1kW
		非贵金属氧还原催化剂在 0.9V 电压处的活性	≥0.044A/cm²
		MEA 氧还原催化剂载量	≤4mg/cm²
		0.7V 恒电位下测试超过 500h 后电流密度保持率	不低于初始值的 75%

1.7 小结

本章主要介绍了燃料电池基本原理并概述了燃料电池耐久性现状及目标。按照不同分类标准如工作温度、燃料来源、电解质类型等可以对燃料电池进行分类，而目前被广泛认可的分类方法是按电解质类型将燃料电池分为 PAFC、PEMFC、MCFC、SOFC、AFC 五大类，它们的基本特性及应用范围各有不同。鉴于本书围绕 PEMFC 耐久性展开，本章以氢/空气质子交换膜燃料电池为例介绍了燃料电池的工作原理，并且介绍了电池极化对电池工作电压的影响。通过热力学基本原理可以计算得到燃料电池性能的理论极限，并且可由此分析温度和压强等操作参数对实际工作电压和实际电池效率的影响。此外，本章以燃料电池的三个极化过程为切入点，分析了电极电位与电流密度、可逆电压以及反应物浓度/压力之间的关系，从 ORR 反应动力学的角度详细分析了阴极活化极化对电池性能的影响。最后，本章分别介绍了美国、日本、欧盟以及我国有关质子交换膜燃料电池的研究现状、目标及技术指标，通过横向和纵向对比可以看出，耐久性是目前国内外的重要研究内容，也将是未来 30 年的重要攻克目标。

参考文献

[1] 衣宝廉，俞红梅，侯中军，等 . 氢燃料电池[M]. 北京: 化学工业出版社，2022.

[2] Allen J B, Larry R F. 电化学方法 [M]. 谷林锳，吕鸣祥，等，译 . 北京: 化学工业出版社，1986.

[3] 查全性，等 . 电极过程动力学导论[M]. 北京: 科学出版社，2002.

[4] Norskov J K, Rossmeisl J, Logadottir A, et al. Origin of the overpotential for oxygen reduction at a fuel-cell cathode[J]. Journal of Physical Chemistry B, 2004, 108（46）: 17886-17892.

[5] Jovancicevia V, Bockris J O M. The mechanism of oxygen reduction on iron in neutral solutions[J]. Journal of the Electrochemical Society, 1986, 133（9）: 1797-1803.

[6] Zhdanov V P, Kasemo B. Kinetics of electrochemical O_2 reduction on Pt[J]. Electrochemistry Communications, 2006, 8（7）: 1132-1136.

[7] Yeager E. Electrocatalysts for oxygen electrodes（final report）[R]. US DOE, 1993.

[8] Yeager E. Electrocatalysts for O_2 reduction[J]. Electrochim Acta, 1984, 29（11）: 1527-1537.

[9] Adzic R. Recent advances in the kinetics of oxygen reduction//Lipkowski J, Ross P N. Electrocatalysis[M]. New York: Wiley/VCH, 1998: 197-214.

[10] Markovic N M, Gasteiger H A, Grgur B N, et al. Oxygen reduction reaction on Pt（111）: Effects of bromide[J]. Journal of Electroanalytical Chemistry, 1999, 467（1-2）: 157-163.

[11] Stamenkovic V, Marković N M, Ross Jr P N. Structure-relationships in electrocatalysis: oxygen reduction and hydrogen oxidation reactions on Pt (111) and Pt (100) in solutions containing chloride ions[J]. Journal of Electroanalytical Chemistry, 2000, 500 (1): 44-51.

[12] Marković N M, Schmidt T J, Stamenkovic V, et al. Oxygen reduction reaction on Pt and Pt bimentallic surfaces: a selective reviews[J]. Fuel Cells, 2001, 1 (2): 105-116.

[13] Shi Z, Zhang J J, Liu Z. Current status of ab initio quantum chemistry study for oxygen electroreduction on fuel cell catalysts[J]. Electrochim Acta, 2006, 51 (10): 1905-1916.

[14] Wang Y, Yuan H, Martinez A, et al. Polymer electrolyte membrane fuel cell and hydrogen station networks for automobiles: Status, technology, and perspectives[J]. Advances in Applied Energy, 2021, 2: 100011.

[15] U S DRIVE fuel cell tech team. DOE technical targets for polymer elec trolyte membrane fuel cell components[R/OL]. https: //www. energy. gov/eere/fuelcells/doe-technical-targets-polymer-electrolyte-membrane-fuel-cell-components. [2022-10-14].

[16] 国家发展改革委, 国家能源局. 能源技术革命创新行动计划（2016-2030年）[R/OL]. https: //www. gov. cn/xinwen/2016-06/01/5078628/files/d30fbe1ca23e45f3a8de7e6c563c9e c6. pdf. [2022-10-14].

第2章

质子交换膜：化学和物理衰减

2.1 质子交换膜简介

质子交换膜（PEM）作为 PEMFC 中的核心材料之一，其性能的优劣直接决定燃料电池的发电性能和寿命，其在整个燃料电池工作过程中主要起着三方面的作用：一是作为离子导体传导质子；二是分隔阴阳极反应气体防止燃料和氧化剂接触发生化学反应；三是作为电子的绝缘体，避免电池内部短路。质子交换膜的类型一般可分为全氟磺酸质子交换膜、复合增强型全氟磺酸质子交换膜以及烃类质子交换膜；如果按照其中化学成分氟的含量，还可以将质子交换膜分为全氟质子交换膜、部分氟化质子交换膜、非氟质子交换膜[1-2]。目前，由于全氟磺酸型质子交换膜具有最优的热稳定性、化学稳定性以及机械强度，因而该类质子交换膜具有长寿命的优点，同时其化学分子支链上具有亲水性磺酸基团，能够很好地促进质子传导[3]。

2.1.1 质子交换膜的基本要求

由于质子交换膜的性能会直接影响燃料电池的性能和寿命，因此对质子交换膜的要求极高。

① 质子传导能力强。为了保证燃料电池在不同工况工作时及时有效地将阳极产生的质子传输到阴极与氧气参与电化学反应，要求质子交换膜对质子传导速率快，一般在饱和湿度条件下电导率需要大于 $100mS/cm$。

② 高的化学稳定性、热稳定性以及水解稳定性。质子交换膜长期处于一定的

酸性、温度、高湿度以及一定电压的环境下工作，这对其稳定性要求极高。

③ 低的反应气体渗透性[4]。燃料电池在正常工作时，氢气（或其他燃料反应气体）和空气（或氧气）分别从燃料电池的阳极和阴极进入，为了防止两种气体直接接触而发生氧化还原反应产生大量的热造成膜的烧穿，需要质子交换膜将这两种反应气体分隔开，因此需要质子交换膜对于反应气体特别是氢气具备低的渗透性。

④ 具有一定的机械强度。质子交换膜（尤其是车用质子交换膜）工作时，长期处于温湿交变和阴阳极气压差的环境条件下，为了让质子交换膜能够保持足够的耐久性，就需要其具备优异的机械强度，这可以体现在纵向和横向拉伸强度指标上。

⑤ 良好的尺寸稳定性，这有利于燃料电池膜电极的制备和组装[5]。膜电极结构中主要包括质子交换膜（PEM）、催化层（CL）和气体扩散层（GDL），PEM的尺寸稳定性对MEA的力学稳定性与耐久性起着决定性的作用。

2.1.2 质子交换膜国内外发展现状

20世纪60年代，由于PEM的出现，燃料电池的功率密度大大增加，才使其被用于双子星飞船探索太空[5]。由于当时开发的燃料电池以磺化聚苯乙烯和苯乙烯共聚物为质子交换膜，在纯氧环境条件下易降解，寿命较短，因此并未在民用领域得到广泛应用。20世纪70年代初杜邦（DuPont）公司开发了全氟磺酸（PFSA）聚合物，其中以Nafion®为代表的全氟磺酸质子交换膜采用了氟原子取代氢原子的办法，氟原子本身具有很强的吸电子作用，增强了PEM的酸性，显著提高了其质子传导率。PFSA的化学结构主要由C—F键组成，由于C—F键键能（在273K时为485kJ/mol）比常规的C—H键键能（在273K时为401kJ/mol）高，因此PFSA膜具有良好的热稳定性和化学稳定性[6-7]。PFSA膜的这些化学特性有利于提高质子交换膜的耐久性，延长燃料电池的使用寿命，因而在PEMFC中占据主导地位，也加快了燃料电池的商业化进程。对于DuPont公司推出的Nafion®全氟磺酸质子交换膜，为满足对膜内阻和机械强度的需求，其中Nafion®211和Nafion®212膜在燃料电池中较常用，表2-1列出了这两种质子交换膜的各项性能参数[1]。

表2-1　Nafion®211和Nafion®212膜的主要性能参数

物理性质	Nafion®211	Nafion®212
厚度/μm	25.4	50.8
拉伸强度（纵向）/MPa	23	32
拉伸强度（横向）/MPa	28	32
断裂伸长率（纵向）/%	252	343
断裂伸长率（横向）/%	311	352

物理性质	Nafion® 211	Nafion® 212
离子交换容量/(mmol/g)	0.95~1.01	0.95~1.01
氢气透过率/[mL/(min·cm²)]	<0.02	<0.01
水含量(23℃水,1h)/%	5.0±3.0	5.0±3.0
水吸收率(100℃水,1h)/%	50.0±5.0	50.0±5.0
长度变化率(23℃水,1h)/%	10	10
长度变化率(100℃水,1h)/%	15	15

除了美国杜邦（DuPont）公司推出的 Nafion® 系列 PEM 之外，其他化学公司也推出了自己的 PFSA 膜，主要包括美国的化学公司陶氏化学（Dow）推出的 XUS-B204 型短支链的 Dow 膜；美国的 3M 公司推出的长支链全氟磺酸质子交换膜；日本的旭化成（Asahi Chemicals）公司和旭硝子（Asahi Glass）公司研发的 Aciplex 和 Flemion 长支链 PFSA 膜；加拿大的 Ballard 公司研发推出的 BAM 型长支链 PFSA 交换膜；美国的戈尔（W. L. Gore&Associates）公司研发推出的增强型复合 PFSA 膜，被命名为 Gore-Select®，这种复合膜采用膨化聚四氟乙烯（ePTEF）基膜增强，与均质膜相比其机械强度大幅度提高，有效减薄了质子交换膜的厚度而不致漏气，从而降低了膜的离子阻抗，目前已占据燃料电池汽车 PEM 的主要市场。比利时的苏威（Solvay）公司推出的 Aquivion E79 和 E87 以及 Hyflon Ion E83 膜都属于熔融挤出型膜，这些膜的生产制备都需要短侧链全氟磺酸树脂。关于 Solvay 公司推出的 E73-09s 质子交换膜的各项性能参数如表 2-2 所示[1]。

表 2-2　E73-09s 全氟磺酸质子交换膜的性能参数指标

物理性质	参数指标
拉伸强度(纵向)/MPa	20~40
拉伸强度(横向)/MPa	20~35
断裂伸长率(纵向)/%	90~180
断裂伸长率(横向)/%	100~200
离子交换容量/(mmol/g)	>1.23
拉伸模量(纵向/横向)/MPa	9~13
水吸收率(100℃水,4h)/%	<55
膨胀率(100℃,纵向/横向)/%	<15~25

国内关于 PEM 的研究较晚，目前居于前列的是山东东岳集团，其研发推出的短支链 PFSA 膜是同上海交通大学合作研发的，该 PEM 具有良好的化学和热稳定性，各项性能参数如表 2-3 所示[1]。此外，近年来浙江汉丞新能源、科润新材料以

及武汉绿动氢能等公司也先后在 PEM 的材料合成与成膜制造方面取得进展，投资建成规模不等的 PEM 生产线，将推动行业的发展。

表 2-3　东岳集团全氟磺酸质子交换膜的性能参数指标

物理性质	参数指标
厚度/μm	50/30
拉伸强度/MPa	28
断裂伸长率/%	150
离子交换容量/(mmol/g)	1.0
离子电导率/(mS/cm)	>100
水含量(23℃)/%	6
水含量(100℃)/%	40
吸水线性膨胀率(23℃)/%	10
吸水线性膨胀率(100℃)/%	15

2.2　质子交换膜结构及优缺点

2.2.1　PEM 的化学结构

物质的化学结构决定物质的性质，质子可以顺利通过 PFSA 膜而电子不能通过，这与 PFSA 膜独特的化学结构和性质有关。制备 PFSA 膜的树脂材料由四氟乙烯单体和磺化单体自由共聚而成，化学分子结构中氟磺酰基团的乙烯基醚可以提供合适的离子交换容量，将氟磺酰基团水解成磺酸根基团。从分子水平看，聚四氟乙烯（PTFE）主链骨架通过键与磺酸基全氟支链相连，其中 PTFE 主链是憎水的，而磺酸基是亲水的。因此，当全氟磺酸膜吸水时就会形成亲水和憎水两相，亲水相可为质子的迁移提供通道，憎水相则保证膜的尺寸和形貌的稳定。因此在适宜的温度条件下，膜在充分润湿后就可以表现出较高的质子传导率，这些都源于 PFSA 膜的纳米相分离结构。以 Nafion® 为代表的

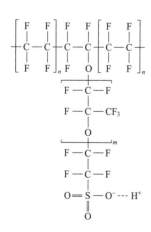

图 2-1　Nafion® 膜化学结构图 PFSA 质子交换膜的化学结构如图 2-1 所示[4]。

2.2.2 均质膜与复合膜优缺点

PEM 材料按照膜的化学组分分为均质膜和复合膜两类，均质膜又可以分为聚全氟乙烯磺酸质子交换膜、磺化聚芳醚质子交换膜、聚苯乙烯磺酸型质子交换膜、磺化聚苯并咪唑质子交换膜、磺化聚酰亚胺质子交换膜等。这些质子交换膜都具有良好的力学性能和较好的质子传导能力，但也存在合成困难、成本高以及燃料气体渗透率高等问题。而且，PFSA 膜在制备过程中还存在氟化过程的危险性，且制备工艺复杂，这也成为全氟磺酸质子交换膜成本高的重要因素。同时，PFSA 膜在尺寸稳定性和氢气渗透性等方面的缺点会造成其在生产、装配与使用过程中发生变形、对位精度差和耐久性不足等问题，这在 FCV 发展的早期对其大规模商业化推广产生了严重的抑制作用。为此，相关研究人员也开始尝试研发非氟或部分氟化质子交换膜，但是这种类型质子交换膜的综合性能较全氟磺酸质子交换膜差一些。例如，聚苯乙烯磺酸型质子交换膜的吸水率相较杜邦公司的 Nafion®117 膜更高，同时还存在分子量小、机械强度差的问题；磺化聚酰亚胺质子交换膜具有质子传导率高、结构多样以及合成方便的优点，但其化学结构在水合状态下不稳定，亚胺键易水解；对磺化聚醚醚酮质子交换膜而言，则存在质子传导性能低、抗氧化稳定性不足的缺点；磺化聚苯并咪唑质子交换膜化学稳定性较差，在燃料电池这种高温、高酸性环境下工作耐久性差。

如前文所述，美国戈尔公司虽然不合成 PFSA，但其生产的复合膜已占据 FCV 市场的主导地位。目前，复合质子交换膜主要是将全氟磺酸树脂与其他结构增强材料（基膜）进行复合制得。常用的复合质子交换膜有基膜增强拉伸多孔 PTFE 复合增强膜和无机材料增强型质子交换膜。复合膜的制备一般采用基膜为骨架，以无机纳米材料、有机材料、杂多酸掺杂方式制备复合质子交换膜，可有效降低 PEM 的成本。复合膜在降低成本、节省材料的同时，质子交换膜的各项性能也得到了提升，在一定程度上改善了 PEM 的机械强度，其可以提高 PEM 的水含量与溶胀率，改善 PEM 的氢渗问题，并提高燃料气体的利用率和燃料电池效率。复合膜可以加工得很薄，甚至 $10\mu m$ 以下，可加快质子从阳极向阴极转移，提高阴阳极水平衡速度，进而提高 PEM 的导电性。

图 2-2 是 Nafion®/PTFE 复合膜表面和横断面 SEM 图，从图中可以看到 PTFE 膜表面较粗糙且呈现出多孔结构，复合膜表面较为平坦光滑，未观察到明显的孔状结构存在，这是因为 PTFE 多孔膜表面覆盖了一层薄的 Natfion®膜。表 2-4 给出了 Nafion®/PTFE 复合膜和 Nafion®均质膜的水含量和厚度对比，由表 2-4 可知 Nafion®/PTFE 复合膜在吸水、溶胀方面都有了显著改善。当 Nafion®/PTFE

复合膜的厚度增加时,其自身的水含量增加,但膜的水含量仍远低于 Nafion® 117 膜,这主要是由于复合膜的树脂含量较低。表 2-5 出了 Nafion®/PTFE 复合膜的力学性能参数[8],包含不同类型均质膜与复合膜的最大拉伸强度、断裂强度以及延伸率的对比。由表 2-5 可知,Nafion®/PTFE 复合膜的厚膜拉伸强度小于均质膜,这是由于 Nafion®/PTFE 膜越薄,其拉伸强度就越接近 PTFE 底膜拉伸强度[9-10]。

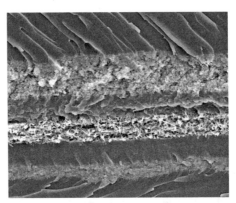

图 2-2　Nafion®/PTFE 复合膜的 SEM 图

表 2-4　Nafion®/PTFE 复合膜和 Nafion® 均质膜的水含量和厚度对比

膜的类型	厚度/μm	Nafion 含量/%	水含量/%
Nafion®/PTFE	25	48	16
Nafion® 117	175	100	27

表 2-5　Nafion®/PTFE 复合膜与均质膜的力学性能参数对比

膜的种类	厚度/μm	最大拉伸强度/MPa	断裂强度/MPa	延伸率/%
Nafion® 112	50	23.1	22.8	245
Nafion® 1135	88	54.1	34.4	135
Nafion®/PTFE	25	20.7	18.5	50
Nafion®/PTFE	40	25.7	23.3	60

2.2.3　膜电极组成

质子交换膜燃料电池的膜电极组件(MEA)作为燃料电池的关键部件,主要包括 PEM、催化层(CL)以及气体扩散层(GDL),图 2-3 为 MEA 的结构示意图。

膜电极是整个燃料电池进行电化学反应的场所，反应气体 H_2 和 O_2 分别从燃料电池的阴极和阳极穿过气体扩散层到达催化层，首先 H_2 在阳极催化层发生失电子反应生成 H^+，H^+ 通过质子交换膜到达阴极催化层。与此同时，阳极产生的电子通过外电路到达阴极，在催化剂阴极侧与反应气体结合生成 H_2O，反应产生的水通过气体扩散层排出燃料电池。膜电极中的质子交换膜可以起到传递质子和分隔阴阳极的作用，防止

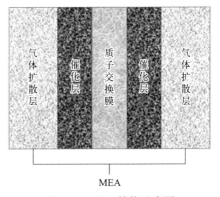

图 2-3　MEA 结构示意图

燃料和氧气接触发生短路。如前所述，为了更好地适应各种电流密度下的发电工况，并长期耐用，PEM 必须具备高的质子传导率、良好的热稳定性和化学稳定性、低的渗氢率以及优良的机械强度。

膜电极中 GDL 的作用主要有支撑催化层、使反应气体进入并均匀分配至 CL、为生成物水的排出提供通道、传导电流以及排出废热。为了让 GDL 能够很好地发挥作用，其应具备高的孔隙率，便于反应气体从双极板流场通过这些孔道均匀扩散到 CL 表面；排水功能则要求 GDL 的材料应具有良好的亲、憎水特性；为满足支撑催化层的功能，还要求 GDL 具有一定的机械强度。与此同时，还需要 BPP/GDL/CL 各层间接触电阻尽可能小，这就要求 GDL 具有一定的柔性，以适应电堆组装和使用过程带来的变形。GDL 需导出电子，这就要求制备扩散层的材料能够很好地进行电子传导。此外，燃料电池在发电过程中产生的热量需要通过 GDL 排出，这就要求 GDL 在平面和穿透方向都具有良好的导热能力。最后，为了适应 PEMFC 的高湿、一定温度、酸度和氧化性的苛刻工作环境，还需要 GDL 材料具有良好的抗腐蚀、抗蠕变能力，并长期保持亲/疏水特性等。

2.2.4　膜电极结构及功能

MEA 是产生电压和电流的核心部件，在 MEA 的内部发生氢气和氧气的电化学反应，并且伴随着反应气体、生成水、热量以及电荷等物质传输与传热过程，MEA 的初始性能和长期寿命直接影响到 PEMFC 的输出特性和耐久性。如图 2-4 所示，MEA 可以分为三个区域：结构区、过渡区以及功能区。膜电极的功能区作为核心区，为单电池产生电能；结构区为 MEA 提供足够的机械稳定性和耐久性。虽然结构区的存在不能改善燃料电池的电化学性能，但是在 MEA 的制造过程中可

以起到保护质子交换膜（PEM）的作用，它稳定的机械结构保证了其与双极板之间的位置关系（不致产生 MEA 的过度压缩），以及反应气体和冷却剂的可靠密封与绝缘[11]。过渡区则是介于功能区和结构区之间的一个特殊区域，因此它是由功能区和结构区的边缘部分组成的，第一部分包括功能区材料的阳极气体扩散层（a-GDL）、阳极催化层（a-CL）、PEM 以及阴极催化层（c-CL）和阴极气体扩散层（c-GDL）；第二部分包括结构区材料的黏结剂、树脂框架和位于 PEM 两侧的密封件。为了延长膜电极的寿命以及提高燃料电池的性能，膜电极过渡区的间隙可以选择重叠或黏合，这取决于不同设计者作出的选择。PEMFC 中使用的密封件的材料通常是高分子弹性体，包括聚丙烯酸酯、丙烯酸酯共聚物、丁基橡胶、氯丁橡胶、有机硅、氟硅氧烷和三元乙丙橡胶（EPDM）等。

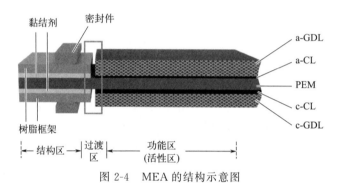

图 2-4　MEA 的结构示意图

在耐久性方面，人们对 CL、PEM 和 GDL 等材料的化学和物理损伤给予了更多的关注，对 MEA 结构方面的关注则相对较少。通常认为，变工况循环会引起电压变化，加速材料退化，进而导致催化剂溶解和聚集、碳载体腐蚀、PEM 变薄和性能退化[12-13]。在物理上，气压波动、湿度和温度循环都可能会对材料或部件结构造成机械损坏。燃料电池运行过程中温度和湿度的变化会导致质子交换膜的膨胀或收缩，进而造成平面压缩和拉伸应力的产生[14]。当这些应力达到膜的屈服状态，就会导致膜的机械损伤。无框架的 MEA（膜直接密封）的使用寿命通常只有几百小时或更少。膜电极过渡区的早期失效引起了研究人员的关注[15]。在燃料电池运行过程中，夹紧力、温度和湿度的交替以及阴极和阳极之间的气压波动是该区域机械损伤的主要原因，特别是功能区和结构区的结构和材料差异很大，在应力作用下会产生变形和断裂。在实际应用中，运行期间的夹紧力和温湿度的循环可能会导致 PEM 沿框架在短时间内开裂，导致气体渗透量突然增加到不可接受的水平。因此，过渡区对 MEA 性能和耐久性具有很大的影响，应更加关注过渡区在燃料电池实际工作中的衰退情况。

五层的 MEA 的制造通常是将 GDL 贴合到具有催化涂层的质子交换膜

（CCM）上来完成的。而具有三层结构的 CCM 则可以通过转印（decal）法、狭缝涂布（slot die）法以及喷涂（spray coating）法来完成催化剂在质子交换膜上的涂覆。随后，通常可使用热压机将阴阳极 GDL 与 CCM 进行热压黏合，这样就形成了五层 MEA 结构。也有人采用无热压的制备工艺，直接用胶黏剂将两层 GDL 与 CCM 黏合在一起，这样做的好处是防止热压过程可能对 PEM 造成的损伤。膜电极的框架则须与 PEM、GDL（有时还有 CL）等其他材料牢固地结合在一起，才能为 MEA 提供足够的机械支撑和长期耐久性。因此，尽管树脂框架的质量和尺寸都很小，但在使用过程中强的附着力和耐久性至关重要。如图 2-4，树脂框架与密封件共同作用，发挥的一个重要功能是实现稳定的密封，这主要是为了防止反应气体泄漏到燃料电池的外部或对侧，也可防止反应气和冷却剂的相互窜漏。因此，可以说可靠耐久的密封结构是维持燃料电池内部电化学反应正常进行的最基本条件。

2.2.5 膜电极密封结构

设计良好的过渡区在保持 MEA 的耐久性方面起到重要作用，这也是早期 PEMFC 耐久性不足的制约因素之一。如果过渡区的结构设计不当，夹紧力下的应力集中可能导致 PEM 发生局部严重的塑性变形，甚至直接撕裂膜。Ye 等人回顾了燃料电池的密封结构，并将其分为四类：a. 直接密封结构，无树脂框架；b. PEM 灌封胶密封结构，密封胶包裹了质子交换膜；c. MEA 灌封胶密封结构，密封胶包裹了气体扩散层、催化层和质子交换膜；d. 刚性保护树脂框架密封结构，具体结构如图 2-5 所示[16]。

在这四种结构中，直接密封结构是最简单的结构，它通过用两个密封件夹紧 PEM 来密封单元，不含树脂框架，也不需要任何黏合剂的参与。然而，很难确保膜两侧的密封件完全对齐。因此，会出现密封不足、GDL 和 PEM 压缩过度、PEM 早期失效等问题。与最简单的密封结构相比，在其他三种密封方法中都用到了黏合剂，这给膜电极的密封带来了更好的适用性。为了实现燃料电池堆具有更高功率密度、更低制造成本和更长寿命的设计目标，紧凑可靠的 MEA 结构是十分必要的。

2014 年，本田汽车公司提出了密封件集成到双极板上的结构，即树脂框架构件在过渡区和结构区与双极板连接成一体，再与 MEA 进行组装。通过这种设计，可以有效实现阴阳极绝缘，并防止电解质膜物理损伤问题的发生。此外，借助于位于 MEA 过渡区的树脂框架构件，还可实现从歧管端口到功能区氢气、空气和冷却剂的优化分配。为了进一步减少电堆装配时的部件数量，丰田汽车构建了力学上更

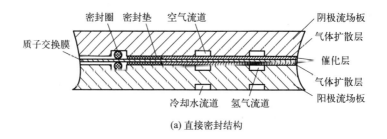

(a) 直接密封结构

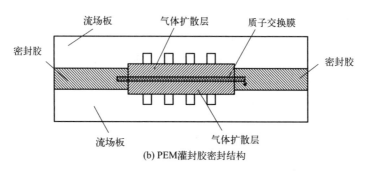

(b) PEM灌封胶密封结构

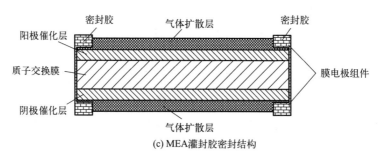

(c) MEA灌封胶密封结构

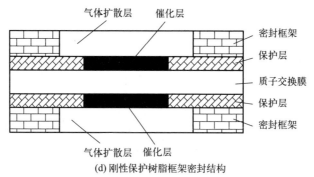

(d) 刚性保护树脂框架密封结构

图 2-5　PEMFC 常见密封结构示意图

为稳定的单电池结构[17-18]，即借助黏合剂，将 MEA 外围的树脂框架直接与双极板黏合，形成一个 MEA-双极板一体化的组件，即单元电池（unit cell）。单元电池中各层间连接所使用的黏合剂可以通过热压、紫外线（UV）固化黏合剂或超声波焊接程序快速固化，处理时间可以从几分钟缩短到几秒钟[19]。

2.3 PEM 基本性能的评测方法

2.3.1 质子电导率

质子电导率（proton conductivity）代表膜传导质子的能力，用 S/cm 来表示质子电导率。质子电导率作为衡量 PEM 导电能力的一项重要电化学指标，可以反映质子在燃料电池内部进行电化学反应的速率，PEM 的电导率测量可分直流（DC）测量和交流（AC）测量。直流测量是其中较为简单快捷的测量方法，但直流测量存在一定的问题，直流电会使电解质中的正、负离子分别向外加电场的正、负两极移动从而形成逆电场，很快就与外加电场形成平衡而产生浓差极化现象，极化现象的产生在很大程度上会影响测量的精度，因此直流法难以准确测出质子交换膜的电导率。使用交流测量就避免了直流测量所带来的浓度极化问题，这是由于在交变电流的一个周期内，导电离子前半周期向一个方向迁移，在后半周期则向反方向迁移，从而避免了浓差极化现象的发生，因此目前交流阻抗测量被广泛使用。

交流阻抗法（EIS）测试 PEM 的电阻是利用一种正弦波的交变电流进行测试的方法。测量时，对被测的膜施加小振幅的正弦信号扰动，响应信号与扰动信号的比值称为阻抗。施加正弦交流信号的线性电路的阻抗为一个矢量，可分为实部和虚部。通过测量不同频率下相应阻抗的实部和虚部，可得到一系列数据点，这些点构成阻抗谱，通过对阻抗谱进行分析可得出质子交换膜的电阻。测量时以小的电信号对系统进行扰动，一方面可以避免对系统产生较大的影响，使测量在十分接近于热力学平衡的条件下进行；另一方面也使得体系的响应与扰动之间近似呈线性关系，使得测量结果的数学处理简单。质子交换膜的电导率测试等效电路图如图 2-6 所示，从图中可以看到该等效电路图由两电极间的双电层电容 C_d、质子交换膜阻抗 Z_f 以及外电路电阻 R_Ω 组成。

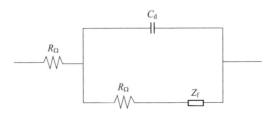

图 2-6　质子交换膜的电导率测试等效电路图

本章介绍的膜质子电导率实验测试方法为四电极法，这种方法可以较为精确地测量膜的垂直向电导率。测试时需要将膜夹在膜测试系统 MTS-740 中两个 Pt 金属电极之间，MTS 740 设备实物如图 2-7 所示，当系统运行时气体经分流装置后一部分通过增湿器变为湿气，另一部分干气加热后与湿气混合再一起流入含有膜电极的腔室内。

测定出膜的电阻 R 后，采用如下公式可计算出膜的垂直向电导率：

图 2-7　MTS-740 设备

实物图

$$\sigma = \frac{L}{RA} \tag{2-1}$$

式中，σ 为质子交换膜的垂直向电导率；A 为两电极片重合部分所夹持的膜的面积；L 为膜的厚度，可由千分尺测得。

影响质子电导率的主要因素有质子交换膜的水含量、燃料电池工作时的温度和湿度，因此电导率的实测值必须限定在一定的含水率（或测试环境湿度）和温度下。

2.3.2　氢渗电流

当燃料电池的阴极电势达到或高于 H_2 的氧化电势时，从电池阳极渗透到阴极的 H_2 会被氧化，所产生的氧化电流即为氢气的渗透电流。因此可以从电化学反应角度反映膜的渗透性。质子交换膜的氢气渗透电流通常是在膜电极上测试，采用电化学工作站进行线性扫描伏安（LSV），在线测定燃料电池 MEA 的氢气渗透性。

线性扫描伏安法（LSV）是一种向电极施加线性增加电位并记录相应电流或电流密度的方法，是目前最常用的测量氢渗的电化学方法。在测量期间，阳极供应氢气作为参比电极和对电极，阴极供应氮气作为工作电极。使用电化学工作站加载线性递增的电势，比如电位扫描速率为 5mV/s，扫描电位范围是 0~0.7V，取 0.4V 电压对应的电流值作为氢渗电流。

2.3.3　氟离子溶出

目前常用的测定氟离子流失速率（FER）方法是离子选择电极法（ISE），利用标准加入法来进一步测量样品中的氟离子浓度[20]。在测定过程中，待测溶液需加入总离子强度调节缓冲溶液（TISAB），这样就可以稳定溶液的离子强度、控制溶液的 pH 值为 5~7，并掩蔽干扰离子（Fe^{3+}、Al^{3+}、Mg^{2+} 等）的影响。氟离子浓度可由式(2-2) 计算：

$$\rho_x = \frac{\Delta\rho}{10^{\Delta E/S} - 1} \tag{2-2}$$

式中，ρ_x 为被测试液中氟离子的质量浓度，kg/L；$\Delta\rho$ 为加入氟标准溶液后的质量浓度增量，kg/L（假定加入氟标准溶液后溶液总体积保持不变）；ΔE 为加入氟标准溶液后的电势增量，$\Delta E = E_2 - E_1$；S 为电极相应斜率，即标准曲线斜率。实际样品中氟离子的质量浓度为：

$$\rho = k\rho_x \qquad (2\text{-}3)$$

式中，k 为样品被稀释的倍数。

进一步可以得到氟离子流失速率为：

$$FER = \frac{\rho V}{19 t m_0} \qquad (2\text{-}4)$$

$$FER = \frac{\rho V}{19 t A} \qquad (2\text{-}5)$$

式中，V 为待测溶液的体积，mL；t 为稳定性测试的时间，h；m_0 为膜样品的质量，g；A 为电池中 MEA 的几何面积，cm^2。

2.4　PEM 的降解机理

2.4.1　热降解

热降解是质子交换膜降解的一种形式，与 PEMFC 的运行条件密切相关。目前全氟磺酸质子交换膜组成的 PEMFC 工作温度为 80℃ 左右。当燃料电池的工作温度高于 100℃ 时，可以提高燃料电池阳极抗 CO 催化剂中毒的能力、降低阴极极化过电位、提高催化剂的活性以及 PEM 的质子传导能力[21]。但当 PEM 处于高于 150℃ 高温时将会发生结构变形，导致其机械强度降低和氢气渗透率大增。另外，PEM 在低温至高温的热循环过程中，聚合物的微观结晶形态也会发生变化，从而影响材料本身的性能特性。虽然工作温度的升高，可加快 PEMFC 的化学反应速率，增强催化剂的催化能力，但 PEM 的降解变得更加严重。此外，还会导致膜干，在膜表面更容易出现裂缝，降低了膜的机械稳定性。研究表明，当温度达到 150℃ 以上时，PFSA 膜的化学结构开始发生变化[22]，在大约 280℃ 时，侧链磺酸基团裂解[23-24]。燃料电池工作温度一般在 80℃ 左右，如果不考虑针孔等缺陷，氢氧直接反应释放的热量可以忽略[25]，这表明燃料电池正常工作情况下不会发生结构变化和裂解。然而，局部极薄的膜区域中阳极和阴极电极发生直接接触[26]，容易导致局部产生大量的热量，这可能会引发热驱动缺陷，例如膜熔化和针孔产生。

2.4.2 化学降解

在 PEMFC 工作过程中有许多因素可能造成 PEM 的化学降解，例如反应燃料气体的渗透作用、催化剂铂的溶解与再沉积以及自由基的生成等。当在燃料电池的尾排水中检测出含有一定的 F^- 时，则需要注意 PEM 发生化学降解的可能性。目前相关研究普遍认为化学降解主要源于自由基（$HO \cdot / HO_2 \cdot$）攻击聚合物膜的主链或侧链[27-28]。自由基成为质子交换膜化学降解的一种重要因素，对于自由基的产生主要有两种机理。第一种产生自由基的方式是过氧化氢的分解，该过程如式(2-6)～式(2-9) 所示[29-30]。

在燃料电池的阴极发生如下的化学反应：

$$H_2 + \frac{1}{2}O_2 \longrightarrow H_2O \tag{2-6}$$

在燃料电池的阳极发生如下的化学反应：

$$H_2 + O_2 \longrightarrow H_2O_2 \tag{2-7}$$

$$2H^+ + O_2 + 2e^- \longrightarrow H_2O_2 \tag{2-8}$$

$$\frac{1}{2}H_2O_2 \longrightarrow HO \cdot \tag{2-9}$$

第二种产生自由基的方式是直接产生，在燃料电池工作过程中，从电池阳极进入的氢气有少部分透过质子交换膜到达燃料电池的阴极，并与阴极催化剂表面的氧气直接形成自由基，该过程如式(2-10)～式(2-14)所示[31]。

$$H_2 \longrightarrow 2H \cdot （发生在催化剂 Pt 表面） \tag{2-10}$$

$$H \cdot + O_2 \longrightarrow HO_2 \cdot \tag{2-11}$$

$$HO_2 \cdot + H \cdot \longrightarrow H_2O_2 \tag{2-12}$$

$$H_2O_2 + M^{2+} \longrightarrow M^{3+} + HO \cdot + OH^- \tag{2-13}$$

$$H_2O_2 + HO \cdot \longrightarrow H_2O + HO_2 \cdot \tag{2-14}$$

在上式中产生的自由基作为氧化还原的中间产物，它可以通过电子顺磁共振谱（EPR）进行检测。PFSA 膜的化学降解主要是由于自由基的攻击，包括羟基自由基（$\cdot OH$）、氢自由基（$\cdot H$）和过氧化氢自由基（$HOO \cdot$）。这些自由基的攻击导致膜变薄并产生针孔，从而导致了 PEM 渗氢量增加。相较于机械降解，通过自由基让 PEM 发生的化学降解可以导致其严重变薄。当 PEM 变薄时，其阻隔反应气体的效果会变差，严重时还会在膜表面产生气泡和通孔。氧还原（ORR）发生在阴极铂催化剂上，产生过氧化氢并分解为氧化羟基（$HO \cdot$）和过氧化氢（$HOO \cdot$）基团。PEM 中的羧酸基团将与自由基 $HO \cdot$ 发生化学反应，逐渐腐蚀并降解 PEM 的分子链。该化学反应的原理如式(2-15)～式(2-18) 所示。

$$2H^+ + O_2 + 2e^- \longrightarrow H_2O_2 \tag{2-15}$$

$$R\!-\!CF_2COOH + HO \cdot \longrightarrow R\!-\!CF_2 + CO_2 + H_2O \quad (2\text{-}16)$$

$$R\!-\!CF_2 + HO \cdot \longrightarrow R\!-\!COF + HF \quad (2\text{-}17)$$

$$R\!-\!COF + H_2O \longrightarrow R\!-\!COOH + HF \quad (2\text{-}18)$$

2.4.3 机械降解

机械降解也是质子交换膜的一种重要降解形式，主要表现为质子交换膜各项力学性能的衰减[32]。在燃料电池正常运行过程中，温湿交变、阴阳极压差等导致膜材料尺寸发生变化[33]，流场中局部压力分布不均匀[34]，过渡区密封不当及膜材料本身存在缺陷等，都是 PEM 发生机械降解的重要因素[35]。机械降解是指 MEA 制造生产、燃料电池组装和操作过程中膜上产生裂纹、针孔、撕裂和蠕变等。催化层生产过程中产生的裂缝也会在膜上产生集中应力，进一步导致膜的机械降解。相关研究表明，不均匀的压缩会导致膜的机械降解产生，影响膜的耐久性和气体渗透率。目前已经证明，气体通道的几何结构也影响着膜内的应力分布情况，当气体通道对齐时，槽沟宽度比对面内应力分布有影响，但不影响膜内应力分布，而当气体通道交替时，槽沟宽度比对膜表面应力有显著影响。MEA 和 BPP 接触区域的压力已被证明远大于槽沟处的压力，此外，MEA 框架和膜之间过渡区域的应力也远大于膜上其他区域的拉伸应力。此外，由于各部件的尺寸误差、形状误差以及装配误差，降低了电堆的一致性，也会导致应力集中的产生。湿热循环往往会加快质子交换膜上裂纹的进一步扩大，而外部振动往往会导致 CCM 催化层和 PEM 的分离。在加载应力和耐久性测试下，发现阳极分层对膜的局部变薄有严重影响，循环应力往往会导致疲劳损伤，例如针孔和裂纹；而持续的应力会导致膜的蠕变。此外，冷启动行为和低于冰点温度也会导致膜的机械降解。在低温环境条件下，膜电极中的催化层从 PEM 和 GDL 分离，并且膜表面变得粗糙，出现裂缝和针孔，进一步会导致渗氢加剧。

2.5 PEM 降解的缓解方法

2.5.1 热降解缓解方法

为了缓解膜的热降解速率，可以提高 PEM 的散热速率。在燃料电池工作期间，GDL 在膜的散热方面起着重要作用，在膜电极的制造过程中，必须通过提高催化剂涂层的均匀性，有效地防止使用过程中产生局部高温。卷对卷（R2R）的制造技术和在线质量控制诊断可以有效地改善电极涂层的均匀性，减少氢渗，并提高燃料电池的寿命[36]。Cannio 等人[37] 提出了一种改进的 3D 打印技术，将催化剂置于 GDL 之上，这样可以很好地控制催化剂在目标基材上的空间分布，从而改善燃料电池的热管理，降低 PEM 的热降解风险[35-36]。

燃料电池内部的温度分布与产物水密切相关。氢气催化反应产生的余热可以通过产物水的流动及时带出，通过增加电极的疏水性可以有效增强水的传输[38]。研究表明，添加相关疏水性聚合物，例如 PTFE 和氟化乙烯丙烯（FEP）[39]，可以有效增强阴极催化层和扩散层的疏水性。扩散层中 PTFE 材料不仅可以影响本身的疏水性，还影响其导热性能。

从燃料电池系统的角度，冷却子系统可以有效地管理燃料电池的热量。根据电池的功率大小和结构特征，可以使用空气、纯水或乙二醇/水溶液作为冷却介质来散热。

2.5.2 化学降解缓解方法

通过改变膜结构，或减少外部环境中含氧自由基的攻击，都可以抑制膜的化学降解。而且，根据对 PEM 化学降解原因的分析，自由基是膜化学降解的主要原因。首先，需要提高金属双极板（针对金属板电堆）的耐腐蚀性或开发具有更高耐腐蚀性的涂层，以减少金属离子生成；其次，一些过渡元素或稀土元素（如锰、钛、锆、铈等）可以抑制过氧化氢和自由基的形成。

在过去的研究中，通常采用 CeO_2 作为自由基的抑制剂，通过实验已经证实，铈离子在低温和低湿度下具有良好的自由基清除能力，但从 CeO_2 中析出的 Ce^{4+} 会导致电池性能显著降低、活性表面积损失和电荷转移电阻增加。减少氧化铈的添加量和增加阴极离聚物体积分数可以减少氧化铈的负面影响。此外，高长径比化合物（如多壁碳纳米管）可用作降低自由基清除剂迁移率的载体。研究发现除了 CeO_2 外，还有其他氧化物也可用于抑制自由基的形成。Taghizadeh 等人[40] 发现 Nafion®/SnO_2 纳米复合膜的氟释放和重量损失小于纯 Nafion® 膜，表明 SnO_2 作为膜内添加剂，也能有效提高膜的化学耐久性。在随后的研究中，他们通过溶液浇铸法制备了基于 Nafion® 和磺化 SnO_2/SiO_2 的纳米复合膜[20]。与非磺化 Nafion®/SnO_2 纳米复合膜相比，这种膜还表现出更好的化学耐久性和导电性。还有一些方法可以同时提高质子交换膜的机械和化学性能。最近，Vinothkannan 等人[41] 将碳化钛稳定的氧化铈作为 Nafion® 基底中的填料，碳化钛提高了质子交换膜的抗拉强度，同时 CeO_2 提高了膜的化学耐久性。

2.5.3 机械降解缓解方法

为了缓解 PEM 机械降解带来的不利影响，可以降低膜在制造、安装和操作过程中的接触和面应力，采用复合膜进一步提高其机械强度，达到缓解膜机械降解的目的。MEA 的制备方法对膜的降解有一定的影响，Prasanna 等人[42] 发现，与其他传统的制备方法相比，CCM 热压法制得的 MEA 的降解率最低。Singh 等人[43] 研究显示，PEM 裂纹扩展速率在应力增加 10%～30% 的情况下会增加一个数量级，这表明改善应力均匀性和避免应力集中对于缓解膜的机械降解非常重要。Wilberforce 等人[44] 提出，通过适当设计双极板的几何形状，可以解决反应物分布不均、水管理不善、电流分布不均和温度分布不均的问题。当反应物均匀分布在 MEA 表面时，电流密度和温度可以更均匀地分布，从而降低 MEA 上的机械应力。通过减少过度或不均匀应力的产生，可以缓解装配过程中的机械衰退。具体措施包括提高各部件的制造精度、降低装配公差、提高板的刚度、施加适当的夹紧载荷等。此外，适当的加载或卸载速率、足够长的保持时间、相对较低的峰值载荷对于最小化装配过程中的蠕变效应也很重要。Zhang 等人[45] 通过建立三维稳态模型研究了装配力和脊/槽宽比对应力分布、变形分布、孔隙率分布、质量浓度分布和电流密度分布的影响，得出了最佳装配预应力和脊/槽宽比。

对于燃料电池运行过程，过去研究证明气体吹扫是减少冻融循环引起的机械退化的有效措施。气体吹扫可以去除 MEA 中的水分，并降低燃料电池在低温运行时由冻融循环和水冻结引起的应力。Hou 等人[46] 观察到，在 25℃下用相对湿度为 58% 的气体吹扫的燃料电池在 20 次冻融循环后没有性能损失。气体吹扫的优化设计对气体吹扫的效果至关重要。Nikiforow 等人[47] 研究发现，操作条件（如相对湿度）是确定最佳吹扫策略的重要因素，吹扫时间应合理，以有效去除流道中积聚的液态水。当使用相同量的吹扫气体时，提高流速比延长吹扫时间能更有效地去除水。此外，提高电池温度可以提高气体吹扫效果，降低低温启动对膜的影响。

向膜中添加高尺寸稳定性多孔材料（如 PTFE）可以增强膜的抗机械降解能力。Xiao 等人[48] 研发了一种 Aquivion/膨胀聚四氟乙烯（ePTFE）复合膜，与 Aquivion 铸膜 Nafion®211 膜相比，该膜具有更高的机械强度。Zhang 等人[49] 报道了增强膜（Nafion® XL）和未增强膜（Nafion® 212）的疲劳裂纹扩展情况。Nafion®X 膜由一层薄薄的微孔膨胀聚四氟乙烯（ePTFE）增强层组成，该增强层两侧浸渍有 Nafion®。结果表明，与 Nafion®212 膜不同，增强 Nafion®XL 膜的裂纹扩展速率几乎恒定不变，且疲劳裂纹扩展速率强烈依赖于初始裂纹长度和试样方向。他们发现，增强层中的纤维可以减轻裂纹尖端的应力。另外，一些研究证明，使用无机材料（如 TiO_2 和 TiC）作为填料来修饰膜基质可以有效地提高膜的力学性能[20]。此外，高温退火也有助于提高膜的结晶度和力学性能。Li 等人[50] 发现，在 160℃ 以下退火后，膜的湿度诱导应力值相应降低，这表明退火可以有效提高 Nafion® 的物理稳定性。除上述物理措施外，化学交联也可用于改善 PFSA 膜的力学性能。然而，由于

PFSA 膜中缺乏固有的交联位点，这种方法通常比物理方法更困难。

2.6 小结

本章首先对 PEM 的结构组成和作用进行了介绍，分析了 PEM 国内外发展现状，并列举了目前较为常用的 Nafion® 膜各项物理性能指标，以此来分析均质膜和复合膜的优缺点；详细介绍了 MEA 的结构组成以及四种 MEA 密封技术方案，旨在提高 MEA 的耐久性和运行效能。为了对质子交换膜的耐久性进行量化评价，本章介绍了三种评测方法，分别为质子电导率、氢渗电流、氟离子溶出。质子交换膜的降解可以分为热降解、化学降解以及机械降解三种，本章分别针对这三种降解机理提出了相应的缓解方法。目前复合膜被更加广泛地使用，通过向均质膜中掺入无机纳米材料、杂多酸、有机材料等可以有效改善膜的机械强度、调整膜的水含量、降低燃料气体的渗透性。

参考文献

[1] 衣宝廉，俞红梅，侯中军，等 . 氢燃料电池[M]. 北京：化学工业出版社，2022.

[2] 林瑞 . 车用燃料电池技术[M]. 北京：科学出版社，2020.

[3] 谢甜甜 . 交联型磺化聚酰亚胺质子交换膜的设计和性能研究[D]. 长春：吉林大学，2022.

[4] 唐倩雯 . PEMFC 氢渗失效分析与机理研究[D]. 上海：同济大学，2022.

[5] 衣宝廉 . 燃料电池——原理、技术、应用[M]. 北京：化学工业出版社，2003.

[6] 刘迪 . 半结晶型磺化聚芳醚酮质子交换膜的制备与性能研究[D]. 长春：吉林大学，2022.

[7] Yongming Z, Junke T, Wangzhang Y. Progress of fuel cell perfluoro sulfonic acid membrane[J]. Membrane Science and Technology, 2011, 31（3）: 76-85.

[8] 刘富强 . 质子交换膜燃料电池复合膜的研究 [D]. 大连：中国科学院大连化学物理研究所，2002.

[9] 刘富强，邢丹敏，于景荣，等 . 质子交换膜燃料电池 Nafion/PTFE 复合膜的研究[J]. 电化学，2002（1）: 86-92.

[10] Liu F Q, Yi B L, Xing D M, et al. Nafion/PTFE composite membranes for fuel cell applications[J]. Journal of Membrane Science, 2003, 212（1-2）: 213-223.

[11] Yang D J, Tan Y L, Li B, et al. A review of the transition region of membrane electrode assembly of proton exchange membrane fuel cells: design, degradation, and mitigation [J]. Membranes, 2022, 12（3）: 306-330.

[12] Yao Y F, Liu J G, Zou Z G. Degradation mechanism and anti-aging strategies of membrane electrode assembly of fuel cells[J]. J Electrochem, 2018, 24: 97-109.

[13] Xinfeng Z, Daijun Y, Tuo Z. Review on degradation mechanism and in fluence factors for vehicular fuel cell systems[J]. Journal of Automotive Safety and Energy, 2012, 3（3）: 276.

[14] Burlatsky S F, Gummalla M, O'Neill J, et al. A mathematical model for predicting the life of polymer electrolyte fuel cell membranes subjected to hydration cycling[J]. Journal of Power Sources, 2012, 215: 135-144.

[15] Yue W, Qiu D, Yi P, et al. Study on the degradation mechanism of the frame for membrane electrode assembly in proton exchange membrane fuel cell[J]. International Journal of Hydrogen Energy, 2021, 46（74）: 36954-36968.

[16] Ye D, Zhan Z. A review on the sealing structures of membrane electrode assembly of proton exchange membrane fuel cells[J]. Journal of Power Sources, 2013, 231: 285-292.

[17] Matsunaga M, Fukushima T, Ojima K. Powertrain system of Honda FCX Clarity fuel cell vehicle[J]. World Electric Vehicle Journal, 2009, 3（4）: 820-829.

[18] Tanaka S, Nagumo K, Yamamoto M, et al. Fuel cell system for Honda Clarity fuel cell [J]. Etransportation, 2020, 3: 100046.

[19] Yoshizumi T, Kubo H, Okumura M. Development of high-performance FC stack for the new MIRAI[R]. SAE Technical Paper, 2021.

[20] Saxberg B E H, Kowalski B R. Generalized standard addition method[J]. Anal Chem, 1979, 51（7）: 1031-1038.

[21] Zhang J, Xie Z, Zhang J, et al. High temperature PEM fuel cells[J]. Journal of Power Sources, 2006, 160（2）: 872-891.

[22] Wilkie C A, Thomsen J R, Mittleman M L. Interaction of poly（methyl methacrylate）and nafions[J]. Journal of Applied Polymer Science, 1991, 42（4）: 901-909.

[23] Samms S R, Wasmus S, Savinell R F. Thermal stability of Nafion® in simulated fuel cell environments[J]. Journal of the Electrochemical Society, 1996, 143（5）: 478-504.

[24] Surowiec J, Bogoczek R. Studies on the thermal stability of the perfluorinated cation-exchange membrane Nafion-417[J]. Journal of Thermal Analysis, 1988, 33: 1097-1102.

[25] Inaba M, Kinumoto T, Kiriake M, et al. Gas crossover and membrane degradation in polymer electrolyte fuel cells[J]. Electrochimica Acta, 2006, 51（26）: 5746-5753.

[26] Singh Y, Orfino F P, Dutta M, et al. 3D failure analysis of pure mechanical and pure chemical degradation in fuel cell membranes[J]. Journal of the Electrochemical Society, 2017, 164（13）: F1331.

[27] Borup R, Meyers J, Pivovar B, et al. Scientific aspects of polymer electrolyte fuel cell durability and degradation[J]. Chemical Reviews, 2007, 107 (10): 3904-3951.

[28] Zhang S S, Yuan Z, Wang H J, et al. A review of accelerated stress tests of MEA durability in PEM fuel cells[J]. Int J Hydrog Energy, 2009, 34 (1): 388-404.

[29] Coms F D. The chemistry of fuel cell membrane chemical degradation [M]//Fuller T, Shinohara K, RamaniV, et al. Proton exchange membrane fuel cells 8, Pts 1 and 2. Pennington: Electrochemical Society Inc, 2008: 235-255.

[30] Endoh E, Hommura S, Terazono S, et al. Degradation mechanism of the PFSA membrane and influence of deposited Pt in the membrane[J]. ECS Transactions, 2007, 11 (1): 1083-1091.

[31] Xie J, Wood D L, Wayne D M, et al. Durability of PEFCs at high humidity conditions[J]. J Electrochem Soc, 2005, 152 (1): 104-113.

[32] Zhang S, Yuan X, Wang H, et al. A review of accelerated stress tests of MEA durability in PEM fuel cells[J]. Int J Hydrog Energy, 2009, 34 (1): 388-404.

[33] Tang H, Shen P, Jiang S P, et al. A degradation study of Nafion proton exchange membrane of PEM fuel cells[J]. Journal of Power Sources, 2007, 170 (1): 85-92.

[34] Seo D, Park S, Jeon Y, et al. Physical degradation of MEA in PEM fuel cell by on/off operation under nitrogen atmosphere[J]. Korean Journal of Chemical Engineering, 2010, 27 (1): 104-109.

[35] Hara M, Jar P Y, Sauer J A. Fatigue behavior of ionomers. 1. Ion content effect on sulfonated polystyrene ionomers[J]. Macromolecules, 1988, 21 (11): 3183-3186.

[36] Kreitmeier S, Lerch P, Wokaun A, et al. Local degradation at membrane defects in polymer electrolyte fuel cells[J]. Journal of the Electrochemical Society, 2013, 160 (4): F456.

[37] Cannio M, Righi S, Santangelo P E, et al. Smart catalyst deposition by 3D printing for polymer electrolyte membrane fuel cell manufacturing [J]. Renewable Energy, 2021, 163: 414-422.

[38] Okonkwo P C, Otor C. A review of gas diffusion layer properties and water management in proton exchange membrane fuel cell system [J]. International Journal of Energy Research, 2021, 45 (3): 3780-3800.

[39] Chi B, Ye Y, Lu X, et al. Enhancing membrane electrode assembly performance by improving the porous structure and hydrophobicity of the cathode catalyst layer[J]. Journal of Power Sources, 2019, 443: 227284.

[40] Taghizadeh M T, Vatanparast M. Preparation and evaluation of Nafion/SnO$_2$ nanocomposite for improving the chemical durability of proton exchange membranes in fuel cells[J]. RSC Advances, 2016, 6 (62): 56819-56826.

[41] Vinothkannan M, Ramakrishnan S, Kim A R, et al. Ceria stabilized by titanium carbide

as a sustainable filler in the nafion matrix improves the mechanical integrity, electrochemical durability, and hydrogen impermeability of proton-exchange membrane fuel cells: effects of the filler content[J]. ACS Applied Materials & Interfaces, 2020, 12 (5): 5704-5716.

[42] Prasanna M, Cho E A, Lim T, et al. Effects of MEA fabrication method on durability of polymer electrolyte membrane fuel cells[J]. Electrochimica Acta, 2008, 53 (16): 5434-5441.

[43] Singh Y, Khorasany R M H, Sadeghi Alavijeh A, et al. Ex situ measurement and modelling of crack propagation in fuel cell membranes under mechanical fatigue loading [J]. International Journal of Hydrogen Energy, 2017, 42 (30): 19257-19271.

[44] Wilberforce T, El Hassan Z, Ogungbemi E, et al. A comprehensive study of the effect of bipolar plate (BP) geometry design on the performance of proton exchange membrane (PEM) fuel cells[J]. Renewable and Sustainable Energy Reviews, 2019, 111: 236-260.

[45] Zhang T, Li J, Li Q, et al. Combination effects of flow field structure and assembly force on performance of high temperature proton exchange membrane fuel cells[J]. International Journal of Energy Research, 2021, 45 (5): 7903-7917.

[46] Hou J, Yu H, Zhang S, et al. Analysis of PEMFC freeze degradation at −20℃ after gas purging[J]. Journal of Power Sources, 2006, 162 (1): 513-520.

[47] Nikiforow K, Karimäki H, Keränen T M, et al. Optimization study of purge cycle in proton exchange membrane fuel cell system[J]. Journal of Power Sources, 2013, 238: 336-344.

[48] Xiao P, Li J, Tang H, et al. Physically stable and high performance Aquivion/ePTFE composite membrane for high temperature fuel cell application[J]. Journal of Membrane Science, 2013, 442: 65-71.

[49] Zhang Z, Shi S, Lin Q, et al. Exploring the role of reinforcement in controlling fatigue crack propagation behavior of perfluorosulfonic-acid membranes[J]. International Journal of Hydrogen Energy, 2018, 43 (12): 6379-6389.

[50] Li J, Yang X, Tang H, et al. Durable and high performance Nafion membrane prepared through high-temperature annealing methodology[J]. Journal of Membrane Science, 2010, 361 (1-2): 38-42.

第3章

催化层：化学降解与结构破坏

3.1 概述

MEA 作为 PEMFC 的核心部件之一，其性能在很大程度上决定了 PEMFC 的发电性能，要提高 PEMFC 的耐久性也必须先提高 MEA 的耐久性。MEA 由质子交换膜、阳极催化层、阳极气体扩散层、阴极催化层、阴极气体扩散层五部分组成。阴阳极催化层作为电化学反应发生的场所，在此发生反应物的消耗与传导、产物的生成与输运、化学能到电能的转变、热量的产生。催化层一般由铂基催化剂、碳载体、离聚物和不同尺度的孔结构组成。在阳极催化剂的作用下，氢分解成质子和电子。水合质子通过 PEM 的磺酸基团转移到阴极侧，电子则通过外部电路转移到阴极侧。阴极侧的氧分子与水合质子和电子结合形成水分子。吸附在催化剂表面的离聚物使得质子可以在催化层内进行传递。在电化学反应过程中，除产生电能外，还会释放热能。这些过程依赖于催化剂表面的电化学反应和催化层内的传质传热过程，从而主导着 PEMFC 最终的性能，因此催化层结构的衰减与老化是导致 PEMFC 性能下降甚至失效的主要原因。

本章将从催化层的角度较为系统地介绍 PEMFC 性能的衰减原因与机理。

3.1.1 催化剂的重要作用

催化剂的催化效率直接决定燃料电池的发电效率及性能，当前铂基催化剂仍然是商用 PEMFC 中不可替代的催化剂，PEMFC 在正常的工况下，阳极的氢气氧化反应（HOR）动力学很快，电流密度为 $1A \cdot cm^{-2}$ 时过电势仅有几十毫伏，而阴极的氧化还原反应（ORR）却存在极大的动力学阻力，即使在铂基催化剂表面，氧化还原反应的动力学仍然较为缓慢，电流密度为 $1A \cdot cm^{-2}$ 时过电势可能超过 $300mV^{[1]}$。因此，燃料电池性能主要受限于阴极侧缓慢的氧化还原反应。为提高燃料电池性能，需要提高阴极侧贵金属催化剂的活性或用量。这也是目前燃料电池成本高的主要原因之一，据报道，当 PEMFC 电堆年产量为 50 万套时，随着其他材料和部件成本的下降，催化剂的成本将升至约占燃料电池堆总成本的 $45\%^{[2]}$。

早期的燃料电池采用铂黑为催化剂，贵金属的用量很大，每平方厘米铂用量可达到几毫克至几十毫克，直到 20 世纪 80 年代末，美国洛斯阿拉莫斯国家实验室取得了突破性进展。Raistrick 创新性地开发出了由 PTFE 和 Pt/C 组成的气体扩散电极，该电极是将 Pt/C 和 PTFE 分散在 Nafion® 溶液中，然后涂在气体扩散层上，使 Pt 负载从 $4mg \cdot cm^{-2}$ 显著降低到 $0.35mg \cdot cm^{-2}$，这是燃料电池发展过程中的一个重大突破[3]。与铂黑相比，碳载铂催化剂中铂纳米粒子更小，表面原子比例提高，且由于分散在高比表面炭黑表面，铂纳米粒子之间的堆垛减少，表面铂原子的利用率提高，至今主流的商业化 PEMFC 仍然采用类似的负载型贵金属催化剂，高比表面炭黑具有廉价、酸性条件下耐腐蚀性较好的特点，被广泛用于 PEMFC 催化剂的载体，Pt/C 也是目前最主要的商用燃料电池催化剂[2]。

催化剂作为 PEMFC 中的核心材料，承担着催化电化学反应发生、转换化学能为电能的功能。因此通常需要满足以下功能：①高机械强度；②高电子导电性；③高耐腐蚀能力；④高孔隙率；⑤高活性；⑥易于制备。

以上这些特性不仅是电池输出优异初始性能的基础，还是电池耐久性的保障[4]。在实际电池运行过程中，Pt/C 催化剂还发生着 Pt 的溶解、迁移、团聚、熟化长大、碳载体腐蚀、脱落、中毒等失效行为，导致电化学活性面积（ECSA）下降，活性和稳定性降低，电池输出性能降低[5-6]。

3.1.2 催化层与催化剂的关系

催化层是电化学反应发生的场所，也是 PEMFC 的关键组成，催化层的结构和形态在很大程度上影响着燃料电池的成本、性能和耐久性。具备最优结构和发挥最佳性能的催化层需要同时满足：

① 连续有效的质子传导通路；

② 催化层和外电路之间连续的电子传导通路；

③ 连续的孔结构，以利于反应物和产物的输送以及热的去除。

催化层是一种由全氟磺酸树脂离聚物黏结铂/碳催化剂颗粒堆叠而成的微米-纳

米多孔结构电极，通常是通过特定的沉积制备工艺将催化剂浆料沉积在基底上形成的，具体的沉积工艺有超声喷涂、狭缝挤出涂布、刮涂、凹版印刷或者刷涂[7-9]。目前，铂基材料仍然是 PEMFC 中应用的主要催化剂。考虑到铂的高成本，降低催化层中的铂负载量对于加速 PEMFC 的商业化至关重要。这就要求催化剂具有较高的活性和稳定性，并且 Pt 含量要进一步降低。尽管通过设计合理的 Pt 基催化剂纳米结构，在质量和比活性方面有了显著的提高，但大多数催化剂的报道都是基于液态电解质半电池中旋转圆盘电极（RDE）进行评估的，在膜电极中 Pt/C 催化剂表现出的催化活性远远不如 RDE 测试中表现得高，两者的差异非常显著，如图 3-1 所示[10]。虽然基于 RDE 评估的在实验室中制得的 Pt 基纳米催化剂的活性和稳定性已经远远超过商业化的 Pt/C（在某些情况下甚至达到了上百倍），但基于 RDE 测试的催化剂性能很难与在 MEA 上测试得到的催化性能进行对比，因为本质上 RDE 和 MEA 测试是不同的，这两者反映的分别是催化剂的本征活性与表观活性，也体现了催化剂与催化层的关系。RDE 测试中为了尽可能反映催化剂的本征活性，弱化了催化剂在实际使用过程中面临的质量传递阻抗大、热量累积、应力集中等问题，而主要关注于催化剂表面的电化学反应过程，而催化层在正常的工作环境下发电工作，性能良好、寿命足够的催化剂只是其在各种环境和工况（温度、湿度、压力、化学计量比、负载变化等）下长期稳定工作的前提之一。而在催化层中，微观结构对传质过程的影响，气、水、热、电、力等物理量的影响则不得不考虑，情况要复杂得多。因此 MEA 测试反映出的催化剂表观活性也就远不如 RDE 体现的本征活性高。

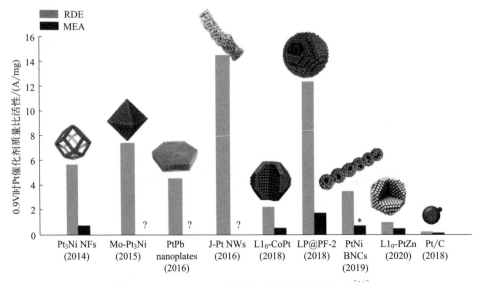

图 3-1　RDE 和 MEA 测试中的催化剂性能差异[10]

RDE 方法是基于极低的传质阻力评估催化剂的本征电化学反应活性，该方法具有两个重要特点：在氧气溶解饱和的 HClO$_4$ 溶液中进行；非常薄的电极（低于 1μm）。因此，RDE 测量 ORR 活性通常在 0.9V 的极低电流密度区域（通常 ≤10mA/cm^2）进行评估，在该区域，电化学反应由反应动力学决定。然而，在实际燃料电池运行过程或 MEA 测试中，工作电流密度大多为 >1A/cm^2，此时反应动力学和质量传递都显著影响 MEA 性能。而在 MEA 发电测试过程中，H$^+$ 和 O$_2$ 的传输机制与 RDE 中完全不同。在 RDE 测试中，工作电极上催化位点处于两相界面（液态电解质和固态催化剂），溶解在电解液中的 O$_2$ 和 H$^+$ 通过电极的旋转供应至催化位点。此时催化反应可认为是固液反应。但是在 MEA 测试中，催化层较 RDE 测试的工作电极厚大约 6～10 倍，反应位点处于三相界面（气体、催化剂和离聚物），此时催化反应可认为是固-液-气三相反应。在此结构下，氧气从 GDL 传输到催化剂表面的最后几纳米的距离上需要穿过一层离聚物薄膜，这比在 RDE 测试条件下的质量传输阻力大得多[11-12]。此外，离聚物的磺酸基团吸附在 Pt 表面产生的中毒效应也是加大 RDE 和 MEA 测试结果差异的原因之一，因为在 RDE 测试中，亲水性的高氯酸电解液与亲水性磺酸基团的相互作用可以缓解这种中毒效应。RDE 测量方法与 MEA 单电池测量方法的比较如图 3-2 所示[10]。

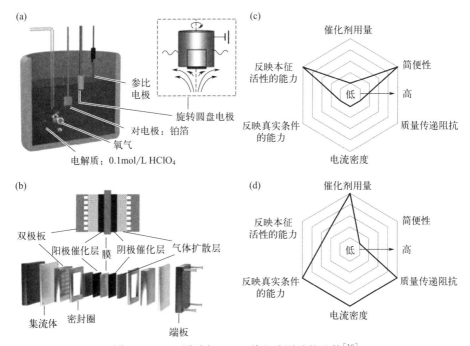

图 3-2　RDE 测试与 MEA 单电池测试的比较[10]

因此，构建高传质能力的催化层，使其中的催化剂表现出如 RDE 中的高活性是实现低 Pt 载量高效 MEA 的最大挑战。要实现这个目标需要最大化催化剂利用率、最小化传质阻力，这也是降低 PEMFC 成本、促进其商业化的重要途径。

催化层中的催化剂利用率低、传质阻力大的原因有如下几点：

CL 夹在 GDL 和 PEM 之间，O_2 和 H^+ 分别通过 GDL 和 PEM 传递到阴极催化剂（cCL）中。因此，PEM/cCL 和 PEM/GDL 界面的质量传递损失将引起催化剂活性降低。催化层由被离聚物包裹的 Pt/C 颗粒二次团聚体和一次团聚体组成，因此分别形成了大孔和中孔的多孔网络结构。大孔中的分子扩散具有压力相关性，而介孔中的 O_2 和水的 Knudsen 扩散不具有压力相关性，两者都需要以不同的方法进行优化。氧传质阻抗也发生在局部界面间，包括离聚物/气体界面阻抗（$R_{I/气}$）、离聚物/铂界面阻抗（$R_{I/Pt}$，磺酸根中毒）和体相离聚物薄膜中的阻抗（R_I）。局部氧传质阻抗对总氧传输阻抗的贡献是最主要的，也需要进行优化[11,13-14]。

降低 CL 中的离聚物含量可显著降低整体氧传输阻抗，特别是—SO_3^-中毒引起的局部氧传质阻抗。由于较高的离聚物/Pt 质量比，在超低 Pt 载量的 MEA 中磺酸根中毒的影响可能更明显，较低的离聚物含量可以显著改善局部氧传质。但是，质子在 CL 中的传递需要足够的离聚物包裹催化剂团聚体，形成多孔催化剂和连续的固体电解质网络。因此，离聚物含量与氧传质和质子传递的关系是一种权衡关系，需要综合平衡。

另外，在 CL 中的电子传递也需要考虑，因为大多数催化剂颗粒与催化层中的团聚体形成了一个连续的电子传输网络。然而，根据浆料配方和离聚物含量的不同，部分催化剂颗粒可能完全被离聚物电子隔离，形成电子传导的死区，当催化剂孤岛和 GDL 之间的接触消失时，催化层中催化剂孤岛之间的裂缝也会导致大片的死区，从而导致催化剂表观活性的降低[15]。

特别值得注意的是，在燃料电池运行过程中，催化剂会随时间降解，催化层的质量传递能力持续降低。而大多数高活性催化剂是由 Pt-过渡金属合金制成的，因此会发生金属阳离子交换，浸出的阳离子会降低 PEM 和 cCL 离聚物的吸水能力和电导率，导致质子传导能力降低，从而使得催化剂表观活性降低[16-17]。

更糟糕的是，浸出的阳离子还会增加局部氧传质阻抗，因为 O_2 在阳离子交换后离聚物上的扩散能力较低，并且局部碳腐蚀会导致 CL 严重变薄[17-19]。因此，对于在 RDE 中证明的有前途的 Pt-过渡金属合金催化剂，其阳离子析出对质量传输的影响应作为燃料电池性能和耐久性考察的重点因素。

3.1.3　高效 MEA 的开发策略

上述所有的质量传输阻力因素都是在高活性催化剂转化到高效 MEA 过程中的

主要障碍，在浆料设计、催化层制造和催化剂开发时，应仔细地考虑这些因素。

尽管目前新开发的催化剂的质量活性比广泛使用的商用 Pt/C 催化剂高十倍以上，但市售燃料电池汽车目前的总 Pt 负载仍大于 $0.3mg/cm^2$，低于美国能源部 2020 年额定功率目标 $0.125g/kW$（铂族金属）。显然，仅靠开发催化剂的方法是不可能达到性能和耐久性目标的，因此，要达到行业目标，对 MEA 进行合理的 CL 设计必须成为当务之急。一般来说，MEA 的整体结构设计可分为三个层次：CL 的局部反应位点设计、CL 的孔结构设计和 PEM/CL/GDL 界面结构设计。下面将介绍一些提升 MEA 性能的关键策略。

3.1.3.1 降低局部氧传质阻抗

铂表面吸附的全氟磺酸离聚物薄膜对局部氧传质阻抗有很大的贡献。因此，调控 CL 中的离聚物是改善局部氧传导的关键。PFSA 磺酸端基的氧原子吸附在 Pt 上，醚基与 Pt 表面相互作用[20]。由于磺酸基在 Pt 上的过多吸附，氧透过离聚物的通量主要被离聚物/铂界面控制[21]。较低的膜当量重量（EW）会导致氧传质阻抗的显著增加，实验表明，由于侧链的灵活性降低，侧链较短的离聚物对 ORR 的影响较小[22]。此外，使用磺胺阴离子液体包覆纳米多孔 Ni/Pt 合金也是一种有效的方法，由于磺胺对 Pt 的吸附较弱，O_2 在离子液体中更容易溶解，从而使得 ORR 活性提高了 2～3 倍[23]。

因此，要增加局部氧传递，应降低磺酸基团的浓度、限制磺酸基团的迁移、用弱吸附的酸基取代磺酸基，或者采用更低移动能力的离聚物主链，以减少或消除磺酸基对铂的吸附。

降低局部氧传质阻抗的另一种策略是调整 CL 中的离聚物分布。众所周知，Pt 颗粒的表面比未经修饰的碳载体表面更亲水，因此离聚物上的磺酸基更容易吸附在 Pt 表面，提高碳载体表面的亲水性已在一定程度上被证明是实现离聚物均匀分布的有效方法。碳基载体可以通过掺杂 O[24]、N[25]、S[26]、P[27] 或 B[28] 进行修饰，或通过金属氧化物[29] 或金属酞菁[30] 进行功能化。利用金属氧化物对碳载体进行功能化，不仅可以增加其亲水性，有利于离聚物的分布，而且还可以加强它们与 Pt 粒子的相互作用，从而提高耐久性和抑制 Pt 氧化物的形成，从而提高 ORR 活性[31]。碳载体也可以被—NH_x 基团修饰[32]，在 CL 中进一步质子化形成—NH_{x+1}^+。然后，—NH_{x+1}^+ 和—SO_3^- 之间形成离子键，从而诱导离聚物均匀地分布在整个 CL 中，不仅可以减少氧传质阻抗，而且可以提供一个连续、均匀的质子传递网络。但是，在恶劣的电极反应环境中，—NH_x 基团会被氧化为—NO_2，从而变得不稳定。—NH_x 的不稳定性也可以通过引入 sp^2 杂化的吡啶/吡咯/石墨化氮官能团来克服。总之，为了改善离聚物分布，碳载体的表面改性和设计必须非常小心，以达到亲水性/疏水性的平衡，因为过于亲水性的表面会导致严重的水淹问题。

减少 Pt 表面离聚物覆盖的另一个策略是分子掩蔽。例如，可以用烷基硫醇覆盖 Pt 表面，从而消除 Pt 与离聚物之间的强极性相互作用[33]。电极制备后，可以用电化学方法去除分子掩蔽剂，因此，在保持高质子传输能力的同时，催化活性得到了恢复。这种分子掩蔽策略可以降低离聚物覆盖引起的局部氧传质阻抗，从而提高铂的利用率。但是掩蔽剂分子在 MEA 制备完成后应该能够完全从 CL 中去除，否则即使是痕量的外来离子也可能对 MEA 的性能和耐久性产生重大影响。

除了离聚物对 CL 中局部质量传输的影响之外，催化剂的有效电化学活性表面积（ECSA）的大小也是一个重要指标。在燃料电池中，CL 中的催化剂在高电流密度下必须容易接触到反应物才能形成有效的三相界面，也才能快速完成大电流密度所需的大量氧气的转化。然而，在催化剂颗粒较大或发生团聚的情况下，催化剂颗粒没有充分分散在整个 CL 中，也就不能使 O_2 在离开催化剂表面之前高效地进行电化学反应。此时 O_2 在局部位点的传输阻力增加。

3.1.3.2　降低 CL 中的质量传递阻抗

孔隙工程是通过调整铂利用率和质量传递来获取高性能 CL 的有效方法。CL 的孔结构应设计为少量的微孔（<2nm）和大孔（>20nm），大量的介孔（2~20nm）[34]。原因如下：首先，离聚物无法渗透到碳载体内的微孔，导致质子无法接近位于碳载体内部的铂，从而严重降低了铂的利用效率，因此只需要少量的微孔[35]；其次，过多的大孔隙会极大地阻碍质子沿离聚物网络的传输，因此仅需要少量的大孔；最后，介孔能够满足催化层所需的催化剂/离聚物分布，并确保氧气和质子的有效供应，它们的体积可以根据需要增加。扩大碳载体内部孔隙是一种很有前途的孔隙工程策略。可以将孔径增加到 4~7nm，以允许 Pt 负载在其中，允许 O_2 传递和限制离聚物渗透[36-37]。但孔隙深度和弯曲度不能太大，否则会降低 O_2 的可及性，从而降低 Pt 在孔隙中的利用率。

碳载体的内部孔设计是避免离聚物在铂上吸附的有效方法，但当铂位于碳载体的外表面而被离聚物所覆盖时，CL 的质量传递阻抗增加。铂活性位点上的离聚物覆盖度可以用 CO 溶出伏安法来测量。例如，多孔碳（Ketjen black）负载催化剂的覆盖率已被证明明显低于非多孔碳（Vulcan）负载催化剂，前者的覆盖率为60%±7%，而后者达到 90%±2%，因为离聚物难以渗透到碳载体的内部孔隙，孔隙中的铂纳米颗粒没有被离聚物覆盖[38]。因此，多孔碳负载催化剂的比活性比非多孔碳负载催化剂的比活性高 1.7~1.9 倍。根据这些值可以估算出，CL 中被离聚物覆盖的 Pt 与被水蒸气覆盖的 Pt 的活度比大概为 0.22。因此，离聚物磺酸盐对 Pt 活性位点的过多吸附显著抑制了电极上的 ORR 反应。

浆料设计和 CL 制造过程对催化层的质量传递具有显著影响。浆料制备时所选取的溶剂体系的沸点、黏度、极性和介电常数都应重点考虑。首先，浆料制备所用溶剂的选择影响着离聚物在分散液中的形貌[39]。因此，不同的溶剂会导致浆料粒度大小和粒度分布的差异，进而导致催化层内孔径和孔隙率的差异，并且离聚物和 Pt 的分布也存在差异。例如，使用正丙醇/水制备的 MEA 比使用丁二醇或乙二醇制备的 MEA 具有更高的初始性能，因为前者的 MEA 孔隙率更高（由于沸点较低）。然而，正丙醇/水的 MEA 由于较差的离聚物和铂的分布，导致了更多的局部催化位点降解，表现出更差的耐久性[40]。其次，浆料的分散方法也很重要，包括球磨、高剪切混合和超声波处理等，这些方法有时组合起来会更好。分散技术、溶剂都会影响浆料的流变特性，从而影响催化剂团聚体在浆料中的分布。适当的超声处理可以平衡一次团聚体和二次团聚体的比例，以及合适的介孔和大孔比例[41]。

浆料配方和分散方法对 CL 中固体网络和孔隙网络之间的平衡有重要影响。这种平衡对 MEA 的性能至关重要，因为固体网络促进质子/电子传输到 Pt，而多孔网络确保足够的气态反应物和水传输到 Pt 表面，并从 Pt 表面运走液态水。在 MEA 中，孔体积和孔隙率对 CL 机械耐久性有重要影响，是浆料设计和 CL 制造中需要考虑的重要因素。更大的孔体积和孔隙率可以改善 MEA 性能，但 CL 更容易从 PEM 分离，因为黏附性降低了[42]。CL 孔隙率和厚度之间的相互影响对质量传输也很重要，因为对于较厚的 CL，孔隙率的降低会导致质量传递阻抗的增加，而薄层往往容易发生水淹[43]。

除了上述的传统浆料设计和 CL 制造方法外，新的 CL 制造技术，如静电纺丝[44-45]、等离子溅射[46]、离子束轰击[47]和喷墨印刷[48]，也为缩小高活性催化剂和高性能 MEA 之间的差距提供可能性。利用这些技术，可以方便地设计和调整 CL 的形貌、孔隙率和厚度。

采用静电纺丝法可以直接将催化剂浆料制备成 MEA，形成高活性和稳定的具有可调孔隙率的电极[44]。人们还可以通过在电纺丝碳纳米纤维上沉积铂来制备独立的阴极。由于该技术实现了独特的扩展载体-金属界面，几乎所有的铂催化剂都能接触到 O_2，提高了 MEA 的性能和耐久性[49-50]。这些静电纺丝技术作为替代传统 MEA 制造技术的潜在策略值得关注，以用来弥补催化剂本征活性和表观活性之间差距，但需要更广泛地研究纤维状 CL 与 GDL 的相容性，以及碳纤维对 PEM 机械耐久性的长期影响。此外，使用这些新技术大规模制造高性能、耐久的 CL 的可行性还有待进一步验证。

3.1.3.3　增强界面质量传递

PEM/CL 界面的微米或纳米工程可以显著提高 PEMFC 性能[51]。目前，有许多文献报道将传统的 CCM 方法所获得的 PEM 和 CL 间的二维界面结构转变为可设计的三维界面结构。主要改性方法包括使用表面图案化膜[52]、多孔膜设计[53-54]和直接膜沉积（DMD）[55-56]。多孔膜 MEA 的性能和耐久性的研究表明，在 0.4V、50%RH 条件下，多孔膜表面的电流密度比扁平膜高 10%～16%，运行 240h 后，多孔膜表面的电流密度略有下降，这是因为这种结构有利于水的反扩散，增加了 CL 内部的局部湿度[53]。2015 年，DMD 技术首次被引入，作为传统 MEA 制造技术的替代方案[55-56]。这种方法避免了使用自支撑 PEM；相反，电解液通过 PFSA 分散到两个基于气体扩散层的电极（GDE）上，然后压制形成 MEA。当该 MEA 用于 PEMFC 时，在优化的操作条件下（H_2/O_2，0.5L/min/0.5L/min，70℃，100% RH，300kPa/300kPa），最大功率密度可达 $4W/cm^2$，但是在正常操作条件下（H_2/空气，1.2/2.0 化学计量比，70℃，300kPa/300kPa），峰值功率密度仅为 $1.27W/cm^2$，但由于 PEM/CL 界面的质子和水传递增强，在较低湿度条件下没有观察到性能的明显降低。

GDL 的微孔层（MPL）与 CL 之间的界面在整体的质量传递阻抗中也起着重要作用。在不均匀压缩下，由于层表面的粗糙性和裂纹的存在，这些层界面上的接触不良，并形成间隙，这就增加了 MEA 的欧姆阻抗。研究表明，MPL 和 CL 表面粗糙度下降 50%，CL/MPL 界面的接触电阻可以降低 40%。相关文献也表明，MPL 与 CL 接触不良也会导致界面空隙中液态水的累积，可能阻碍氧气传输[57]。

MPL/CL 界面结构对水传输也具有影响，CCM 法制备的电极的 MPL/CL 界面易发生积水。因为 GDE 法直接将催化剂浆料沉积在 MPL 上，获得的 MPL/CL 界面是无缝的，而 CCM 电极有一个明显的界面间隙，因为 GDL 只是简单地热压在 CL 上[58]。因此，除了 CL 内部的质量输运问题，影响 MEA 性能和寿命的其他关键因素是 PEM/CL 界面的质子传导和水传导，以及 CL/MPL 界面的气体传递和水排出。这两个界面的物质传递也值得关注。

3.1.4　催化剂发展现状

我国"十四五"国家重点研发计划中提到，以推动能源革命、建设能源强国等重大需求为牵引，系统布局氢能绿色制取、安全致密储输和高效利用技术，贯通基础前瞻、共性关键、工程应用和评估规范环节，到 2025 年实现我国氢能技术研发水平进入国际先进行列。其中的氢能技术专项对氢燃料电池催化剂也提出了未来发展的目标。

为落实《国家中长期科学和技术发展规划纲要（2006—2020 年）》《"十三五"国家科技创新规划》《能源技术革命创新行动计划（2016—2030 年）》《能源技术

创新"十三五"规划》《可再生能源中长期发展规划》等提出的任务，我国从 2020 年开始启动"可再生能源与氢能技术"重点专项。在"可再生能源与氢能技术"重点专项 2020 年度项目申报指南中，针对车用燃料电池催化剂对耐久性和一致性的技术要求，具备高动态工况耐受能力、兼具高性能/抗中毒特征的铂基催化剂及其百公斤级批量制备技术，提出以下考核指标：催化剂初始氧还原质量比活性（基于 Pt）$\geqslant 0.35A/mg@0.9V$（消除内阻影响后的电压），催化剂电化学活性面积 $\geqslant 60m^2/g$；$0.6 \sim 0.95V$ 3 万次以上循环后质量活性衰减率 $\leqslant 40\%$、电化学活性面积衰减率 $\leqslant 40\%$；CO 导致的催化剂质量活性衰减率 $\leqslant 30\%$，催化剂在膜电极中性能衰减 $\leqslant 10mV$（$1A/cm^2$，$1\mu L/L$ CO/H_2，24h）；硫化物导致的催化剂活性面积衰减率 $\leqslant 30\%$（$0.36\mu L/L$ H_2S，24h），在膜电极中性能衰减 $\leqslant 30mV$（$1A/cm^2$，$0.004\mu L/L$ H_2S，24h）。

为落实"十四五"期间国家科技创新有关部署安排，国家重点研发计划启动实施"氢能技术"重点专项。

"氢能技术"重点专项 2021 年度项目申报指南中，针对低成本基站用不间断电源需求，突破千瓦级非铂碱性膜燃料电池堆、材料及其组件关键技术，研究高活性阳极非铂催化剂和阴极非贵金属催化剂的制备技术，提出以下考核指标：氢电极使用非铂催化剂、氧电极使用非贵金属催化剂，膜电极中贵金属催化剂用量 $\leqslant 0.05mg/cm^2$、氧还原催化剂活性 $\geqslant 0.044A/cm^2@0.9V$（消除内阻影响后的电压）。

"氢能技术"重点专项 2022 年度项目申报指南中，针对质子交换膜燃料电池低成本应用需求，探索高性能非贵金属催化剂及催化层设计、制备技术及评价方法，实现非贵金属催化电极性能验证，提出了以下考核指标：单批次产量 $\geqslant 10g$，不同批次电性能偏差 $\leqslant 5\%$；验证性非贵金属催化电堆功率不低于 1kW。其中，非贵金属氧还原催化剂在 0.9V（vs. RHE，不计欧姆损失）电压时的活性 $\geqslant 0.044A/cm^2$；膜电极氧还原催化剂载量 $\leqslant 4mg/cm^2$。

燃料电池催化剂在电堆成本中将一直占据很大比例。电堆规模扩大，但燃料电池用催化剂的成本受制于贵金属铂的稀缺性而降幅有限，因此催化剂在电堆中的成本占比将越来越大。表 3-1 列举了常见的催化剂浆料沉积工艺，为了降低 PEMFC 成本，未来主要努力方向之一是降低燃料电池催化剂的制造成本和铂用量，同时开发高活性催化剂。

表 3-1　催化剂沉积工艺（成本从低到高）

沉积方法	优缺点	功率/（W/mg）	铂负载/（mg/cm²）
喷涂	适用于小型膜电极组件，操作简单，高效；催化剂油墨越多，干燥时间越长，不易控制均匀性	0.43	0.3（阳极） 0.4（阴极）

沉积方法	优缺点	功率/(W/mg)	铂负载/(mg/cm²)
丝网印刷	适用于小型膜电极组件,操作简单,高效,不易控制均匀性,所需时间长	0.8	0.4(阳极) 0.6(阴极)
转印	可批量生产、界面阻力低、高效;热处理会导致结构变化	1	0.34~0.42
溅射沉积	超低催化剂负载、成本低;需要严格的真空条件,不易批量生产	85	0.01~0.16
刮涂	高精度、可再生、高效、厚度可控;不适合批量生产	5	0.125
电喷雾沉积	超低铂负载、催化剂分散性高、适合大规模生产、无真空要求、易于扩展到任何尺寸、装置简单;需要提高再生性和性能	42	0.052(阳极) 0.022(阴极)
双离子束辅助沉积	金属利用效率高、催化剂负载量非常低、可低温操作;不适合批量生产	3.86	0.04~0.12
喷墨印刷	精度高、快速、可大规模生产	16	0.020
超声波喷涂	超低铂负载、精确、可控;不适用于高黏度催化剂油墨	1.69(阳极) 2.32(阴极)	0.232(阳极) 0.155(阴极)

根据美国 DOE 提出的目标,2020 年 PEMFC 的铂用量期望降低至 0.125g/kW。目前,国际先进水平已达到 0.2g/kW,国内技术主流水平为 0.3~0.4g/kW。PEMFC 催化剂开发的长期目标是贵金属用量接近甚至低于传统内燃机汽车尾气净化装置中的贵金属用量(<0.06g/kW),因此低铂、超低铂或非铂催化剂是未来研究的重点[59]。其中低铂催化剂分为核壳类催化剂与纳米结构催化剂,非铂催化剂分为钯基催化剂、非贵金属催化剂与非金属催化剂。

目前,PEMFC 催化剂的主要生产商包括美国的 3M、英国的 Johnson Matthery、德国的 BASF、日本的 Tanaka、比利时的 Umicore 等,国内主要包括大连化学物理研究所、喜玛拉雅氢能科技有限公司、武汉理工氢电科技有限公司[59] 等。技术参数比较如表 3-2 所示。

表 3-2 国内外催化剂技术参数比较

技术参数	国外	国内
铂族金属载量	0.1/g/kW	0.3g/kW
铂质量比活性	0.76A/mg(900mV)	0.27A/mg(900mV)
循环后活性衰减率	5%以内(3 万圈)	86%(3 千圈)
生产厂商	大规模生产:TKK、JM、Umicore 等	小规模生产:喜马拉雅、大化所、贵研铂业等

近年来,国内涌入催化剂赛道拟推动产品国产化的企业不在少数,包括南京东焱、氢电中科、中自环保、济平新能源、中科科创、格林美等。我国推动的广东、北京、上海、河南和河北五个氢燃料电池城市示范群政策更鼓励使用国产零部件和

原材料，这给上游材料企业带来了难得的机遇。除了政策的支持，通过国产化替代降本也是国内催化剂市场占比提升的重要因素之一。作为载体炭黑的国产化进展很快。铂金属和炭黑是催化剂的主要原材料，此前，国内催化剂所用的灰黑土要来自进口，近年来，随着国内催化剂企业对于碳材料研究的深入，部分企业采购国产碳粉基材再通过改性处理，基本能达到燃料电池催化剂的要求。

3.2 浆料对性能和寿命的影响

3.2.1 催化剂浆料对催化层结构的影响

催化剂浆料由分散在溶剂中的催化剂（一般为铂基活性金属/碳载体）和全氟磺酸离聚物（一般为 Nafion®）组成。由于所有活性材料都分散在催化剂浆料中，因此催化剂浆料的材料、制备和应用决定了催化层各组分的分布、团聚体的尺寸、催化剂/载体与离聚物之间的界面、孔隙结构、性能以及耐久性等。理想的情况是建立催化剂浆料参数，比如浆料材料组分、固含量、I/C（离聚物/碳）比、分散方式、涂布技术、涂布参数等，和催化层微观结构、性能之间的定量关系，然而，目前通过宏观改变催化剂浆料组分来调整催化层结构的方式，忽略了催化剂浆料的重要性，不能深入理解浆料形成和处理过程中涉及的多尺度物化机理，因而无法准确建立催化剂浆料组分、处理工艺和催化层结构与性能的构效关系。因此，针对PEMFC 的高性能催化层微观结构设计与制备需要，亟须从深层次研究催化剂浆料体系的结构、性能和加工之间的关系，这对于设计和优化浆料配方和加工过程从而设计具有最佳结构和性能的催化层至关重要。

3.2.1.1 溶剂亲疏水性的影响

Kumano 等人[60] 研究发现，催化剂浆料的溶剂组成影响着离聚物在 Pt/C 表面的吸附行为，从而影响着催化层成形过程的开裂行为，其机理如图 3-3 所示，并且使用临界开裂厚度作为评价指标评估不同催化剂浆料的成膜性能。离聚物在Pt/C 表面的吸附行为受到溶剂的影响，在催化剂浆料中 Nafion® 主链与催化剂碳载体的相互作用促使 Nafion® 吸附在催化剂表面，而亲水性侧链和端基伸展进入溶剂中，从而给催化剂表面提供足够的静电斥力，以降低催化剂团聚体的尺寸、提高浆料的稳定性。向溶剂组成为水和正丙醇的浆料中添加较正丙醇更疏水的乙醇或增加正丙醇比例，使得浆料中溶剂疏水性增加，从而降低 Nafion® 在 Pt/C 表面的吸附量，增加游离的 Nafion® 量。结果表明浆料疏水性增加，浆料中团聚体平均颗粒尺寸增加，黏度和储能模量增加，团聚行为加剧。分散良好的催化剂浆料制备的催化剂层具有均匀的铂/碳和离聚物分布，从而具有高断裂切性；而具有团聚体网络结构的催化剂浆料会产生致密的团聚体，具有小的初级孔隙，从而产生高的干燥应力，以及自组装的游离离聚物，导致干燥过程中催化层中产生应力集中，具有很高的开裂风险。

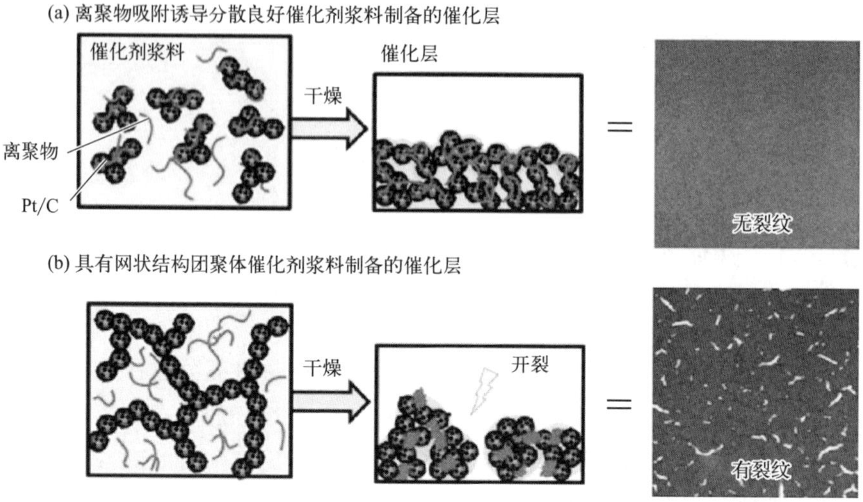

(a) 离聚物吸附诱导分散良好催化剂浆料制备的催化层

(b) 具有网状结构团聚体催化剂浆料制备的催化层

图 3-3　催化剂浆料分散状态对成膜过程开裂行为影响的示意图[60]

（a）分散良好的浆料沉积得到无裂纹催化层；（b）团聚浆料沉积得到开裂催化层

3.2.1.2　溶剂杂质的影响

催化剂浆料在制备后，由于 Pt 对溶剂醇类物质的催化氧化作用可能会产生杂质，使得浆料的性质发生变化，使其老化。Uemura 等人[61] 通过 X 射线断层扫描技术发现催化剂浆料在制备完成的静置阶段会产生气泡和第三相，其结果如图 3-4 所示。此外，溶剂氧化产生的疏水性物质会进一步导致催化剂颗粒的团聚，因此，气泡、颗粒团聚会导致催化层干燥成形过程中的应力集中，并通过 MEA 裂纹的形式释放出来[62]。

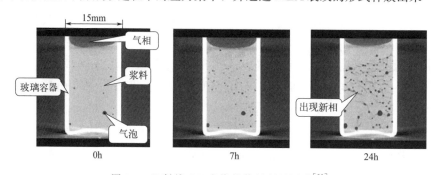

图 3-4　X 射线 CT 成像的浆料断层图片[61]

刘鹏程等人[63] 总结了催化剂浆料中发生的杂质生成反应，机理如图 3-5 所示，包括乙醇被氧化成乙酸、正丙醇被氧化成丙醛、丙酸，衍生反应如丙醇与丙酸酯化，缩醛反应如丙醇与丙醛生成，并提出通过对浆料进行真空脱气的方法抑制浆料的氧化，从而保证浆料的稳定。

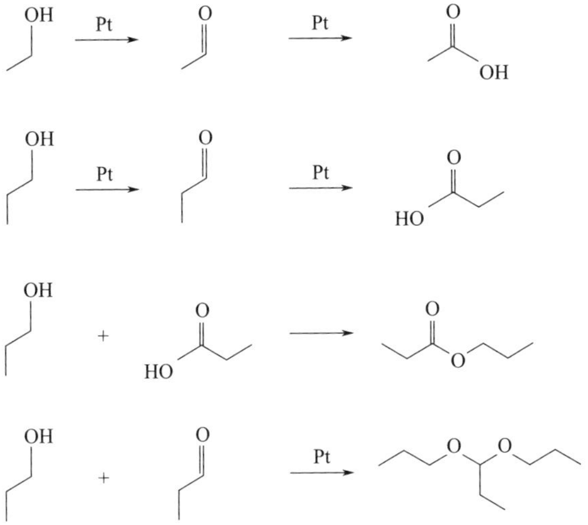

图 3-5　催化剂浆料中的杂质生成反应[63]

3.2.1.3　溶剂组成对耐久性的影响

催化层通过催化剂浆料制成，因而催化剂浆料的溶剂组成对催化层结构具有影响，最终影响 MEA 的耐久性。美国洛斯阿拉莫斯国家实验室的 Johnston 研究了以水-正丙醇-异丙醇为溶剂和以丙三醇为溶剂的浆料制备的 MEA 的性能与耐久性差异[64]。前者的初始性能较后者高，但是经过 30000 次电势循环后，后者的性能衰减远远小于前者。催化层的 TEM 结果表明，以丙三醇为溶剂制成的催化层结构更稳定，铂颗粒长大更缓慢。NMR 和 AFM 结果表明，Nafion® 在水-丙醇体系中更容易发生相分离，导致更多的磺酸基团和水靠近铂表面，从而增加水活度和质子活度，导致铂的加速溶解。

Jin-Soo Park 等人[65-66] 也研究了催化剂浆料中的溶剂组成对催化层的结构和耐久性的影响，具体为探究了乙二醇、二乙二醇、丙二醇和三乙二醇的理化性质对离聚物在溶剂中的分布、PEMFC 中的性能和耐久性的影响，以及乙二醇类溶剂基离聚物分散液制备的 CL 的形貌。结果表明，乙二醇基离聚物分散液中离聚物的尺寸较水基离聚物分散液中更小，对应形成的催化层表面裂纹较少，并且团聚体表面的离聚物薄膜更薄。因此，使用乙二醇基离聚物分散液的 MEA 比使用水基离聚物分散液的 MEA 具有更好的性能和耐久性。

3.2.2 催化层结构与耐久性的关系

3.2.2.1 催化层初始形貌对耐久性的影响

催化层的初始形貌会影响催化层在电池长期运行过程中的失效行为。Kundu 等人[15] 系统地综述了催化层中裂纹、厚度不均、取向分布、分层、离聚物团聚和催化剂团聚对 MEA 耐久性的影响。

(1) 裂纹

催化层开裂是催化层制备过程中的常见问题。首先，对于直接涂布催化剂浆料到 PEM 制备催化层的工艺，PEM 吸收溶剂后发生溶胀是催化层开裂的主因[8]。其次，干燥过程中毛细应力分布不均也是催化层开裂的重要原因[60]。再次，在 MEA 组装和制备过程中，由于催化层的韧性不如 PEM，因此弯曲和拉伸都可能导致催化层开裂。最后，在 PEMFC 运行过程中，操作工况变化导致的干湿循环使得 PEM 经历着溶胀-收缩循环，这也造成了催化层容易出现开裂的现象。典型的催化层裂纹如图 3-6 所示。

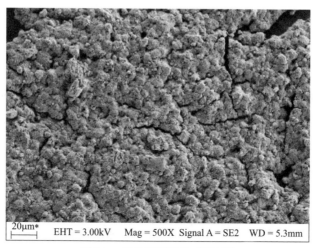

图 3-6　催化层裂纹的 SEM 图

催化层裂纹（图 3-7）在电池长期运行中导致的失效隐患有如下几种。

a. 进一步发展形成针孔。裂纹区域通常具有局部应力。在燃料电池的高湿度和加热操作条件下，这些区域可能容易产生拉伸，因此容易形成针孔或者撕裂。Kjeang 等人发现催化层裂纹与机械应力诱导形成的 PEM 裂纹有关系，在寿命终止的电池中发现，有近三分之一的催化层裂纹与贯穿 PEM 的裂纹相关，阴极催化层的裂纹尤其如此，这是因为阴极相比于阳极具有更强的应力集中效应。

b. 增加催化层阻抗。裂纹会破坏催化层的连续性，增加催化剂层中的电子传

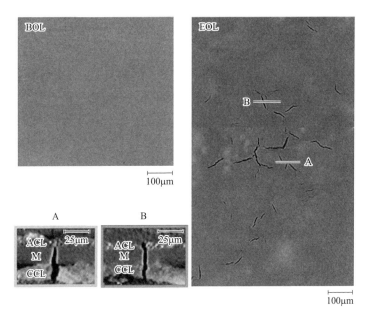

图 3-7　基于三维 XCT 的 MEA 失效分析显示质子膜在使用初期（BOL）和使用
末期（EOL）的纯机械降解平面视图，来自 EOL 数据的截面内部图像显示
A—贯穿阴极催化剂层和膜的透厚膜裂缝；B—通过阳极和阴极催化剂层以及膜的裂缝
ACL—阳极催化层；M—质子交换膜；CCL—阴极催化层

递阻抗和质子传递阻抗。此外，裂纹区域也会有更高的热量损失，进而可能增加针孔形成的风险，这是燃料电池堆的主要失效机理。裂纹也会使得开裂区域催化层中的离聚物与 PEM 失去黏结，使得催化层与 PEM 的接触电阻增加。

c. 水淹。裂纹也提供了水的囤积区域，因此会增加 MEA 中的水停留时间，从而阻止反应气到达催化反应位点，裂缝中积聚的水还将为溶解的污染物与离聚物反应创造一条直接路径。

d. 催化剂腐蚀。裂纹暴露出了本已脆弱的催化剂表面。随着水和气体的流动，裂纹区域的侵蚀导致的材料流失变得更加严重。

e. 高自由基浓度。自由基可能在裂纹的边缘产生，然后进入裂纹的主体部分（假设它充满了水），将自由地进入 PEM，因此其在裂纹位置发生的化学降解将会增加。

（2）催化层表面的取向排列和粗糙度

催化层取向排列是指催化剂颗粒在催化层表面定向排列或者倾斜，如图 3-8 所示。在 PEM 或转印基质上涂布催化剂浆料时涉及浆料的铺展过程，分散欠佳的催化剂颗粒的大团块会在表面产生阻力痕迹。影响表面定向度的其他因素有涂布头的速度和温度。模头的缺陷、浆料混合物的不均匀性，以及涂布头后堆积的料浆等也会影响表面特性。

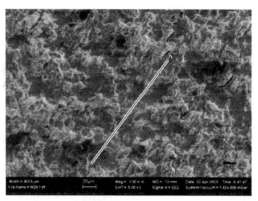

图 3-8　催化层表面的取向排列

考虑到宏观尺寸变化的量级远大于取向排列，催化层取向的影响可能非常小。此外，在将 GDL 热压到催化层上的制造过程中，压制步骤可能使催化层表面变平。取向的潜在影响可能如下：

a. 接触阻抗变化。粗糙的表面有随机分布的波峰和波谷，它们与 PEM 或 GDL 的接触不一致。这可能会增加整个 MEA 区域的接触电阻，也会导致局部区域的导电性差异，而导电性差的部位又可导致局部发热。

b. 机械应力变化。在受压中，表面形貌的变化会引起 MEA 上压力的变化。例如催化层的部分被挤入 PEM 中、MEA 膨胀到流道中、PEM 的变形。

c. 形貌失控。取向表明形态失去控制，这种缺陷破坏了催化层中保证良好的物质和电荷传递所需的形态，可能会对孔隙率或质子导电性产生不利影响。

(3) 离聚物团聚

催化剂浆料制备过程中的混合步骤对催化剂颗粒与离聚物的分散非常重要。与混合步骤相关的另一个特性是催化层中离聚物团聚体的产生，该现象是指离聚物发生集中，并明显多于周围区域，如图 3-9 所示。

图 3-9　Nafion® 团聚体的 SEM 图（高亮圆圈内）

如果在分散阶段催化剂没有很好地被分散，或者浆料中使用了过多的离聚物，就可能形成离聚物团聚体。离聚物团聚体对催化层可能的影响如下：

a. 增加阻抗。过量的离聚物和较少的催化剂使得电子穿透离聚物团聚体达到催化剂位点和反应的路径电阻更高。这将导致局部升温。

b. 降低 ECSA。在被离聚物团聚体占据的区域，几乎没有催化剂来促进反应。过量的离聚物成为反应气到达催化剂位点的障碍。此外，催化剂会被离聚物完全覆盖，从而降低了导电性，也降低了催化剂的活性面积。

(4) 催化剂团聚

催化剂团聚体会在不充分的混合或分散过程中形成。也有可能是催化剂颗粒本身的团聚导致了较大团聚体的存在。

催化剂团聚体对燃料电池性能和耐久性的影响如下：

a. 降低整个区域的催化活性。催化剂良好的分散是形成高催化比表面积的关键。如图 3-10 所示，催化剂团聚体的结构与周围催化剂区域的结构有明显的不同。催化剂团聚体具有非常细的微结构和非常小的孔隙。气体将无法穿透到催化剂团聚体的内部，而水可以更容易地覆盖这些区域。这进一步减小了 ECSA。因此，CCM 的催化活性将下降。

图 3-10　CCM 中的催化剂团聚体

（a）2 万倍视图；（b）10 万倍视图

b. 增加局部区域的催化活性。在较小的尺度上，催化剂团聚体表明局部区域有较高的催化剂质量，因此有较高的催化活性。然而整体催化活性因 ECSA 的损失而降低，但是，局部区域内高浓度的催化剂会导致反应速率比周围低浓度区域快。因此，催化剂团聚体在反应放热的阴极端引入了局部热点的风险。热点处的温度升高可能会融化周围的 PEM，造成针孔。

(5) 厚度变化

基于 PEM 或转印的制造方法可能引起 CCM 厚度的变化，如图 3-11 所示。造成这种厚度差异的原因有很多。如果使用转印方法，首先需要在 PTFE 或玻璃薄膜上制作催化层，在催化剂浆料中存在团聚体，或者涂布或挤压过程在膜中有微小的变化，就会发生催化层的厚度变化。如果涂布过程在 PEM 中产生缺陷，厚度也会发生变化。与厚度变化有关的问题如下：

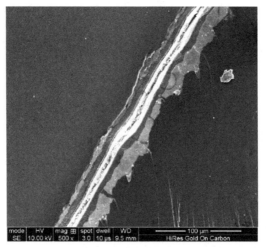

图 3-11　CCM 厚度变化的 SEM 图

　　a. MEA 阻抗变化。催化层较厚的区域将具有较高的电子传递阻抗，而较厚的催化层将具有较高的质子传递阻抗。反之亦然。

　　b. 诱导针孔形成。较薄的离聚物区域加上较厚的催化层（这可能促进更多的反应，从而产生更多的热）将更容易被热降解，从而产生针孔。

　　c. 力学性能下降。由于 MEA 的机械强度部分来自 PEM，PEM 被催化层"挤压"区域的机械强度薄弱，因此容易在张力下撕裂。这可能会导致在热循环和干湿循环期间的压差和机械应力问题。

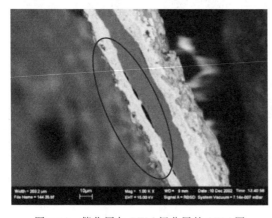

图 3-12　催化层与 PEM 间分层的 SEM 图

（6）催化层的分层

　　催化层分层是指催化层与质子交换膜分离，如图 3-12 所示。可能的原因是制造过程中使用的分层成形条件，如催化剂浆料涂布速度、压力、温度，甚至浆料中使用的溶剂量。例如，在催化剂浆料干燥阶段较高温度可能导致蒸气在 PEM 和催化剂浆料的界面形成。如果催化剂层的顶部干得太快，水蒸气可能会被困住，从而在两层之间产生黏附性差的区域。在 MEA 中受到压力时，这会导致进一步分层。随着时间的推移，不同材料的热和水化膨胀性能的差异也可能造成分层。

由于催化剂浆料中含有离聚物，一般认为催化层和 PEM 之间融合得很好，因为离聚物和 PEM 有望在层压过程中结合在一起。然而，即使温度高于玻璃化转变温度，转印的情况也可能并非如此。此外，当使用转印方法沉积催化剂时，转印基材中的皱纹可能导致催化层与 PEM 层之间形成空隙。

丙二醇的溶胀研究表明，通过利用丙二醇在 PEM 和催化层溶胀的差异，以及它们的层积方式，可以很容易地剥离 CCM 中的催化层。研究还发现，采用不同方法制造的不同 CCM 的分层程度不同。分层对燃料电池性能的一些潜在影响如下：

a. 水淹区域的发展。由分层产生的层间间隙会充满水，并导致周围催化剂区域的孔隙泛滥。这将增加反应物运输到催化位点的阻力。

b. MEA 阻抗增加。催化层与 PEM 的分离减少了两层之间的接触面积。因此，材料之间的接触电阻将增加，质子将有更长的路径到达催化剂位点，质子在水中传递比在 PEM 中具有更大的阻力。

c. 针孔区域的发展。随着更多的离子电流从分层区域被重新分配到邻近区域，后者将产生更高的电阻热。增加的热量会加速 PEM 的降解，直至造成针孔。如果空洞为羟基自由基提供了一个集中的区域，这种衰退模式可能会进一步加剧。

d. 催化活性的损失。分层也可能导致死区，在那里没有反应发生，因为缺乏反应物。

e. 发展易受侵蚀的区域。当催化剂层未能附着在 PEM 上时，催化剂层非常脆弱，因此很容易解体。从 PEM 中分离的部分催化层有剥落的风险。

3.2.2.2 操作条件下催化层微观结构变化的影响

对于在恒定负载条件下工作的固定式燃料电池，其性能衰减可低至 $1 \sim 2 \mu V/h$；然而，当车载燃料电池在包括负载、湿度、温度、电位和应力循环在内的恶劣条件下工作时，衰减率将增加多个数量级。车载和固定式燃料电池之间的 PEMFC 耐久性差异表明，操作条件是导致 PEMFC 性能不可逆和快速衰减的重要因素之一[67-68]。

催化剂层微观结构在 MEA 发电过程中的变化会导致 MEA 性能显著下降，尤其是在动态加载条件下。动态加载情况下，催化层的干湿循环会导致离聚物的溶胀-收缩循环，长此以往，作为黏结剂的离聚物容易发生疲劳失效，使得催化剂失去黏结被水流带走。Zhao 等人[68] 通过水浸入-蒸发循环和水流入-脱出循环试验模拟了动态加载工况下干湿循环对催化层结构的影响。结果发现，水浸入-蒸发循环过程显著促进了催化层中团聚体的生长以及针孔和裂纹的形成，造成了活性表面积和催化活性的不可逆损失；相比之下，水流入-脱出循环实验增大了催化层的大孔，但基本没有改变团聚体的尺寸。

Dubau 等人[69] 探究了 16 节短堆在经历了 3422h 恒电流（$j = 0.6A/cm^2$，65%RH，70℃，1.1bar❶ 绝压，2.5 计量比）老化试验后其 MEA 结构在微米尺度的变化，结果显示，在整个测试过程中阴极催化层在持续变薄。经过 1163h 后，新 MEA 阴极催化层从 $13.5\mu m$ 降低到了 $5\mu m$，2259h 后降低到了 $3.5\mu m$；3422h 后，阴极催化层出现大面积的缺失和开裂，而阳极催化层的厚度基本没有变化（图 3-13）。这从侧面反映了阴极层变薄是阴极高电势造成的碳腐蚀导致的结果。此外，老化 1163h 后，在距离阴极约 $4.4\mu m$ 的 PEM 中发现了一个 Pt 金属带，随着时间延长，这个 Pt 带变得更粗、更亮。这是因为 Pt 金属被腐蚀溶解后被阳极的渗透氢气在 PEM 中重新沉积还原。

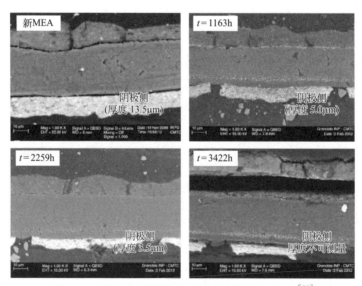

图 3-13　MEA 在不同耐久时间后的截面 SEM 图[69]

Morawietz 等人[70] 检测到 MEA 在长时间运行后，阳极 Pt/C 团聚体表面的离聚物随着工作时间而减薄，如图 3-14 所示。这是因为离聚物在长期运行过程中发生了降解，除了离聚物的含量降低之外，离聚物还会重新分布促进团聚体的长大，并且离聚物当量值越低则团聚物长得越大。

---

❶　$1bar = 10^5 Pa$。

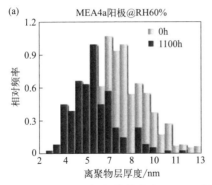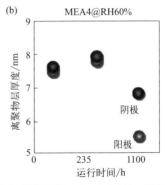

图 3-14　MEA4a 阳极初始状态和 1100h 后的离聚物薄膜厚度（a）和 MEA4 阴极与
阳极中离聚物薄膜厚度与工作时间的关系（b）[70]

3.3　电堆活化与恢复方法

3.3.1　电堆活化与耐久性的关系

制造完电堆后，PEMFC 堆的功率通常较低。这是因为在 PEMFC 堆正常工作时，膜电极内部的催化剂通过改变反应路径来提高反应速率；但如前文所述，催化剂作用必须依赖有效的三相界面，即只有当催化剂活性金属、载体与离聚物形成有效的反应气、质子和电子通道后（此即活化），才能发挥出来。一般认为，尽管催化剂不会在此期间被消耗或发生形态改变，但在实际工程应用中催化剂在 PEMFC 堆的使用过程中往往会发生缓慢的氧化或劣化，必须通过活化工艺来提高催化剂的性能，即提高其耐久性。

另外，在 PEMFC 堆的长期存放过程中，如果储存方法不当或者储存条件恶劣，催化层中的催化剂表面会逐渐被氧化，PEMFC 堆的性能可能会明显下降。除了催化剂本身外，PEMFC 堆性能下降的原因也可能是没有注意保湿，导致质子交换膜和催化层中的离聚物缓慢脱水，使得有效三相界面劣化。

3.3.2　电堆恢复活化法介绍

PEMFC 堆的活化方法可以分为以下 4 类：在线活化、离线活化、综合活化和恢复性活化等。

3.3.2.1　在线活化法

在线活化指将 PEMFC 堆连接到燃料电池测试台（或活化台）上，并控制电压、电流等运行条件进行发电的活化过程。大量学者研究表明，在不同电流下的强制激活可以活化膜电极组件及其催化层。电流电压的加载模式可分为恒定加载与变载；测试条件可分为恒定参数测试与改变参数测试；整个活化工艺可分为连续活化与中断活化等。

Qi 等[71] 通过对比不同反应温度及压力的测试条件，得出提升温度、压力有助于加快活化时间、提高活性效果，认为该活化方法主要提高了 Pt 的利用率与耐久性。朱科等[72] 对恒流自然活化、恒流强制活化和变流强制活化三种活化工艺进行了对比研究。恒流自然活化法与恒流强制活化法，指的都是将 PEMFC 堆中单片电池电流密度限定在一个小范围（$100\sim300\text{mA/cm}^2$）内，进行恒电流发电活化，电流的大小通过在外回路的电子负载工作站进行调控。变流强制活化法，指的是将电堆中单片电池电流密度设定在一个较大的范围（$100\sim1500\text{mA/cm}^2$）内，通过改变发电流密度来达到活化的目的。三种活化方法的比较如表 3-3 所示。

表 3-3　三种活化方式的比较

活化工艺	电流密度/(mA/cm²)	活化时间/h	电池温度和气体压力
恒流自然活化	$100\sim300$	$24\sim48$	较低
恒流强制活化	$100\sim300$	$24\sim48$	较低
变流强制活化	$100\sim1500$	$4\sim12$	较高

研究结果表明，强制活化（包括恒流强制活化和变流强制活化）总体上优于恒流自然活化；而在强制活化工艺中，变流强制活化优于恒流强制活化。另外，变流强制活化所用时间（$4\sim12\text{h}$）相对于恒流强制活化及恒流自然活化（$24\sim48\text{h}$）更短。

Irmawati 等[73] 提出了一个四段式活化工艺，从开路电压加载到 0.6V，在这个工况点进行恒电压发电 1h，再回到开路电压，重复 4 次。PEMFC 性能得到提高（最大功率密度从 128mW/cm^2 提升到 200mW/cm^2），认为这种活化方式有助于 PEM 的缓慢润湿，而不会出现水淹现象。

氢泵活化法也是常用的活化法之一。电化学氢泵是一种使氢气从燃料电池一侧腔室穿过质子交换膜到另一侧腔室的电化学方法，是通过将氢从膜的一侧"泵"到另一侧来提高 PEM 燃料电池性能的有效方法。基本原理如图 3-15 所示，将

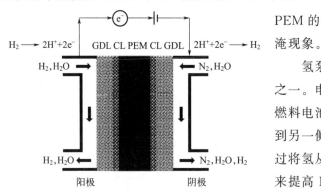

图 3-15　电化学氢泵活化方法原理

外部电源正极接燃料电池的阳极，负极接燃料电池的阴极；往阳极室和阴极室分别通入增湿纯氢气和氮气，氢气在阳极催化剂的作用下被氧化为质子，随后在外部电源提供的外加电场的作用下，质子穿过 PEM 进入 CCL，与通过外部电路以及集流板、流场板和 GDL 的电子结合；这样，质子被还原成氢气，氢气进入阴极室，随氮气一起排出燃料电池。整个过程中，氢气从阳极进入，从阴极排出，类似于将氢气从阳极"泵"到阴极的效果。

电化学氢泵活化时，其内部发生的电化学反应如下：

$$\text{阳极：} H_2 \longrightarrow 2H^+ + 2e^- \tag{3-1}$$

$$\text{阴极：} 2H^+ + 2e^- \longrightarrow H_2 \tag{3-2}$$

$$\text{总反应：} H_2(\text{阳极}) \longrightarrow H_2(\text{阴极}) \tag{3-3}$$

这种活化方法能够使电极催化剂的利用率增加，膜电极组件的性能提高，其原因被认为是使用氢泵活化时，催化层的孔隙度和迂曲率发生了变化，使得反应物-催化剂-电解质三相界面数量增加[74]。

加拿大 Ballard 公司申请了一项将燃料电池直接暴露在氢气环境中的加速活化的技术专利[75]。他们的试验表明，将干燥、未加热的氢气通入阳极和阴极 5min 后，电池的平均电压立即增加了 20～32mV。另外，将增湿和加热处理过的氢气通入电堆阴、阳极 5min 后，停止通气。这样处理后开始在正常负荷下工作的电堆，其单片平均电压（630mV）可以提升到额定平均电压（650mV）的 95%。他们认为通过将阴极适当地暴露于还原剂（氢气等）可以及时地提高性能，该方法适用于其阴极包含贵金属催化剂（例如 Pt）的 PEMFC。PEMFC 性能提升的原因可能是还原剂去除了阴极催化剂表面的氧化物/氢氧化物，或防止了它们形成，并增强了其耐久性。

杨代军等[76]采用了一种阴极欠氧活化法对 PEMFC 三节堆进行了快速活化实验。通过该方法进行电流循环，同时阴极氧的化学计量比降低到远低于 1，实现了所谓的氢泵活化机制。活化步骤如下：在 PEMFC 堆内 MEA 完全润湿的情况下，阳极和阴极的计量比设为 1.5 和 2.5，将电流密度加载至 500mA/cm^2，持续 2min；再将电流密度加载至 1000mA/cm^2，持续 0.5min；之后分别在 300mA/cm^2、500mA/cm^2、700mA/cm^2、900mA/cm^2 的电流密度下，将阴极计量比调整为 0.5，为了避免电势反转，在电池电势降低到接近 0.1V 时，将阴极计量比恢复到 2.5，在每种电流密度下改变阴极计量比 3～5 次；最后电堆保持在 1000mA/cm^2 的电流密度下持续 15min，并且通过监测电势波动判断燃料电池是否已完全激活。其电堆活化过程效果如图 3-16 所示[76]。在较低的阴极化学计量比下，由于在 15min 内记录到小于 5mV 的电池电压波动，因此活化在 35min 内已经完成，并实现了预期性能，1000mA/cm^2 时为 0.696V。

3.3.2.2　离线活化法

除了那些将 PEMFC 连接于能发电的燃料电池测试台（或活化台）上进行活化

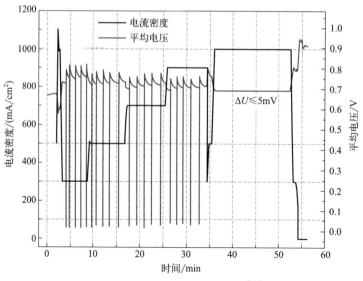

图 3-16　阴极欠氧活化法过程[76]

的方式以外，其他活化方式即为离线活化。其目的是减少昂贵的燃料电池测试台的占用时间，或者在无法获得测试台的场景下采用。为了实现 PEMFC 堆的活化，增强其催化剂的耐久性，离线活化一般针对其核心组件——MEA 进行处理。这是最直接、最本质的活化方法。

3M 公司[77] 发明了一种 MEA 离线活化方法，即将 MEA 暴露在超过大气压的饱和蒸汽（至少 110kPa）中处理 30min 左右，然后将其放入不透水的密闭容器中，待其冷却至室温取出。与没有预处理的 MEA 相比，预处理后的 MEA 具有更好的启动性能，在相同电压的情况下能在 3h 内电流密度达到平稳；较高电压下其电流密度也更高，对外输出 0.8V 的情况下预处理的电池电流密度（1100mA/cm²）比没处理过的电池高 150mA/cm² 左右。

Cho 等[78] 研究了将 MEA 放入 0.5mol/L 稀硫酸中煮沸 1h 的活化方法，发现其在低温 30℃、氢气和空气不增湿的情况下运行时，相比未用稀硫酸处理的 MEA，用相同的方法活化后进行比较，性能提升了 47%。

Zhiani 等[79] 提出一种新颖的蒸 MEA 的离线活化方法，即在连接负载前，MEA 组装进单电池后，以 0.3L/min 的速率向单电池阳、阴极分别通入水蒸气 2.5h。作者将蒸过 MEA 的单电池和未蒸过 MEA 的单电池都在恒电压 0.6V 下恒压活化，另外一个未蒸过的电池进行了 0.9V 到 0.3V 的循环电压活化。结果表明，按最大功率密度来比较，蒸过的电池的最大功率密度可达 963mW/cm²，大于后两者的 703mW/cm² 和 645mW/cm²；通过 EIS 测试得知其欧姆阻抗和质量传输阻抗都降低了，说明 MEA 内部传质过程得到了改善，有效三相界面占比增加。

3.3.2.3 综合活化法

以上任何一种活化方法都可以不同程度地改善燃料电池的活化效果。为了更迅速、更低成本地完成 PEMFC 堆活化，达到氢能产业快速发展的要求，可以按照特定的顺序，将这些活化技术进行组合，以此来加速 PEMFC 堆的活化过程，比其他任何单一的活化过程都更能减少活化时间和氢气用量。这就是 PEMFC 的综合活化。

Qi 等[80] 发现，与只使用单一的活化方法相比，结合不同活化技术可以产生更好的 PEMFC 性能。他们指出，提高温度和压力后进行氢泵活化法可以进一步提高燃料电池的性能。如果在氢泵活化法后再提高活化的温度和压力，也可以进一步提高燃料电池的性能。

本田汽车公司[81] 报道了一种组合活化方法：首先进行循环伏安活化，将附着于阳极和阴极的 Pt 催化剂表面的杂质除去；再利用氢浓差电池原理进一步活化，使得能够在不受到 Pt 表面附着物阻碍的情况下良好地润湿催化层，提高催化剂的耐久性。

3.3.2.4 恢复性活化法

PEMFC 堆的恢复性活化方法，指的就是 PEMFC 堆在使用一段时间后，性能会下降，为使其性能在一定程度上恢复正常所进行的活化过程。通过堆的恢复性活化法，可以在一定程度上恢复 PEMFC 堆的发电性能，恢复其耐久性；抑或是使得长时间存放的 PEMFC 堆及时进入正常工作状态，提供正常输出功率[82]。

宋满存等人[83] 通过采取氢泵活化工艺技术，对一个老化并停放了超过 1 年的 PEMFC 单体（膜为杜邦公司的 Nafion® 112，膜有效面积为 274cm²，双极板为采用直流场的石墨板）进行发电性能的恢复活化实验。他们在阳极和阴极分别通入氢气和氮气，气体流量分别为 2L/min 和 4L/min，相对湿度均为 100%，气体压力均为 120kPa，在外接恒流源充电的作用下，让氢气在阳极侧分解并在阴极侧重新生成。这个过程会还原催化剂表面的氧化膜并清洁催化剂表面，使催化层中建立起有效的三相反应界面，提高催化剂的活性和利用率。同时，还能带动水分子在质子交换膜内的传输，从而提高 MEA 的润湿性，使 MEA 建立起有效的电子、质子、气体以及液态水的传输通道，从而提升 PEMFC 的发电性能。实验结果表明，PEMFC 的电阻下降了 6.8%，催化剂有效面积增大了 42.4%，开路电压从 0.823V 上升到 0.938V，最大功率从 21.78W 上升到 48.18W，PEMFC 的发电性能得到明显提高，而且完成氢泵法恢复性活化过程仅需 1h。

为了研究电堆的存储条件，Yang 等人[84] 将相对湿度为 100% 的氮气封存在 PEMFC 堆中 60 天，实验测得 PEMFC 堆的性能基本上没有发生衰减。原因是增湿的氮气防止了 PEMFC 堆中 MEA 内部水分蒸发和催化剂表面氧化。

加拿大 Ballard 公司的研究表明[85]，在欠缺氧化剂的情况下，通过短暂地从燃料电池中汲取能量，可以提高 PEMFC 堆的性能。这种方法不仅可以用于在初始制造后活化 PEMFC 堆，避免长时间的活化过程，而且可以用于长期储存的 PEMFC 堆的恢复活化工艺，使老化了的 PEMFC 堆得以重新使用。在此恢复活化过程中，要使得 PEMFC 堆的电压保持大于或等于零，即当电压保持大于 0.4V 时，使其性能获得改善。实验中，将已经存储了 141 天的含 47 节单电池的 PEMFC 堆，进行几次调节循环来使其恢复活性。每个循环包括切断空气供应，同时仍向阳极供应氢气，并通过电阻器连接电堆，直到电堆电压降至 2V 以下。然后恢复空气供应，让电堆的电压恢复。每个循环大约需要 1min 来完成，并且要至少经受 5 个连续的调节循环。实验结果表明，有显著的性能改进。这种方法有助于调节燃料电池，因为在欠缺氧化剂的情况下从燃料电池汲取电流会在阴极产生还原条件，这是由较高浓度的氢和较低浓度的氧化剂造成的。

美国通用汽车公司[86] 提出一种利用湿度过饱和的阴、阳极进气来恢复 PEMFC 堆的电压损失的方法。该方法是向 PEMFC 堆阳极通入相对湿度为 220% 的氢气，阴极通入相对湿度为 110% 的空气，而且 PEMFC 堆的运行温度明显低于电堆常态运行温度，大约 30℃。此过程中，增大阴极排气背压，并调整氢气和氮气的流量，以使得被带入燃料电池阳极侧的水量超过由于电渗透牵引从阳极侧到达阴极侧的水量。过饱和进气在电堆中冷凝产生的液态水在排出电极的过程中，可以冲刷催化层，从而恢复 PEMFC 堆的性能。

尽管电堆的恢复活化工艺在新制造的 PEMFC 堆中很少采用，但 PEMFC 堆在实际投入运用后，经常会遇到放置一段时间后再使用的情况。通过适当的恢复活化方法，可以使 PEMFC 堆保持较好的发电性能和使用寿命[87]。

3.4 活性金属衰退与评价方法

燃料电池产生的电流大小和过电位直接与催化剂所提供的电化学活性比表面积（ECSA）有关，因此影响 PEMFC 耐久性最重要的问题之一是 Pt 的 ECSA 损失，即催化剂的衰退。一般认为，造成催化剂衰退有以下四个主要因素：Pt 颗粒的团聚与长大、Pt 粒子的溶解流失、Pt 中毒和碳载体的腐蚀，目前已经在文献中得到证实[88]。其中碳载体的腐蚀部分将在 3.5 节进行详细介绍。多年来，以上机制对 ECSA 衰退的贡献大小一直是学术争论的焦点，尤其是在实用环境下对 ECSA 衰退的主导机制。现在人们已经对 ECSA 衰退有了更清晰的认识：ECSA 的衰退机制与操作条件特别是与燃料电池的工作电压有关。在实际使用中，燃料电池的电位循环会造成燃料电池催化剂 Pt 颗粒粗化，可细分为三种机制：① 在 0.6V 电位以下，催化剂载体表面上 Pt 原子簇发生晶体迁移；②在 0.6～1.1V 电位，小颗粒 Pt 溶解形成离子，并在大颗粒上重新沉积长大，或扩散进入离子交换膜中，随后在氢气的还原下形成 Pt 颗粒（改良的奥斯特瓦尔德熟化过程）；③在 1.2V 电位以上，由于催化剂载体碳发生腐蚀导致 Pt 颗粒脱落[89]。

3.4.1 Pt 颗粒的团聚与长大

Pt 粒子尺寸的大小直接影响着催化剂的电化学活性面积的大小，是影响燃料电池性能的重要因素之一。大部分研究表明，在氧化还原反应中，直径大约为 3nm 的 Pt 颗粒制备的催化剂质量比活性最高[90-91]。随着 Pt 颗粒的增大，它的表面能会降低，并且粒子的增长速度也会有所降低。而在 PEMFC 发电过程中，催化层中的 Pt 颗粒会发生奥斯特瓦尔德熟化，Pt 纳米小颗粒会趋向于沉积到一些更大颗粒的 Pt 纳米颗粒上，导致 Pt 纳米颗粒的团聚与长大。

Chung 等人[92] 在 $80mA/cm^2$ 下进行 1784h 的加速寿命实验时发现，阴极和阳极 Pt 颗粒的平均粒径都是 1.35nm，测试后阴极和阳极 Pt 颗粒分别增长为 3.45nm 和 3.71nm。

根据 Chung 等人的研究报告，在阴极会发生如下反应：

$$Pt^0 \longrightarrow Pt^{2+} + 2e^- \tag{3-4}$$

$$Pt^{2+} + H_2 \longrightarrow Pt^0 + 2H^+ \tag{3-5}$$

在阳极，也会发生如下反应：

$$Pt^0 + 1/2O_2 \longrightarrow PtO \tag{3-6}$$

$$PtO + 2H^+ \longrightarrow Pt^{2+} + H_2O \tag{3-7}$$

$$Pt^{2+} + 2e^- \longrightarrow Pt \tag{3-8}$$

在上述三式的阴极与阳极反应中存在一个平衡，这个平衡受 Pt 浓度影响很大。Pt 离子的浓度越低，Pt/C 催化剂的衰退速度越慢。Pt 颗粒的长大机理普遍认为有如下两种[93-94]：

① Pt 的小颗粒溶解在聚合物中，被还原并且沉积到较大的 Pt 颗粒表面，从而导致 Pt 颗粒的长大，即发生了"溶解—沉积"过程；

② 碳载体表面，Pt 颗粒在纳米尺度上团聚，导致 Pt 颗粒长大。

图 3-17 展示了 Maillard 等[95] 在 PEMFC 运行前后 Pt-Co/C 阴极电催化剂的粒度分布和 TEM 图像。Pt-Co/C 粒径直方图的中心在老化后向较大粒径方向移动约 1.5nm。此外，聚集的 Pt-Co/C 纳米颗粒的比例逐渐增加，老化的 Pt-Co/C 纳米粒子具有复杂的形状，表明两个单独的微晶之间的铂离子重新沉积导致颗粒重叠、聚结等。

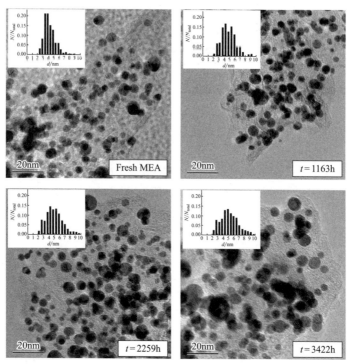

图 3-17　Pt-Co/C 阴极电催化剂在电流密度为 0.60A/cm^2 操作前后的粒度分布和 TEM 图像[95]

3.4.2　Pt 流失与再分布

尽管 Pt 是一种化学性质非常稳定的金属，不容易被氧化，也不易与酸和碱发生反应，但是由于 PEMFC 的工作条件为高温、高酸性和高电势环境，在这种环境下 Pt 表面会缓慢发生氧化反应并产生溶解流失，从而影响整个 PEMFC 的寿命。

3.4.3　Pt 中毒

PEMFC 的使用环境对 Pt 的寿命和性能有重要影响。阳极的铂基催化剂与氢气中的 CO、S 等物质发生反应会使其失去活性，无法再进行催化作用，导致电堆寿命缩减；空气中极少量 SO$_2$ 和 NO$_x$ 杂质会引起阴极 Pt 中毒，造成燃料电池电压衰退，进而影响燃料电池性能。

有关空气质量、氢气品质对氢燃料电池车使用性能的影响已被业界关注。2017年 10 月丰田公司启动氢燃料电池车 Mirai 在中国的适应性实证实验。2019 年 7 月 1 日实施的 GB/T 37244—2018《质子交换膜燃料电池汽车用燃料 氢气》对适用于聚全氟磺酸类质子交换膜燃料电池汽车用燃料氢气的纯度、杂质含量等指标进行了规定。

不仅如此，如 3.1 节所述，离聚物中的磺酸根也会在 Pt 表面发生吸附毒化，故在催化层中，为了形成连续的质子传输通道，同时能够保有高的氧还原活性，设计碳载体的孔结构来控制离聚物的分布尤为重要。

3.4.4　催化剂衰退的缓解方法

与稳态操作比较，电压循环在很大程度上加速了 Pt 溶解。在燃料电池实际应用中，电压循环是很难避免的，尤其是在汽车应用中更为复杂。近年来，国内外研究者对关于如何缓解催化剂衰退老化方面做了很多的研究工作，并取得了一定的进展，给出了几种可以有效提高催化剂稳定性的策略。

根据研究者的研究成果，目前缓解催化剂衰退失活的缓解方法主要有：

① 通过使用氧化物包覆催化剂来提高催化剂的稳定性；

② 通过优化 Pt 与其他金属的合金结构来提高催化剂的耐久性；

③ 采用一些具有导电性能的材料包覆催化剂来提升催化剂的抗衰退性能。

④ 提升燃料电池所用的燃料气体（如氢气与氧气）的纯度，通过空气过滤与制氢提纯等方法，减少气体内的杂质。

利用氧化物包覆催化剂提高铂基催化剂稳定性是常用的方法，其中主要利用的是氧化物对 Pt 纳米颗粒的锚定效应来缓解颗粒发生迁移聚集。孙学良团队[96] 通过原子层沉积的方法利用氧化钽锚定对 Pt/C 催化剂进行包覆处理，经过加速老化后，发现催化剂的耐久性能相较于未修饰的 Pt/C 有了很大的提升，耐久性能的提升主要是因为氧化钽对 Pt 纳米颗粒的锚定，使 Pt 纳米颗粒不易在加速老化的过程中发生迁移聚集而长大。

英国格林威治大学的 K. Y. Chen、Z. Sun 和 A. C. C. Tseung 等人[97-101] 对在催化剂中加入 WO_3 的情况进行了研究。研究结果表明，由于 WO_3 的加入，Pt-WO_3 和 Pt-Ru-WO_3 对 H_2、CO 及甲醇的催化活性都有明显的提高。对 Pt-Ru-WO_3/C 催化剂的实验结果表明，该催化剂可以在低于 150mV 过电位的情况下氧化氢中的 CO，这比广泛使用的 Pt-Ru 电催化剂的过电位更低。而且，与 Teflon 联结的 Pt-Ru-WO_3/C 阳极，在 80℃、0.2mol/L 的 H_2SO_4 作为电解液、通入含有 10^{-8}CO 的 H_2 的条件下，在 200mV 电压下（相对于 SHE 电极），可以得到大于 $200mA/cm^2$ 的电流，而且测试结果可以保持 6h 不变。

Tseung 等证明了在这种催化剂上氢的氧化过程，包括氢的表面溢出效应影响：

$$WO_3 + x(Pt\text{-}H) \longrightarrow H_x WO_3 + xe^- + xPt \longrightarrow WO_3 + xe^- + xPt \qquad (3\text{-}9)$$

$H_x WO_3$ 是一个质子良导体，氢的氧化反应溢出到 WO_3 的表面进行，提高了氢氧化反应的活性。

制备合金催化剂是一种提高催化剂活性、减少贵金属用量的方法，然而使用合金催化剂依然面临着耐久性不足的问题。经过研究发现通过优化合金催化剂的结构，能够有效地提高合金催化剂的耐久性能。田新龙等[102] 开发出一种具有纳米笼结构的 Pt-Ni 合金，该合金纳米笼在测试中表现出极好的稳定性。Xiong 等[103] 发现提高合金颗粒中的有序度能够有效提高催化剂的稳定性。Hwang 等[104] 制备了铂金核壳结构 Au@Pt 的催化剂，该催化剂具有优异的稳定性。Kim 等[105] 合成了一种镓掺杂的具有八面体的 Pt-Ni 纳米颗粒，利用其作为催化剂的活性组分时发现，催化剂的稳定性有了很大的提升。

利用氧化物锚定，虽然能够有效提升催化剂的耐久性，但是由于多数氧化物的导电性能不足，锚定后会使催化剂性能有所下降，所以研究人员开始寻找一种具有一定导电性能的物质来包覆催化剂，以获得性能与耐久性能都优异的催化剂。常用的包覆材料有导电性优异的多孔碳材料和聚合物。Ding 等[106] 在铂碳催化剂表面包覆了一层多孔的氮掺杂石墨烯，催化剂的活性和稳定性都得到了提高。Chen 等[107] 利用聚苯胺（PANI）包覆修饰 Pt/C 催化剂，得到核壳结构的催化剂 Pt/C@PANI。PANI 具有优异的导电性能，包覆后催化剂的性能得以保持，且耐久性得到了有效的提高。

减少燃料气体的杂质也是一种缓解方法。可以使用燃料电池过滤器，它与汽车中的空滤效果类似，都是将反应气中的有害物质隔离、过滤。但燃料电池过滤器还有特殊的要求（详见第 8 章）：可以高效去除不同粒径的颗粒物并吸附各种有害气体，对有害气体和固体颗粒物储污能力强，同时应具备较低的压降；所用材料不能对燃料电池性能有负作用。

3.4.5　催化剂衰退的评价方法

催化剂的耐久性评价方法主要有美国能源部（DOE）、日本氢燃料电池工业协会（FCCJ）、国际电工委员会（IEC）和中国汽车工业协会等组织或机构发布的质子交换膜燃料电池耐久性测试规程，可为催化剂衰退的评价提供参考。具体如下：

DOE 于 2016 推出的 *Fuel Cells Section*；

IEC 于 2017 年制定的 IEC TS 62282-7-1 *Fuel cell technologies Part 7-1：Test methods single cell performance tests for polymer electrolyte fuel cells*（PEFC）；

FCCJ 于 2014 年发布的 *Cell Evaluation and Analysis Protocol Guideline*（*Electrocatalyst，Support，Membrane and MEA*）；

我国目前尚未发布相关国家标准或者行业标准，仅有团体标准 T/CAAMTB12—2020。

以上测试方法中关于催化剂衰退的评价方法具体见表 3-4[108]。

表 3-4 电催化剂耐久性加速测量方法[108]

规程	电压循环模式	循环次数	循环方法	单个循环时长	气体	压力	电池温度	相对湿度	性能测试时的循环次数	性能测试	测试结束条件
DOE	方波	30000	0.6~0.95V(3s)，电位切换时间不大于0.5s	6s	阳极：H₂200 mL/min(SCCM) 阴极：N₂75 mL/min(SCCM)（50cm² 单电池）	大气压	80℃	阴阳极均为100%RH	0,10,100,1000,3000,5000,10000,30000次方波循环后	1. 在循环测试开始和结束后测试催化活性；2. 0,1000,5000,10000,30000次循环后测量0到以上≥1.5A/cm²的极化曲线；3. 10,1000,3000,10000,30000次测量ECSA	初始催化活性损失<40%；电流密度0.8A/cm²时电压损失<30mV；初始活性面积损失<40%
IEC TS 62282-7-1	方波	—	0.6~1.0V(3s)，方波循环前在0.6V时停留30s	6s	阳极：H₂ 阴极：N₂ 未规定气体流量	大气压	80℃	阴阳极均为100%RH	适当的循环次数	适当间隔测试ORR活性、极化曲线,ECSA	ECSA降至初始测量值的50%或预定的循环次数为止
FCCJ	方波	40000	0.6~1.0V(3s)，方波循环前在0.6V时停留30s	6s	阳极：H₂200mL/min 阴极：N₂800mL/min	大气压	80℃	阴阳极均为100%RH	500,1000,2000,……3000(以1000递进)……40000次方波循环后	极化曲线、ECSA和ORR	完成40000个循环或ECSA测量值小于初始活性面积值的50%,以测量较早出现的为准
团标 T/CA AMTB 12—2020	方波	30000	0.6~0.95V(3s)，电位切换时间不大于0.5s	6s	阳极：H₂0.5 L/min(SLPM) 阴极：N₂0.5 L/min(SLPM)	50kPa	80℃	阴阳极均为100%RH	0,1000,5000,10000,30000次方波循环后	极化曲线和ECSA	

3.5 载体衰退与评价方法

3.5.1 碳载体的衰退

为了提高铂的利用率，一般将纳米铂负载在载体材料上，可制备出分散度高、利用率高的铂基催化剂。作为 PEMFC 的重要组成部分，催化剂载体可以影响催化剂的各种物理属性（如粒径、分散度和比表面积）和电化学性能（如活性和稳定性）。此外，载体材料也会影响电子和质子的转移过程。因此，载体与催化剂的催化效率有显著的相关性。合适的载体有利于分散和锚定催化剂纳米颗粒，增加有效活性面积，提高催化剂活性和稳定性，构建高效的催化反应界面，降低 PEMFC 的成本。理想的催化剂载体需要具备以下特性[109-110]：

① 合适的孔隙结构；

② 高的活性比表面积；

③ 高的导电性；

④ 良好的热稳定性和电化学稳定性。

在所有的载体材料中，碳是最理想和被广泛采用的载体材料，因为它具有：

① 高稳定性（在酸性介质中，甚至在高温下）；

② 可控的孔隙结构；

③ 可控的物理形态；

④ 可修饰的表面化学性质；

⑤ 低成本。

此外，它的高电子导电性也是保证催化剂高性能的前提条件。迄今为止，PEMFC 中使用最广泛的载体是炭黑。

PEMFC 催化剂的碳载体是通过热解各种烃类物质得到的，通常为球形颗粒，可以为催化剂的分散提供巨大的表面积。在燃料电池运行过程中，电极电位、载体表面性质、相对湿度等因素对碳腐蚀都具有明显的影响。在这些因素中，电极电位的影响最为明显。在电极电位超过 0.207V（vs. RHE）时，从热力学上讲，碳载体氧化生成二氧化碳和一氧化碳的反应具有自发性，这也是碳腐蚀的根本原因。

$$C+2H_2O \longrightarrow CO_2+4H^++4e^- \qquad E=0.207V(vs. RHE) \qquad (3-10)$$

$$C+H_2O \longrightarrow CO+2H^++2e^- \qquad E=0.518V(vs. RHE) \qquad (3-11)$$

Baumgartner 等[111] 分析燃料电池饥饿和反极时的电极腐蚀情况时，通过在线气体分析仪发现阴阳极出口均有 CO_2，而阳极出口还含有 CO，阳极比阴极氧化产物的浓度更高（图 3-18）。同时，在正常的稳态运行过程中，阴极上的碳腐蚀比阳极上的碳腐蚀更严重。当经历燃料电池的无保护且频繁启/停时，由于燃料在阳极的不均匀分布，局部阴极电位可高达 1.5V，从而加速碳腐蚀。

此外，Roen 等[112] 用在线质谱法测定了循环伏安测试过程中 Pt 在不同质量分数、催化剂类型和温度下对碳载体腐蚀的影响，结果表明 Pt 在电极层中的存在可以加速碳腐蚀速率。

燃料电池催化剂常用的碳载体主要包括两种类型：以 Vulcan XC-72R 为代表的高石墨化碳和以 Ketjen Black 为代表的高比表面积碳。Pt 金属的本征活性主导着燃料电池极化曲线的高电势区域，但载体的结构和表面性质主导着极化曲线的低电势部分。因此需要了解碳载体的结构、表面性质及其在长期服役过程中的变化与燃料电池性能的联系。从使用环境

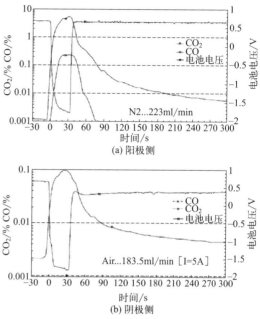

图 3-18　反极时的在线气体分析图

而言，长期的高温、高湿度、高氧含量以及高电势环境会加剧碳载体的腐蚀行为；从材料本性而言，高比表面积碳载体在高电极电势下的腐蚀尤为明显；从电池运行工况而言，反应气不足和启/停循环时会加速腐蚀。碳腐蚀会改变催化剂和 CL 的结构。首先，碳腐蚀会导致催化剂颗粒从载体上脱落，然后团聚，导致 ECSA 的下降；其次，碳腐蚀使得其表面的含氧物种增加，导致 CL 疏水性下降，导致水管理能力下降，限制质量传输；最后碳腐蚀还会导致 CL 的结构崩塌、孔隙率降低，从而阻止反应气到达催化位点、反应生成水的排出[67,95,113-114]。

在电池运行过程中，碳腐蚀会在频繁启/停与阳极的 H_2 供应不足时发生。前者是由 PEMFC 启/停时阳极燃料分布不均匀与氧气通过膜渗透引起的。当燃料电池进行频繁的无保护启/停时，燃料在阳极不均匀分布，导致阴极对应处的局部电势可能高达 1.5V，从而加速碳腐蚀。对后者而言，单片膜电极的氢气供应不足可能是由于加载速度高于供气速度，也可能是由于燃料电池在低于冰点温度下运行时结冰造成的气流阻塞。尽管碳载体具有热力学上的不稳定性，但由于腐蚀过程动力学缓慢，在正常 PEMFC 运行过程中，低于 1.1V（vs. RHE）时的碳腐蚀是可以

忽略不计的。然而，也有研究者认为 Pt/C 或 PtRu/C 等会加速碳的腐蚀，并将碳氧化的电势降低到 0.55V（vs. RHE）或更低[115]。

3.5.2 载体衰退的缓解方法

催化剂载体的腐蚀对催化剂活性、电池性能具有重大影响，进而影响电堆的耐久性。目前，缓解催化剂载体衰退的主要策略有[109,116]：

① 提高碳载体的抗腐蚀性能，如提高其石墨化程度；

② 采用稳定性更强的材料替代碳载体，如氧化物、氮化物；

③ 对碳载体进行预处理；

④ 调节电极环境。

研究表明，碳载体的石墨化程度与抗腐蚀性能呈正相关关系，因此许多研究中采用高石墨化碳材料作为催化剂载体。Selvaganesh 等人[117] 发现使用多壁碳纳米管为载体时，催化剂表现出比常规 Pt/C 催化剂更好的稳定性，当多壁碳纳米管被进一步石墨化后，其负载的催化剂表现的稳定性更高。石墨化的中空多孔碳纳米纤维也被用来作为催化剂载体，其 CV 和 LSV 结果表明，石墨化中空多孔碳纳米纤维负载催化剂（Pt/HPCNF-1000）的 ECSA 基本与 JM20 一致，质量活性比 Pt/Vulcan XC-72 高 1.9 倍，比 JM20 高 1.3 倍，加速衰退测试表明经过 2000 次循环后，Pt/HPCNF-1000 表现出最高的初始 ECSA 保持率，达到 59%，而 Pt/CNT 和 JM20 仅分别为 40% 和 37%。质量活性保持方面，Pt/HPCNF-1000 也具有最佳的表现，Pt/HPCNF-1000 的半波电位仅损失 57mV，而商用催化剂 JM20 的半波电位下降约 98mV，Pt/CNT 的半波电位显著下降约 165mV。

碳氧化反应的热力学性质决定了其不可避免，诸多研究只能延缓其动力学过程，减缓腐蚀而不能完全避免，因此，近年来有许多研究转向开发非碳载体来避免碳腐蚀问题，其中被采用的载体有氧化物、氮化物等。由于催化剂的服役环境为酸性，并且经历高低电位循环，因此催化剂载体必须在这些条件下稳定，过渡金属氧化物因能满足这些条件而受到了关注。He 等人[118] 制备了海胆状的介孔 TiO$_2$ 中空球作为催化剂载体，该材料具有高比表面积（167.1m^2/g）和导电性，经过10000 次的 0.6~1.0V 加速衰退测试后，该材料在 LSV 测试中半波电位下降仅有 1.6%，而商业铂碳下降了 6.2%。HR-TEM 测试结果表明商业铂碳中的铂纳米颗粒的溶解再生长和团聚明显，而该材料中得到了明显的缓解。为了更进一步表明高电位下抗腐蚀性能的差异，他们对两种材料进行了 1.0~1.4V 间的加速衰退测试，TiO$_2$ 负载催化剂在 8000 次循环后半波电位下降仅有 5mV，而商业铂碳有 40mV 的下降，这说明了 TiO$_2$ 载体优异的抗腐蚀性能。Chikunova 等人[119] 利用模板法将 SnCl$_4$ 与聚苯乙烯微球合成 SnO$_2$ 作为催化剂载体，经过 40000 次的 1.0～1.5V 电势循环衰退测试发现，SnO$_2$ 载体的抗腐蚀性能优于科琴黑 EC-300J，与 Vulcan XC-72R 基本一致，并且在制备过程中老化时间越长以及聚苯乙烯微球越多，其稳定性越强。TiN 材料也表现出可用作催化剂载体的潜能，Hung 等人[120] 合成了一种介孔 TiN 作为催化剂载体，其高导电性能以及多孔结构使得催化剂表现出较商业 E-Tek 更高的催化性能。当使用 Pt/TiN 作为阳极时，其功率密度较 E-Tek 电极高七倍。当使用 Pt/TiN 作为阳极和阴极时，其 MEA 的功率密度较使用 E-Tek 的 MEA 可提高 70%～120%。Liu 等人采用多层自旋涂布的方法将聚苯乙烯微球涂布在炭纸上作为模板，然后采用原子沉积法将 TiO$_2$ 沉积在模板上。然后在氨气气氛中氮化得到具有逆蛋白石结构的 TiN 载体。虽然这种载体负载催化剂的电子导电性低于商业 E-Tek，但在单电池测试中，表现出比商业 E-Tek 电极高 13 倍的功率密度。

Islam 等人[121] 通过在碳载体表面包覆一层二氧化硅然后再沉积 Pt 金属，来缓解碳载体腐蚀的问题。30000 次的 1.0～1.5V 电势循环结果表明，商业化催化剂 JM4000 的 ECSA 下降了 33%，而二氧化硅包覆碳载体的催化剂仅下降了 21%。这是因为二氧化硅涂层隔绝了碳载体与氧物种的接触，抑制了碳载体的腐蚀，有助于 Pt 颗粒锚定在载体上，从而保证了 ECSA 的缓慢下降。

当燃料电池中含有足够多的水时，可以通过水氧化这个保护性反应来保护碳载体免于腐蚀。因此，阳极反应气不足导致的碳腐蚀可以通过增加阳极保水性来缓解，例如改进 PTFE 和/或离聚物，加入像石墨这样的阻水性成分，以及使用利于水电解的催化剂。另外，降低载体的表面积也可以缓解碳载体的腐蚀行为，但是其锚定金属颗粒的表面活性位点的数量也会相应减少，这对金属在碳载体上的沉积可能是不利的[122]。

3.5.3　载体衰退的评价方法

载体的耐久性评价方法主要有美国能源部（DOE）、日本氢燃料电池工业协会（FCCJ）、国际电工委员会（IEC）和中国汽车工业协会等组织或机构发布的质子交换膜燃料电池耐久性测试规程，可为催化剂载体衰退的评价提供参考。具体如下：

DOE 于 2016 推出的 *Fuel Cells Section*；

IEC 于 2017 年制定的 IEC TS 62282-7-1 *Fuel cell technologies Part 7-1：Test methods-single cell performance tests for polymer electrolyte fuel cells*（PEFC）；

FCCJ 于 2014 年发布的 *Cell Evaluation and Analysis Protocol Guideline*（*Electrocatalyst，Support，Membrane and MEA*）；

我国目前尚未发布相关国家标准或者行业标准，仅有团体标准 T/CAAMTB12—2020。

以上测试方法中关于载体衰退的评价方法具体见表 3-5[108]。

表 3-5 催化剂载体耐久性加速测试方法[108]

规程	电压循环模式	循环次数	循环方法	单次循环时长	气体	压力	电池温度	相对湿度	性能测试时的循环次数	性能测试	测试结束条件
DOE	三角波	5000	1.0~1.5V，500mV/s	2s	阳极：H₂ 阴极：N₂ 未规定气体流量	大气压	80℃	阴阳极均为100%RH	0，10，100，200，500，1000，2000，5000 次三角波循环后	1. 在循环测试后结束时测试催化活性；2. 0，10，100，200，500，1000，2000，5000次循环后测量极化曲线；3. 0，10，100，200，500，1000，2000，5000次循环后测量ECSA	初始催化活性损失≤40%；1.5A/cm²电流密度或额定电功率下，对应电压损失≤30mV；初始活性面积损失≤40%
IEC TS 62282-7-1	三角波	60000	1.0~1.5V，500mV/s	2s	阳极：H₂ 阴极：N₂ 未规定气体流量	大气压	80℃	阴阳极均为100%RH	适当的循环次数	适当间隔测试ORR活性，极化曲线，ECSA	完成60000个循环或活性面积的小于初始值的53%，以出现较早的为准
FCCJ	三角波	60000	1.0~1.5V，500mV/s	2s	阳极：H₂ 200mL/min 阴极：N₂ 800mL/min	大气压	80℃	阴阳极均为100%RH	500，1000，2000，3000，…… （以1000递进）……终点	极化曲线、ECSA和ORR	完成60000个循环或活性面积的测量小于初始值的50%，以出现较早的为准
团标 T/CAAMTB 12—2020	三角波	5000	1.0~1.5V，500mV/s	2s	阳极：H₂0.5 L/min(SLPM) 阴极：N₂0.5 L/min(SLPM)	阴阳极进堆压力均为50kPa	80℃	阴阳极均为100%RH	0，10，100，200，500，1000，2000，5000次三角波循环后	极化曲线和ECSA	

3.6 离聚物对 PEMFC 性能的影响及其衰退

3.6.1 离聚物对 PEMFC 性能的影响

离聚物在 CL 中具有催化剂颗粒黏结剂的作用，还具有质子导电性，是 CL 中重要的组分。Nafion® 是最具代表性的全氟磺酸离聚物，其分子结构由疏水性主链、亲水侧链和磺酸端基组成。疏水性主链与碳载体的相互吸引力是其黏结作用的根本原因，而磺酸基团具有亲水性，在催化层中会发生水合作用，提供水合质子，构建质子传输通道。Nafion® 与 Pt/C 直接接触在 CL 中形成三相界面，这对 Pt 催化性能的发挥具有重要影响。此外，Nafion® 的分布及含量会直接影响 CL 中的电子与质子传输，从而影响 MEA 的性能。

在 CL 中，Pt/C 被 Nafion® 离聚物形成的薄膜所覆盖，反应气体要想到达 Pt 的反应位点就必须要穿过 Nafion® 薄层。在阳极侧，H_2 由于分子量较小，扩散阻力小。但是在阴极侧，则存在着氧气扩散阻抗大的问题，尤其是 O_2 渗透到 Nafion® 中然后再穿过 Pt/C 团聚体过程中的阻力仍是很难解释清楚的问题。Thomas 等人[123] 认为 Knudsen 扩散在催化层的阻抗中占主导地位。Nafion® 薄层中的传输阻抗也被一些研究者们忽略。Xu 等[124] 通过分析极化曲线发现，在低相对湿度条件下，由 Nafion® 薄层引起的氧传输损失是非常明显的。Nonoyama 等[125] 通过测量极限电流计算 Nafion® 薄层的氧传输阻抗，结果显示 Nafion® 薄膜层的阻抗占主导地位，尤其是低 Pt 载量与低湿度的情况下。通常催化层中 Nafion® 的厚度为 10nm，但 Nafion® 的界面带来的影响非常大，等同于 10～200nm 厚的 Nafion® 带来的影响。Nafion® 及其界面性质导致催化层有非常低的传输性能与高的阻抗，控制和优化这些影响可以提高燃料电池的性能。

Nafion® 的磺酸根基团是亲水的，更容易定向地吸附在 Pt 的表面，而 Nafion® 的磺酸根基团同时又会毒化 Pt 活性。此外，也有文献报道 Nafion® 会降低 Pt 的氧化还原活性，阻碍其他离子种类吸附在 Pt 表面上。Nafion® 对 PEMFC 中 Pt 催化剂的 ORR 活性的影响已受到越来越多的关注。为了消除 Nafion® 带来的影响，已有很多研究者研究了 Nafion® 对 Pt 活性的影响。Kodama 等[126] 研究磺酸根阴离子的吸附和解吸特性，发现阴离子吸附/解吸峰位移至较低的电势，羟基吸附也受到抑制。Subbaraman 等人[127] 通过研究 Nafion® 覆盖 Pt 的表面，首次证明 Nafion® 的磺酸根离子吸附在各种 Pt（hkl）的单晶表面上，并且不管表面原子的表面取向或电子性质如何，ORR 总是会受到 Nafion® 的影响。许多研究表明，离聚物会阻碍 Pt 催化剂上的活性位点，减慢 ORR 的动力学。这些研究都表明，Nafion® 涂覆 Pt 的表面，Nafion® 的磺酸根基团吸附在 Pt 表面是抑制 Pt 的 ORR 活性的主要原因。Nafion® 是高分子，分子高达 $1 \times 10^5 \sim 1 \times 10^6$。分子量为 5×10^5 的单个扩展的 Nafion® 分子的长度为 100nm，由疏水性 PTFE 主链和亲水侧链组成，两者都对 Pt 活性有影响[128-129]。Nafion® 具有的空间效应及网络结构也对 Pt 的性能带来影响但并没有被考虑进去。磺酸根基团对 Pt 的 ORR 的影响有多大并没有被单独研究。

3.6.2 离聚物的衰退机制

催化层中的离聚物降解机制与 PEM 类似。但是，其所受影响强度尚未明确。一方面，MEA 中发生电化学反应产生的 H_2O_2 以及 OH·自由基和 OOH·自由基或者其他污染物都会破坏 PEM 和离聚物的结构，而 CL 中的 Pt 会清除其附近的自由基，从而使得 CL 中的离聚物较 PEM 衰减较慢[130]。另一方面，CL 中的离聚物暴露在水和反应中间产物中的面积和时间比 PEM 更多，因此 CL 中离聚物的溶解和化学降解可能较 PEM 更严重[131]。目前这两种机理的影响均存在且难以定量化衡量，因此难以确定 CL 中离聚物和 PEM 哪一个降解更严重。

由于离聚物的化学降解，催化剂和离聚物之间的黏结力消失，三相界面数目减少，从而降低了电极的 ECSA。由于离聚物在电极中起到黏结剂的作用，它对电极的离子导电性和电子导电性有很强的影响。长时间暴露在高湿度条件下，离聚物经历着溶胀-收缩循环和溶解，导致了 CL 的结构不稳定，从而影响 MEA 性能，导致燃料电池衰减。

Zhang 等[132] 用 XPS 分析燃料电池运行 300h 后催化层中 Nafion® 的降解，结果显示催化层中的 F⁻浓度从 50.1% 下降到 38.9%，与 CF₃、CF₂ 含量的降低以及碳氧化物形成的增多趋势相似，这无疑是 Nafion® 降解的证据。基于催化层的实验图像统计信息进行微观结构重建模拟，Rong 等[133] 研究表明积聚在 Nafion® 离子交联聚合物与 Pt/C 团聚体界面上的分层能与积聚在 Nafion® 的塑性能之间的竞争是燃料电池老化过程中微观结构变化的关键因素。Young 等[134] 研究了不同离子导体含量的阴极在模拟启/停条件下的性能变化，发现经过 30h 的加速老化后，在低湿度下运行的阴极离子导体的电导率增加，但是在高湿度下运行的阴极离子导体的电导率降低，当前普遍认为催化层中离子导体的溶解是导致三相界面损失和离子电导率降低的关键原因。

然而，目前对催化层中 Nafion® 的降解理解得还是不够彻底，迫切需要进一步了解阴阳极催化层中 Nafion® 的降解机制，并找到缓解的方法。目前，对于催化层中离聚物降解的表征非常具有挑战性，因为传统的形态表征方法难以区分 Pt/C 相和离聚物相，同时电池水出口中的氟离子流出也难以确定其是来自离聚物降解还是膜降解。

3.7　小结

PEMFC 在很多领域具有广阔的应用前景，但目前仅在燃料电池汽车、便携式电源和电站等方面示范性运营。距离其大规模商业化运用还有很多问题要解决，其中耐久性不足是亟须解决的一个问题。

催化层作为电化学反应发生的场所，是 PEMFC 发电核心膜电极的关键组成部分，其组分、微观结构三相界面的数目与氧传质、水传递和质子传递等质量传递过程直接关联，从而决定着能源转换效率和电池的输出性能。因此，催化层的化学降解与结构破坏是 PEMFC 耐久性恶化的重要因素，本章重点介绍了 MEA 性能受限原因、高效 MEA 开发策略、电堆活化与恢复方法，以及催化剂浆料、催化层初始结构、催化层结构变化、Pt 金属衰退、碳载体腐蚀、离聚物降解对 PEMFC 性能衰退的影响。

当前 PEMFC 膜电极的发展方向是降低铂载量、提高耐久性，而解决该问题的关键是设计及制造高效稳定的催化层结构，即解决传统多孔催化层内部的"三传两反"发电机制的关键问题，也就是稳定高效的三相反应界面。"三传"即电子、质子、气体的传输过程，"两反"即阳极氢气的电催化氧化反应和阴极的氧化还原反应。多孔催化层在电池运行中其局部区域的质子运输通道、气体传输通道、催化剂及其载体间的电子通道极易中断，存在大量的反应死区，造成 ECSA 降低，此外气体传质通道的迂曲、变径使得传质流量与电化学反应速率不匹配，引起严重的浓差极化。因此，未来高性能、高耐久性的 MEA 开发应该从以下几方面进行研究：最大化催化层中的 Pt 利用率，优化催化层结构，保证高效的传质能力；优化膜电极中催化剂/载体界面、气/液传质界面、PEM/催化层/GDL 接触界面的结构设计，在提升性能的同时兼顾三相界面的耐久性。

参考文献

[1]　Debe M K. Electrocatalyst approaches and challenges for automotive fuel cells[J]. Nature, 2012, 486 (7401): 43-51.

[2] 黄龙，徐海超，荆碧，等 . 质子交换膜燃料电池铂基催化剂研究进展[J]. 电化学，2022, 28（1）：1-17.

[3] Raistrick I D. Modified gas diffusion electrode for proton exchang membrane fuel cells[Z] Proceedings of symposium on diaphragms, separators, and Ion-exchange membranes. Pennington: Journal of the Electrochemical Society INC, 1986: 172-178.

[4] Huang L, Zaman S, Tian X, et al. Advanced platinum-based oxygen reduction electrocatalysts for fuel cells[J]. Accounts of Chemical Research, 2021, 54（2）：311-322.

[5] Mench M M, Kumbur E C, Veziroglu TN. Polymer electrolyte fuel cell degradation[M]. Academic Press, 2012.

[6] Ponnusamy P, Panthalingal M K, Pullithadathil B. Chapter 12—Technological risks and durability issues for the Proton Exchange Membrane Fuel Cell technology//Gurbinder K. PEM fuel cells fundamentals, advanced technologies, and practical application [M]. Amsterdam: Elsevier Inc, 2022: 279-314.

[7] Mauger S A, Neyerlin K C, Yang-neyerlin A C, et al. Gravure coating for roll-to-roll manufacturing of proton-exchange-membrane fuel cell catalyst layers[J]. Journal of the Electrochemical Society, 2018, 165（11）：1012-1018.

[8] Mauger S A, Wang M, Cetinbas F C, et al. Development of high-performance roll-to-roll-coated gas-diffusion-electrode-based fuel cells[J]. Jounal of Power Sources, 2021, 506: 230039.

[9] Jhong H R M, Brushett F R, Kenis P J A. The effects of catalyst layer deposition methodology on electrode performance[J]. Adv Energy Mater, 2013, 3（5）：589-599.

[10] Fan J, Chen M, Zhao Z, et al. Bridging the gap between highly active oxygen reduction reaction catalysts and effective catalyst layers for proton exchange membrane fuel cells[J]. Nat Energy, 2021, 6（5）：475-486.

[11] Schuler T, Chowdhury A, Freiberg A T, et al. Fuel-cell catalyst-layer resistance via hydrogen limiting-current measurements [J]. Journal of the Electrochemical Society, 2019, 166（7）：3020-3031.

[12] Kongkanand A, Mathias M F. The priority and challenge of high-power performance of low-platinum proton-exchange membrane fuel cells[J]. The Journal of Physical Chemistry Letters, 2016, 7（7）：1127-1137.

[13] Ohma A, Mashio T, Sato K, et al. Analysis of proton exchange membrane fuel cell catalyst layers for reduction of platinum loading at Nissan [J]. Electrochimica Acta, 2011, 56（28）：10832-10841.

[14] Pan L, Ott S, Dionigi F, et al. Current challenges related to the deployment of shape-controlled Pt alloy oxygen reduction reaction nanocatalysts into low Pt-loaded cathode layers of proton exchange membrane fuel cells[J]. Current Opinion in Electrochemistry, 2019, 18: 61-71.

[15] Kundu S, Fowler M W, Simon L C, et al. Morphological features（defects）in fuel cell membrane electrode assemblies[J]. Journal of Power Sources, 2006, 157（2）: 650-656.

[16] Shi S, Weber A Z, Kusoglu A. Structure-transport relationship of perfluoro sulfonic-acid membranes in different cationic forms[J]. Electrochimica Acta, 2016, 220: 517-528.

[17] Kusoglu A, Weber A Z. New insights into perfluorinated sulfonic-acid ionomers[J]. Chemical Reviews, 2017, 117（3）: 987-1104.

[18] Mohamed H F M, Ito K, Kobayashi Y, et al. Free volume and permeabilities of O_2 and H_2 in Nafion membranes for polymer electrolyte fuel cells[J]. Polymer, 2008, 49（13-14）: 3091-3097.

[19] Banas C J, Uddin M A, Park J, et al. Thinning of cathode catalyst layer in polymer electrolyte fuel cells due to foreign cation contamination [J]. Journal of the Electrochemical Society, 2018, 165（6）: 3015-3023.

[20] Kodama K, Motobayashi K, Shinohara A, et al. Effect of the side-chain structure of perfluoro-sulfonic acid ionomers on the oxygen reduction reaction on the surface of Pt[J]. ACS Catalysis, 2017, 8（1）: 694-700.

[21] Kudo K, Jinnouchi R, Morimoto Y. Humidity and temperature dependences of oxygen transport resistance of Nafion thin film on platinum electrode[J]. Electrochimica Acta, 2016, 209: 682-690.

[22] Ono Y, Ohma A, Shinohara K, et al. Influence of equivalent weight of ionomer on local oxygen transport resistance in cathode catalyst layers[J]. Journal of the Electrochemical Society, 2013, 160（8）: 779-787.

[23] Snyder J, Livi K, Erlebacher J. Oxygen reduction reaction performance of[MTBD][beti]-encapsulated nanoporous NiPt alloy nanoparticles[J]. Advanced Functional Materials, 2013, 23（44）: 5494-5501.

[24] Zhao Z, Hossain M D, Xu C, et al. Tailoring a three-phase microenvironment for high-performance oxygen reduction reaction in proton exchange membrane fuel cells [J]. Matter, 2020, 3（5）: 1774-1790.

[25] Ott S, Orfanidi A, Schmies H, et al. Ionomer distribution control in porous carbon-supported catalyst layers for high-power and low Pt-loaded proton exchange membrane fuel cells[J]. Nature materials, 2020, 19（1）: 77-85.

[26] Yang C, Jin H, Cui C, et al. Nitrogen and sulfur co-doped porous carbon sheets for energy storage and pH-universal oxygen reduction reaction[J]. Nano Energy, 2018, 54: 192-199.

[27] Xia W, Hunter M A, Wang J, et al. Highly ordered macroporous dual-element-doped carbon from metal-organic frameworks for catalyzing oxygen reduction [J]. Chemical Science, 2020, 11（35）: 9584-9592.

[28] Chokradjaroen C, Kato S, Fujiwara K, et al. A comparative study of undoped, boron-

doped, and boron/fluorine dual-doped carbon nanoparticles obtained via solution plasma as catalysts for the oxygen reduction reaction[J]. Sustainable Energy Fuels, 2020, 4 (9): 4570-4580.

[29] Chaisubanan N, Chanlek N, Puarporn Y, et al. Insight into the alternative metal oxide modified carbon-supported PtCo for oxygen reduction reaction in proton exchange membrane fuel cell[J]. Renewable Energy, 2019, 139: 679-687.

[30] Yu X, Lai S, Xin S, et al. Coupling of iron phthalocyanine at carbon defect site via π-π stacking for enhanced oxygen reduction reaction [J]. Applied Catalysis B: Environmental, 2021, 280: 119437.

[31] Goswami C, Hazarika K K, Bharali P. Transition metal oxide nanocatalysts for oxygen reduction reaction[J]. Material Science and Energy Technology, 2018, 1 (2): 117-128.

[32] Orfanidi A, Madkikar P, El-Sayed H A, et al. The key to high performance low Pt loaded electrodes[J]. Journal of the Electrochemical Society, 2017, 164 (4): 418-426.

[33] Doo G, Yuk S, Lee J H, et al. Nano-scale control of the ionomer distribution by molecular masking of the Pt surface in PEMFCs[J]. Journal of Materials Chemistry A, 2020, 8 (26): 13004-13013.

[34] Ramaswamy N, Kumaraguru S. Materials and design selection to improve high current density performance in PEMFC[J]. ECS Transactions, 2018, 85 (13): 835-842.

[35] Park Y C, Tokiwa H, Kakinuma K, et al. Effects of carbon supports on Pt distribution, ionomer coverage and cathode performance for polymer electrolyte fuel cells[J]. Journal of Power Sources, 2016, 315: 179-191.

[36] Yarlagadda V, Carpenter M K, Moylan T E, et al. Boosting fuel cell performance with accessible carbon mesopores[J]. ACS Energy Letters, 2018, 3 (3): 618-621.

[37] Banham D, Feng F, Fürstenhaupt T, et al. Novel mesoporous carbon supports for PEMFC catalysts[J]. Catalysts, 2015, 5 (3): 1046-1067.

[38] Takeshita T, Kamitaka Y, Shinozaki K, et al. Evaluation of ionomer coverage on Pt catalysts in polymer electrolyte membrane fuel cells by CO stripping voltammetry and its effect on oxygen reduction reaction activity[J]. Journal of Electroanalytical Chemistry, 2020, 871: 114250.

[39] Welch C, Labouriau A, Hjelm R, et al. Nafion in dilute solvent systems: dispersion or solution? [J]. ACS Macro Letters, 2012, 1 (12): 1403 1407.

[40] Xu H. Ionomer dispersion impact on PEM fuel cell and electrolyzer performance and durability.2019 DOE H_2 and fuel cell annual merit review meeting[R], 2019.

[41] Wang M, Park J H, Kabir S, et al. Impact of catalyst ink dispersing methodology on fuel cell performance using in-situ X-ray scattering[J]. ACS Applied Energy Materials, 2019, 2 (9): 6417-6427.

[42] Li Y, Zheng Z, Chen X, et al. Carbon corrosion behaviors and the mechanical

properties of proton exchange membrane fuel cell cathode catalyst layer[J]. International Journal of Hydrogen Energy, 2020, 45（43）: 23519-23525.

[43] Sassin M B, Garsany Y, Atkinson R W, et al. Understanding the interplay between cathode catalyst layer porosity and thickness on transport limitations en route to high-performance PEMFCs[J]. International Journal of Hydrogen Energy, 2019, 44（31）: 16944-16955.

[44] Yoshino S, Shinohara A, Kodama K, et al. Fabrication of catalyst layer with ionomer nanofiber scaffolding for polymer electrolyte fuel cells[J]. Journal of Power Sources, 2020, 476: 228584.

[45] Slack J J, Gumeci C, Dale N, et al. Nanofiber fuel cell MEAs with a PtCo/C cathode[J]. Journal of Electrochemical Society, 2019, 166（7）: 3202-3209.

[46] Rabat H, Brault P. Plasma sputtering deposition of PEMFC porous carbon platinum electrodes[J]. Fuel Cells, 2008, 8（2）: 81-86.

[47] Ramaswamy N, Arruda T M, Wen W, et al. Enhanced activity and interfacial durability study of ultra low Pt based electrocatalysts prepared by ion beam assisted deposition（IBAD）method[J]. Electrochimica Acta, 2009, 54（26）: 6756-6766.

[48] Shukla S, Domican K, Karan K, et al. Analysis of low platinum loading thin polymer electrolyte fuel cell electrodes prepared by inkjet printing[J]. Electrochimica Acta, 2015, 156: 289-300.

[49] Ercolano G, Farina F, Cavaliere S, et al. Towards ultrathin Pt films on nanofibres by surface-limited electrodeposition for electrocatalytic applications[J]. Journal of Materials Chemistry A, 2017, 5（8）: 3974-3980.

[50] Kayarkatte M K, Delikaya Ö, Roth C. Freestanding catalyst layers: A novel electrode fabrication technique for PEM fuel cells via electrospinning[J]. ChemElectroChem, 2017, 4（2）: 404-411.

[51] Breitwieser M, Klingele M, Vierrath S, et al. Tailoring the membrane-electrode interface in PEM fuel cells: A review and perspective on novel engineering approaches [J]. Advanced Energy Materials, 2018, 8（4）: 1701257.

[52] Koh J K, Jeon Y, Cho Y I, et al. A facile preparation method of surface patterned polymer electrolyte membranes for fuel cell applications[J]. Journal of Materials Chemistry A, 2014, 2（23）: 8652-8659.

[53] Joseph D, Büsselmann J, Harms C, et al. Porous Nafion membranes[J]. Journal of Membrane Science, 2016, 520: 723-730.

[54] Dang Q K, Henkensmeier D, Krishnan N N, et al. Nafion membranes with a porous surface[J]. Journal of Membrane Science, 2014, 460: 199-205.

[55] Klingele M, Breitwieser M, Zengerle R, et al. Direct deposition of proton exchange membranes enabling high performance hydrogen fuel cells[J]. Journal of Materials

Chemistry A, 2015, 3（21）: 11239-11245.

[56] Klingele M, Britton B, Breitwieser M, et al. A completely spray-coated membrane electrode assembly[J]. Electrochemistry Communication, 2016, 70: 65-68.

[57] Hizir F E, Ural S O, Kumbur E C, et al. Characterization of interfacial morphology in polymer electrolyte fuel cells: Micro-porous layer and catalyst layer surfaces[J]. Journal of Power Sources, 2010, 195（11）: 3463-3471.

[58] Aoyama Y, Suzuki K, Tabe Y, et al. Water transport and PEFC performance with different interface structure between micro-porous layer and catalyst layer[J]. Journal of Electrochemical Society, 2016, 163（5）: 359-366.

[59] 高帷韬, 雷一杰, 张勋, 等. 质子交换膜燃料电池研究进展[J]. 化工进展, 2022, 41（3）: 1539-1555.

[60] Kumano N, Kudo K, Suda A, et al. Controlling cracking formation in fuel cell catalyst layers[J]. Journal of Power Sources, 2019, 419: 219-228.

[61] Uemura S, Kameya Y, Iriguchi N, et al. Communication-Investigation of catalyst ink degradation by X-ray CT[J]. Journal of Electrochemical Society, 2018, 165（3）: 142-144.

[62] Uemura S, Yoshida T, Koga M, et al. Ink degradation and its effects on the crack formation of fuel cell catalyst layers[J]. Journal of Electrochemical Society, 2019, 166（2）: 89-92.

[63] Liu P C, Yang D J, Li B, et al. Influence of degassing treatment on the ink properties and performance of proton exchange membrane fuel cells[J]. Membranes（Basel）, 2022, 12（5）: 541.

[64] Johnston C M, Lee K S, Rockward T, et al. Impact of solvent on ionomer structure and fuel cell durability[J]. Proton Exchange Membrane Fuel Cells, 2009, 25（1）: 1617-1622.

[65] Song C H, Park J S. Effect of dispersion solvents in catalyst inks on the performance and durability of catalyst layers in proton exchange membrane fuel cells[J]. Energies, 2019, 12（3）: 549.

[66] Park J H, Shin M S, Park J S. Effect of dispersing solvents for ionomers on the performance and durability of catalyst layers in proton exchange membrane fuel cells[J]. Electrochimica Acta, 2021, 391: 138971.

[67] de Bruijn F A, Dam V A T, Janssen G J M. Review: Durability and degradation issues of PEM fuel cell components[J]. Fuel Cells, 2008, 8（1）: 3-22.

[68] Zhao J, Shahgaldi S, Li X, et al. Experimental observations of microstructure changes in the catalyst layers of proton exchange membrane fuel cells under wet-dry cycles[J]. Journal of the Electrochemical Society, 2018, 165（6）: 3337-3345.

[69] Dubau L, Lopez-haro M, Castanheira L, et al. Probing the structure, the composition and the ORR activity of Pt$_3$Co/C nanocrystallites during a 3422h PEMFC ageing test[J]. Applied Catalysis B: Environmental, 2013, 142-143: 801-808.

[70] Morawietz T, Handl M, Oldani C, et al. High-resolution analysis of ionomer loss in catalytic layers after operation[J]. Journal of the Electrochemical Society, 2018, 165 (6): 3139-3147.

[71] Qi Z G, Kaufman A. Activation of low temperature PEM fuel cells[J]. Journal of Power Sources, 2002, 111 (1): 181-184.

[72] 朱科, 陈延禧, 韩佐青, 等. 质子交换膜燃料电池膜电极活化工艺及机理[J]. 电源技术, 2002 (04): 267-268, 325.

[73] Irmawati Y, Indriyati. Performance of polymer electrolyte membrane fuel cell during cyclic activation process[J]. Energy Procedia, 2015, 68: 311-317.

[74] He C, Qi Z, Hollett M, et al. An electrochemical method to improve the performance of air cathodes and methanol anodes[J]. Electrochemical and Solid-State Letters, 2002, 5 (8): 181.

[75] Nengyou J, Benno G. Conditioning method for fuel cells.US20030224226A1[P]. 2003-12-04.

[76] Yang D J, Lan Y L, Chu T K, et al. Rapid activation of a full-length proton exchange membrane fuel cell stack with a novel intermittent oxygen starvation method [J]. Energy, 2022, 260: 125-154.

[77] Anderson B P. Preconditionning fuel cell membrane electrode assemblies.US7608118B2[P]. 2009-10-27.

[78] Cho Y H, Kim J, Yoo S J, et al. Enhancement of polymer electrolyte membrane fuel cell performance by boiling a membrane electrode assembly in sulfuric acid solution [J]. Journal of Power Sources, 2010, 195 (18): 5952-5956.

[79] Zhiani M, Majidi S, Taghiabadi M M. Comparative study of on-line membrane electrode assembly activation procedures in proton exchange membrane fuel cell[J]. Fuel Cells, 2013: 946-955.

[80] Xu Z, Qi Z, He C, et al. Combined activation methods for proton-exchange membrane fuel cells[J]. Journal of Power Sources, 2006, 156 (2): 315-320.

[81] Hodaka T, Takashi K, Tadaaki Y, et al. Method and apparatus for activating a fuel cell. US20180375125A1[P]. 2018-12-27.

[82] Yuan X Z, Zhang S, Sun J C, et al. A review of accelerated conditioning for a polymer electrolyte membrane fuel cell[J]. Journal of Power Sources, 2011, 196 (22): 9097-9106.

[83] 宋满存, 裴普成, 徐华池, 等. PEMFC氢泵活化法和恒电流充电解析法测量分析[J]. 电源技术, 2015, 4: 753-755.

[84] Yang S Y, Seo D J, Kim M R, et al. Specific approaches to dramatic reduction in stack activation time and perfect long-term storage for high-performance air-breathing polymer electrolyte membrane fuel cell[J]. International Journal of Hydrogen Energy, 2017, 42 (25): 16288-16293.

[85] Voss H H, Barton R H, Sexsmith M, et al. Conditioning and maintenance methods for fuel cells. US20030224227A1[P]. 2003-12-04.

[86] Zhang J, Paine L, Nayar A, et al. Methods and processes to recovery voltage loss of PEM fuel cell stack.US20110195324A1[P]. 2011-08-11.

[87] 康启平, 张国强, 刘艳秋. PEMFC 膜电极的活化研究进展[J]. 中北大学学报, 2020, 41（3）: 193-198.

[88] Zhang S, Yuan X Z, Hin J N C, et al. A review of platinum-based catalyst layer degradation in proton exchange membrane fuel cells[J]. Journal of Power Sources, 2009, 194（2）: 588-600.

[89] 王诚, 王树博, 张剑波, 等. 车用燃料电池耐久性研究[J]. 化学进展, 2015, 27（04）: 424-435.

[90] Peuckert M, Yoneda T, Betta R A D, et al. Oxygen reduction on small supported platinum particles[J]. Journal of the Electrochemical Society, 1986, 133（5）: 944-947.

[91] Kinoshita K. Particle size effects for oxygen reduction on highly dispersed platinum in acid electrolytes[J]. Journal of the Electrochemical Society, 1990, 137（3）: 845-848.

[92] Chung C G, Kim L, Sung Y W, et al. Degradation mechanism of electrocatalyst during long-term operation of PEMFC[J]. International Journal of Hydrogen Energy, 2009, 34（21）: 8974-8981.

[93] Wu J, Yuan X Z, Martin J J, et al. A review of PEM fuel cell durability: Degradation mechanisms and mitigation strategies[J]. Journal of Power Sources, 2008, 184（1）: 104-119.

[94] Ferreira P J, Shao Horn Y, Morgan D, et al. Instability of Pt/C electrocatalysts in proton exchange membrane fuel cells[J]. Journal of the Electrochemical Society, 2005, 152（11）: 2256.

[95] Dubau L, Castanheira L, Maillard F, et al. A review of PEM fuel cell durability: Materials degradation, local heterogeneities of aging and possible mitigation strategies [J]. Wiley Interdisciplinary Reviews: Energy and Environment, 2014, 3（6）: 540-560.

[96] Song Z, Wang B, Cheng N, et al. Atomic layer deposited tantalum oxide to anchor Pt/C for a highly stable catalyst in PEMFCs[J]. Journal of Materials Chemistry A, 2017, 5（20）: 9760-9767.

[97] Arico A S, Poltarzewski Z, Kim H, et al. Investigation of a carbon-supported quaternary Pt-Ru-Sn-W catalyst for direct methanol fuel-cells[J]. Journal of Power Sources, 1995, 55（2）: 159-166.

[98] Tseung A C C, Chen K Y. Hydrogen spill-over effect on Pt/WO$_3$ anode catalysts[J]. Catalysis Today, 1997, 38（4）: 439-443.

[99] Shen P K, Chen K Y, Tseung A C C. CO oxidation on Pt-Ru/WO$_3$ electrodes[J]. Journal of Electrochemical Society, 1995, 142: 85-86.

[100] Chen K Y, Shen P K, Tseung A C C. Anodic oxidation of impure H$_2$ on Teflon-bonded Pt-Ru/WO$_3$/C electrodes [J]. Journal of the Electrochemical Society, 1995, 142: 185-187.

[101] Shen P K, Tseung A C C. Anodic-oxidation of methanol on Pt/WO$_3$ in acidic media[J]. Journal of the Electrochemical Society, 1994, 141 (11): 3082-3090.

[102] Tian X, Zhao X, Su Y Q, et al. Engineering bunched Pt-Ni alloy nanocages for efficient oxygen reduction in practical fuel cells[J]. Science, 2019, 366 (6467): 850-856.

[103] Xiong Y, Yang Y, Joress H, et al. Revealing the atomic ordering of binary intermetallics using in situ heating techniques at multilength scales[J]. Proceedings of the National Academy of Sciences, 2019, 116 (6): 1974-1983.

[104] Dorjgotov A, Jeon Y, Hwang J, et al. Synthesis of durable Small-sized bilayer Au@ Pt nanoparticles for high performance PEMFC catalysts[J]. Electrochimica Acta, 2017, 228: 389-397.

[105] Lim J, Shin H, Kim M, et al. Ga-doped Pt-Ni octahedral nanoparticles as a highly active and durable electrocatalyst for oxygen reduction reaction[J]. Nano Letters, 2018, 18 (4): 2450-2458.

[106] Nie Y, Chen S, Ding W, et al. Pt/C trapped in activated graphitic carbon layers as a highly durable electrocatalyst for the oxygen reduction reaction [J]. Chemical Communications, 2014, 50 (97): 15431-15434.

[107] Chen S, Wei Z, Qi X, et al. Nanostructured polyaniline-decorated Pt/C@ PANI core-shell catalyst with enhanced durability and activity[J]. Journal of the American Chemical Society, 2012, 134 (32): 13252-13255.

[108] 王睿迪, 吕炎, 王晓兵, 等. 质子交换膜燃料电池膜电极耐久性相关标准简析[J]. 中国标准化, 2022 (07): 205-211.

[109] 叶跃坤. Pt 纳米粒子表面薄层氧化物包覆提升质子交换膜燃料电池 Pt/C 催化剂耐久性研究[D]. 广州: 华南理工大学, 2020.

[110] 吴东. 基于机车工况的质子交换膜燃料电池耐久性研究[D]. 重庆: 西南大学, 2018.

[111] Baumgartner W R, Wallnöfer E, Schaffer T, et al. Electrocatalytic corrosion of carbon support in PEMFC at fuel starvation[J]. ECS Transactions, 2006, 3 (1): 811-825.

[112] Roen L M, Paik C H, Jarvi T D. Electrocatalytic corrosion of carbon support in PEMFC cathodes[J]. Electrochemical and Solid-state Letters, 2004, 7 (1): 19-22.

[113] Castanheira L, Silva W O, Lima F H B, et al. Carbon corrosion in proton-exchange membrane fuel cells: Effect of the carbon structure, the degradation protocol, and the gas atmosphere[J]. ACS Catalysis, 2015, 5 (4): 2184-2194.

[114] Borup R L, Kusoglu A, Neyerlin K C, et al. Recent developments in catalyst-related PEM fuel cell durability[J]. Current Opinion in Electrochemistry, 2020, 21: 192-200.

[115] 田甜. 质子交换膜燃料电池堆耐久性中催化层微结构变化研究[D]. 武汉: 武汉理工大

学，2018.

[116] 江世杰. 质子交换膜燃料电池催化剂及膜电极稳定性及耐久性提升研究[D]. 广州：华南理工大学，2021.

[117] Selvaganesh S V, Sridhar P, Pitchumani S, et al. Pristine and graphitized-MWCNTs as durable cathode -catalyst supports for PEFCs [J]. Journal of Solid State Electrochemistry, 2013, 18 (5): 1291-1305.

[118] He S, Wu C, Sun Z, et al. Uniform Pt nanoparticles supported on urchin-like mesoporous TiO_2 hollow spheres as stable electrocatalysts for the oxygen reduction reaction[J]. Nanoscale, 2020, 12 (19): 10656-10663.

[119] Chikunova I O, Semeykina V S, Kuznetsov A N, et al. Template -assisted synthesis and electrochemical properties of SnO_2 as a cathode catalyst support for PEMFC[J]. Ionics, 2019, 26 (4): 1861-1873.

[120] Hung Y Y, Liu W S, Chen Y C, et al. On the mesoporous TiN catalyst support for proton exchange membrane fuel cell [J]. International Journal of Hydrogen Energy, 2020, 45 (27): 14083-14092.

[121] Islam J, Kim S K, Kim K H, et al. Enhanced durability of Pt/C catalyst by coating carbon black with silica for oxygen reduction reaction [J]. International Journal of Hydrogen Energy, 2021, 46 (1): 1133-1143.

[122] Pei P C, Chen H C. Main factors affecting the lifetime of proton exchange membrane fuel cells in vehicle applications: A review[J]. Applied Energy, 2014, 125: 60-75.

[123] Roy S C, Harding A W, Russell A E, et al. Spectro electrochemical study of the role played by carbon functionality in fuel cell electrodes[J]. Journal of the Electrochemical Society, 2019, 144 (7): 2323-2328.

[124] Xu H, Kunz H R, Fenton J M. Analysis of proton exchange membrane fuel cell polarization losses at elevated temperature 120℃ and reduced relative humidity [J]. Electrochimica Acta, 2007, 52 (11): 3525-3533.

[125] Nonoyama N, Okazaki S, Weber A Z, et al. Analysis of oxygen-transport diffusion resistance in proton-exchange -membrane fuel cells [J]. Journal of the Electrochemical Society, 2011, 158 (4): 416.

[126] Kodama K, Jinnouchi R, Suzuki T, et al. In crease ina bsorptivity of sulfonate anions on Pt (111) surface with drying of ionomer [J]. Electrochemistry Communication, 2013, 36: 26-28.

[127] Subbaraman R, Strmcnik D, Paulikas A P, et al. Oxygen reduction reaction at three-phase interfaces[J]. ChemPhysChem, 2010, 11 (13): 2825-2833.

[128] Heitner-Wirguin C. Recent advances in perfluorinated ionomer membranes: structure, properties and applications[J]. Journal of Membrane Science, 1996, 120 (1): 1-33.

[129] Paul D K, Karan K, Docoslis A, et al. Characteristics of self-assembled ultrathin

Nafion films[J]. Macromolecules, 2013, 46（9）: 3461-3475.

[130] Uchida II, Aoki M, Watanabe M. New evaluation method for degradation rate of polymer electrolytes[J]. ECS Transactions, 2006, 3（1）: 485-402.

[131] Xie J, Wood D L, Wayne D M, et al. Durability of PEFCs at high humidity conditions [J]. Journal of the Electrochemical Society, 2005, 152（1）: 104-113.

[132] Zhang F Y, Advani S G, Prasad A K, et al. Quantitative characterization of catalyst layer degradation in PEM fuel cells by X-ray photoelectron spectroscopy［J］. Electrochimica Acta, 2009, 54（16）: 4025-4030.

[133] Rong F, Huang C, Liu Z S, et al. Microstructure changes in the catalyst layers of PEM fuel cells induced by load cycling［J］. Journal of Power Sources, 2008, 175（2）: 699-711.

[134] Young A P, Stumper J, Knights S, et al. Ionomer degradation in polymer electrolyte membrane fuel cells[J]. Journal of Electrochemical Society, 2010, 157（3）: 425-436.

第 **4** 章

气体扩散层：制造工艺及衰退机理

4.1 概述

气体扩散层（GDL）是膜电极 MEA 的重要组件之一。PEMFC 中的气体扩散层位于催化层和气体流道之间，主要起支撑催化层、收集电流、传导气体和排出水等多重作用。气体扩散层的基材为多孔导电的材质，如碳基材料或金属基材料，并常用聚四氟乙烯（PTFE）等进行憎水处理，以改善水管理，防止孔隙被水填充。气体扩散层主要是大孔基底层（MPS），也称为支撑层，并常带有覆盖在其上的微孔层（MPL）。

4.1.1 气体扩散层的基本要求

气体扩散层是 PEMFC 内部关键材料之一，其基本要求如下：

① 具有较高的孔隙率，实现反应气体的分布，通常不小于 70%。

② 具有一定的疏水性，使气体的对流和扩散过程通畅；又需要具有一定的亲水性，以便排出生成的水。其亲/疏水性在运行环境下能否长期保持，是维持燃料电池寿命和稳定性的关键因素之一。

③ 具有良好的力学性能，以抵抗电堆组装压力和面内不均匀的受力分布，并能在长期的服役过程中不产生蠕变。

④ 具有良好的导电性，在催化层和极板之间传导电流。

⑤ 具有良好的导热性，以散去 PEMFC 运行期间在活性区域产生的大量热量。

⑥ 具有良好的抗腐蚀性，能够适应 PEMFC 运行的强酸性、高电位和氧化环境。

4.1.2　气体扩散层国内外研究现状

常规的气体扩散层基材主要以碳纤维为基础，通过不同的制备工艺形成炭纸或碳布的形式后，在燃料电池中进行应用，通常厚度为 $100\sim400\mu m$。大部分商用 GDL 是基于碳纤维纸的，如德国西格里碳素公司（SGL Carbon）和 Freudenberg 的各型产品；美国 AvCarb 的 GD 系统产品；日本东丽集团（Toray Group）的 TORAYCA® 炭纸（无 MPL）、三菱化学公司（Mitsubishi Chemical Corporation）的 Pyrofil™；韩国 JNT 集团的 JNTG 产品（表 4-1）。编织碳纤维或碳布有美国 FuelCellsEtc 公司的 ELAT® 和 Freudenberg 碳布、AvCarb 的可编织扩散层[1]。国内气体扩散层生产厂家有通用氢能技术有限公司、金博碳素股份有限公司等，但起步较晚，性能与国际顶尖水平有所差距[2]。

表 4-1　部分典型的燃料电池气体扩散层用炭纸特性参数[3]

项目	公司			
	Toray	Spectracorp	SGL Carbon	Ballard
材料	TGP-H-060	2050-A	28-BC	AvCarb M30
厚度/mm	0.19	0.26	0.235	0.20
质量/(g/cm²)	85	125	105	55
密度/(g/cm³)	0.45	0.48	0.35	0.275
体积电阻率/($\Omega\cdot cm$)	0.08	2.692	0.441	
面电阻率/($\Omega\cdot cm$)	0.0055	0.012		0.01
孔隙率/%	85	—	82	

近年来对于金属基 GDL 的研究也有所增加。金属网作为支撑层时，优势在于金属丝具有良好的机械强度并能长期保持；但是劣势是金属丝容易发生腐蚀，需要对金属网进行耐腐蚀处理，会造成成本上升，因而还难以大规模应用。

碳纤维布实际上具有高度不均匀的结构，纤维束紧密，编织束之间有空隙。其热处理温度仅有 1600℃，作为对比的是，炭纸的热处理温度在 2000℃ 以上，因此碳布的耐腐蚀性较低。而由于炭纸结构的曲折性和自疏水性，相比于其他基底具有更大的吸水率。因此在高电流密度和高湿度下，碳布更佳；而在电流密度较低或是反应气较为干燥时，更适合使用炭纸。

商用的气体扩散层不一定带有微孔层 MPL，其基材也不一定会进行疏水处理。带有 MPL 的双层气体扩散层能够最有效地降低 PEMFC 电池中扩散层处的传质限制。MPL 的厚度一般为十几到几十微米，主要由炭黑和疏水性材料（常为 PTFE）经过混合后喷涂或辊压而成。在炭纸和催化层之间添加 MPL 可以实现水和气体的再分配，降低炭纸和 CL 之间的接触电阻等。

4.2 气体扩散层结构与材料及功能与特性

4.2.1 结构与材料

在 PEMFC 中，气体扩散层是膜电极的重要组件，位于催化层和气体流道之间。气体扩散层在单电池中所处位置如图 4-1 所示。

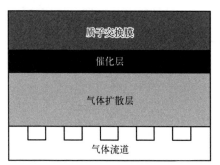

图 4-1　气体扩散层的位置示意图

双层气体扩散层能够最有效地降低 PEMFC 中扩散层处的传质限制，其结构如图 4-2 所示。与气体流道接触的第一层是前文所说的炭纸或碳布形成的大孔层，它在进行水/反应气体的初级分配的同时也兼作集电器，并且起到机械支撑作用；与催化层接触的第二层是微孔层，含有碳粉和疏水剂，主要管理两相水流和气流。微孔层的厚度一般在十几到几十微米，通过形成对催化剂颗粒不渗透的平坦均匀的层来降低催化层和大孔基底层之间的接触电阻，且增强了 MEA 中的水管理，可以改善燃料电池的性能。Wang 等[4] 和 Chen 等[5] 选用不同的炭黑、乙炔黑和黑珍珠炭黑 2000，通过不同种类炭黑的性能对比，来确定相应工作条件下合适的材料，并通过不同粒径炭黑的混合使用来控制 GDL 的孔径。Sasabe 等[6] 采用 X 射线可视化表征电池内部水的积累和排放情况，证明了添加 MPL 后的 GDL 更有利于水的排出。Nam 和 Kaviany[7] 证明，MPL 降低了其与 MPS 和 CL 之间的含水饱和度，从而抑制了阴极处的严重水淹。而根据 Tseng 等[8] 的研究，当电池在小电流密度下工作时，有无 MPL 对电池性能的影响不大。MPL 具有一个最佳厚度范围，过厚时会增加 GDL 的电阻，而过薄时不利于气体的扩散。同时，还发现延长烧结时间有利于 PTFE 更加均匀地分布，从而提高气体渗透率。Chen 等[9] 则通过控制 GDL 中的 PTFE 疏水剂的含量发现，PTFE 的质量分数为 20% 时电池性能最佳，对于不同的电池和操作条件，这个值也会发生改变。Lim 等[10] 使用氟化乙烯丙烯作为疏水材料时，也得到了类似的结论。

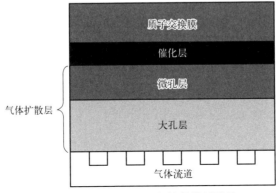

图 4-2　带有微孔层的气体扩散层结构

4.2.1.1　碳基材料

GDL 广泛使用的碳基材料具有以下优势：

① 在 PEMFC 运行的酸性环境中良好的耐腐蚀性；

② 具有高透气性；

③ 良好的导热性和电子导电性；

④ 受压缩时具有一定的弹性；

⑤ 具有可控的多孔结构，适于 GDL 制备过程中调变；

⑥ 易于大规模生产。

碳纤维纸或碳布通常用作 PEMFC 电池中 GDL 的基底。将碳纤维在 2000℃ 以上进行石墨化处理，以提高电子导电性和机械强度，并用热固性树脂浸渍以制造炭纸。碳纤维布则通过碳纱线的纺纱并进行织造后，经碳化/石墨化得到。Park 等[11] 研究了不同长度碳纤维制成的炭纸对电池性能的影响，发现长碳纤维的炭纸具有较大的孔径，有利于水的传输和通过，但是其表面粗糙度过大，接触电阻较大；而短纤维的炭纸中孔径较小，不利于水的渗透。Ralph 等[12] 的研究表明，碳布作为衬底时，在高电流密度下的性能更好，因为其孔隙率和水的去除率较高。Frey 等[13] 也证明，使用 PTFE 处理的碳布比相同处理的炭纸的性能更好，但碳布的厚度较大。目前也广泛地认为，碳布在较湿的操作条件下可以更有效地去除多余的水。这表明，液态水主要积聚在纤维束组织中，并从那里转移到流场，留下较小的孔隙供反应物输送到催化层。由于炭纸中的纤维具有随机取向，抗弯曲强度也高于碳布，因此炭纸的含水饱和度要高于碳布，这在活性区域表现得更为明显。因此，炭纸在潮湿条件下的透气性能可能会变差，质量传输阻力会增加。根据燃料电池运行需求，如何保证在不同的工况下气体扩散层内都能保持良好的水平衡状态，就成了气体扩散层材料和结构研究的重要方向。从力学上考虑，由于碳布刚度比炭纸弱，它更容易在组装压力的作用下突入流道中，造成流道有效通径下降，从而影响反应气的传输和分布。因此，对于宽度大于 1mm 的宽流道设计而言，采用炭纸作为扩散层基材更加有利。

4.2.1.2 金属基材料

金属基材料，如金属网、金属多孔体和微加工金属基底等，具有良好的机械强度和高稳定性，也被开发并应用于 PEMFC，目前还处于研究阶段。主要是由不锈钢网、钛网、镍网或镍铬合金多孔体和烧结金属纤维/粉末等制成的金属基底。也可以采用金属薄板冲切形成阵列小孔，它更利于控制孔隙率和孔径分布。但是简单的穿孔金属板仅提供穿过平面方向上的流体透过路径，因此不适用于反应物在活性区的均匀分布。部分材料可能覆盖催化层，阻碍反应气体的输送，对 PEMFC 的性能产生不利影响。虽然类似于金属多孔体的薄金属基底已成功用于 GDL，但其在低 pH 水溶液的氧化条件下性能仍存在问题，且存在氢脆风险，因此必须在长期或加速腐蚀条件下检验这些金属基底的耐久性。金属表面经常出现电阻较高的氧化层，也会增加 PEMFC 的欧姆损耗。

4.2.2 功能与特性

气体扩散层的主要功能如下：

① 将反应物输送到活性区，同时将生成水从 MEA 的反应活性区转移到流场，并在反应气的对流作用下带出燃料电池；

② 在催化层和极板之间传导电流；

③ 为膜和催化剂层提供结构支撑；

④ 从活性区域散热。

上述功能的实现须在 PEMFC 运行的酸性环境下进行。

如前所述，为实现上述功能，气体扩散层应具有良好的物质传输能力，高的导电性和低的界面接触电阻，良好的力学性能，高导热性和高耐蚀性。根据这些要求，恰当地设计与选择 GDL 各项参数，如孔隙率、厚度、导电导热性、亲疏水性、力学性能、耐腐蚀性和输气排水能力，可以显著改善燃料电池的发电性能和寿命[1,14]。接下来将对 GDL 的特性进行详细介绍。

4.2.2.1 孔隙率

孔隙率是 GDL 最重要的特性，影响着 GDL 的传输特性。在 PEMFC 中，较高的 GDL 孔隙率有利于降低传质阻力，在发电过程中能增加阴极侧的氧气摩尔分数。通常孔隙率的要求是不小于 70%。孔隙率过高会导致低导电性、低导热性和较差的机械强度，这会对性能和耐久性产生负面影响，且在干燥条件下可能会促进膜脱水。而过低的孔隙率会增加电流分布的不均匀性，其平面内渗透率也较低，因此反应物输送到流道处活性区域的过程会受到影响，这种现象在高电流密度时更加明显[15]。Liu 等[16]在炭纸中添加了酚醛树脂和炭黑来调节其孔隙率以改善电池的性能，发现不同的配比会影响炭纸的孔径和疏水性。孔径分布也会影响 GDL 的力学性能和渗透性。从纳米级微孔到大孔，孔径小于 GDL 厚度时，不会对扩散层的导电导热性等产生影响。Zhan 等[17]研究孔隙率对 GDL 的气体传输、水传输的影响发现，梯度化孔隙率的 GDL 更为有利。对于孔径具有双峰分布特征的 GDL，其中较大的孔隙可以输送液态水，较小的孔隙则保持无水状态以便输送反应气。因此，孔径的梯度有利于水管理和物质传输。但是碳基 GDL 难以精密控制孔隙率的梯度，通过烧结金属粉末技术，控制烧结温度及时间长短来对孔径梯度进行调控更为实际[18-19]。

4.2.2.2　厚度

GDL 的厚度是影响电池性能的另一个重要参数，影响着电池内的物质传输和 GDL 的导电性、导热性。通常商用气体扩散层的厚度在 $100\sim400\mu m$，厚度的增加会阻碍反应物和水在垂直方向上的传输，但有利于平面内的均匀传输和分布。一般而言，较薄的 GDL 在潮湿条件和高电流密度下具有更好的除水效果，并且在平行流道中也有更好的表现，但是在干燥条件下，会促进膜脱水；较厚的 GDL 会截留更多的水，有利于保持膜的润湿，从而更适合在干燥的环境中应用[20-21]。因此，合适的 GDL 厚度的设计，可以实现水管理和反应气输送的平衡。

4.2.2.3　电导率

GDL 可实现从催化层向极板的电流传导，因此其高电导率（即低电阻率）是基本要求。体电阻率主要取决于基材自身的电导率，但也跟其孔隙率、生产加工过程和由此产生的缺陷相关[22]。一般地，随着孔隙率的增加，GDL 的电阻也会逐渐增大。碳基结构中纤维状的结构也会导致 GDL 的面内电导率较高。垂直于平面的电导率则取决于纤维之间的接触，也会受到黏结剂和 PTFE 的负面影响。金属基 GDL 具有很高的导电性，但金属氧化层的出现会产生很大的负面影响。此外，在压缩过程中可能存在的不均匀也会导致接触电阻的变化[23]。

4.2.2.4　热导率

PEMFC 运行期间，活性区域会产生大量热量，且输出的电功越大产生的热量占比越大。气体扩散层的热导率是运行期间影响膜温度的主要因素之一，这也在一定程度上影响着水管理。在潮湿条件下，GDL 的热导率较低时，膜温度较高，会有更多的水以水蒸气的形式从活性区排出，有利于去除多余的水。然而，如果膜温度过高，则较低的热导率会损害 MEA 的耐久性。另外，在干燥条件下，具有较高热导率的 GDL 可以将膜的温度保持在较低的值，保持膜的水含量，从而获得更高的质子电导率。而 GDL 面内热导率越高，活性区域的温度分布越均匀，电流密度的分布也就越均匀，有助于提升耐久性[24]。考虑到大部分 GDL 的碳纤维结构，平面内的热导率也通常高于垂直平面方向。此外，组装压力、MPL 和疏水处理也会影响热导率。因此，热导率的选择需要综合各方面的因素来确定最佳值。

4.2.2.5 亲疏水性

亲疏水性是水管理的决定因素，在燃料电池长期运行过程中亲疏水性发生的变化也导致耐久性的变化。多孔材料的不均匀性会导致不同部位接触角具有显著差异[25]。最常见的亲疏水性测试方法是测试材料的静态接触角，但这种方法只能测试表面的亲疏水性，因此未来还需要开发更能反映体相亲疏水性的其他表征手段。

通常，GDL 需要通过疏水剂处理来提升其疏水性。对燃料电池的一个特定工况而言，疏水剂如 PTFE 的含量有最佳值，可以在特定条件下实现最佳性能。在高湿、低温的操作环境下，需要疏水性好的 GDL；但过量的 PTFE 会导致孔隙率降低，孔径分布改变，同时接触电阻上升，导电导热能力下降，有效扩散率和渗透率也会受到不利影响。当然，要想在不同的测试工况、不同的应用环境下都实现良好的表面特性，则需要深入研究其内部的材料属性、层间连接与结构匹配特性关系。

4.2.2.6 力学性能

气体扩散层需要良好的力学性能，才能保持燃料电池发电性能的长期稳定性。GDL 对催化层进行机械支撑，需要长期保持一定的刚度；同时，GDL 和 CL、双极板之间需要紧密接触，从而使接触电阻尽可能小，因此也需要具有一定的柔性，以适应组装电池时的变形。如何选择一款刚度适宜、抗蠕变性强的气体扩散层，在燃料电池设计阶段中的材料选型、匹配设计和耐久性验证阶段均应充分考虑。

4.2.2.7 扩散率和渗透率

通过气体扩散层多孔介质的质量传输主要是由压力差驱动的对流和由浓度梯度驱动的扩散引起的，材料的有效扩散率和面内渗透率是 GDL 的重要标准，它们分别是指气体在厚度方向上的传输和平面方向上的分布[26]。有效扩散率是衡量气体反应物通过 GDL 多孔结构的速度的指标。微孔层的存在会降低 GDL 的有效扩散率，因为 MPL 的孔隙率较低，且存在孔径分布的变化。面内渗透率不够高，反应物就不能均匀地分布在催化层上；但如果面内渗透率太高，在潮湿条件下，气体通过 GDL 的渗透率过低，就会在不同流道间进行窜流，这可能会降低流道中液态水的去除效率，从而导致流道堵塞和流量分布的不均匀。对碳基 GDL 的扩散率、渗透率的精准控制较难，一般可以通过调节 MPL 结构，进行亲疏水平衡处理来影响这两个参数。

4.2.2.8 压缩过程的影响

在质子交换膜燃料电池的单电池和电堆组装过程中，各材料存在被压缩的过程，压缩过程会对 GDL 的各物理特性产生很大的影响[27-28]。首先，直观上厚度会变薄，孔隙率会降低，还可能产生部分孔隙堵塞，随之而来的包括物质传输能力会被削弱，气体扩散层的整体电导率也会受到影响。在受力压缩的过程中，碳基材料，尤其是碳布，会突入流道内，减小微流道的有效通径，干扰反应物的分布，甚至堵塞流道。过大的装配压力也会直接压断碳纤维，损坏 GDL。因此，需要研究 GDL 基材和结构的耐压极限，并控制装配过程中的组装压力，特别是要避免冲击。

4.2.3 气体扩散层与极板的相互作用

GDL 因装配力产生的变形与 PEMFC 的水气输运特性、导电性和导热性密切相关，装配力不足会导致界面接触电阻（ICR）和界面接触热阻（thermal contact resistance，TCR）增大，而装配力过大可能会阻碍传质，甚至会导致内部组件产生机械损伤甚至失效[29-30]。GDL 和双极板间的界面电阻是造成欧姆损失以及 PEMFC 性能降低的主要原因；而界面电阻随着装配力的增大呈指数下降[31]，GDL 和双极板间的接触热阻抗也随着装配力的增大呈现相同的降低趋势[32-33]。GDL 的几何形状和孔隙率随着装配力的增大而变化，从而影响 GDL 内气体输运和排水性能[34-36]。因此，PEMFC 的电、热和流体特性甚至长期耐久性，都与 GDL 的装配条件具有强耦合关系。

在 PEMFC 装配过程中，考虑到 GDL 的多孔结构以及低弹性模量，夹紧压力引起的 GDL 变形值得注意，但 GDL 厚度较小，通常为 $0.1 \sim 0.4 \text{mm}$，原位测试中很难测量 GDL 微小的尺寸变化、接触压力、应力以及应变。所以，一般采用数值计算方法进行分析，例如有限元法（FEM）以及相应的 GDL 材料模型进行特定压紧力下的力学分析，是目前较为有效的办法[37]。GDL 材料模型总体上分为三类，即各向同性、正交异性和各向异性[38]，此外，根据一个或多个材料参数（详见 4.4 节）是否随应力或应变变化，GDL 材料模型也可分为线性模型和非线性模型。由于线性各向同性模型对于 GDL 材料参数测量较为简单，常用于力学分析和双极板结构设计。在各向同性模型中，GDL 需要确定三个材料参数，即弹性模量 E、泊松比 ν 和剪切模量 G，其中只有两个参数相互独立并且需要实际测量。与各向同性模型相比，正交异性模型在描述 GDL 物理性质方面更为实用。然而，只有少数研究采用了正交异性模型，特别是用于 PEMFC 力学分析中的非线性 GDL 模型，这是因为需要确定的 GDL 材料参数越多，测量起来更难，数值计算更难收敛。对于数值计算而言，在 PEMFC 的力学分析中，具有精确材料参数的 GDL 模型对于精确求解具有重要意义。

4.3 气体扩散层制造方法

4.3.1 碳基材料制造方法

碳纤维具有较高的硬度、强度和较轻的质量，20 世纪 50 年代便已经商业化。作为生产碳纤维扩散介质的起始纤维，最普遍的选择是含有 90% 以上聚丙烯腈（PAN）的共聚物，绝大多数碳纤维都是来源于 PAN，或由石油或煤的重质馏分制成，也可来源于纤维素和酚醛等起始材料[3]。

90% 以上的碳纤维来源于聚丙烯腈，这里对由 PAN 制成碳纤维纸和碳纤维布的工艺过程进行重点介绍：

① PAN 纤维通常由 PAN 聚合物通过溶液纺丝法制成；

② 在碳化前，这种连续的丝状纤维在 230℃的空气中稳定化；

③ 在制备碳纤维纸时，将稳定的碳纤维加热至 1200～1350℃，碳化产生的碳纤维含量＞95%；

④ 通过传统造纸设备与工艺制造碳纤维纸，使用易碳化的热固性树脂连续浸渍碳纤维纸卷；

⑤ 加热浸渍过的碳纤维纸卷至 175℃左右以完全固化热固性树脂；

⑥ 在惰性气体保护下进行热处理，升温至 1200℃以上，对固化后的树脂碳化；

⑦ 继续升温至 2000℃以上，使碳化的纤维和树脂产生部分石墨化。

而碳纤维布制造过程的前两步与碳纤维纸相同，具体为：

① PAN 纤维通常由 PAN 聚合物通过溶液纺丝法制成；

② 在碳化前，这种连续的丝状纤维在 230℃的空气中稳定化；

③ 将纤维进行纺纱成型织造成碳纤维布；

④ 在 1600～1700℃的真空环境中进行碳化。

这两种来源于 PAN 的工艺流程如图 4-3 所示，石墨化/碳化过程可以显著提高材料的导电性和机械强度。

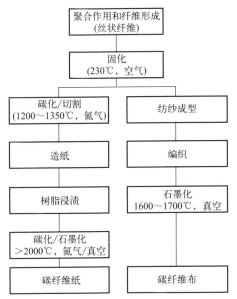

图 4-3　使用 PAN 基碳纤维生产碳纤维纸/碳纤维布工艺路线[3]

4.3.2　金属基材料制造方法

金属基材料虽未真正普及应用，但因其导电性好、机械强度高、结构高度可控，也成为一个研究方向。以穿孔薄金属板 GDL 为例，其加工工艺过程如下：

① 掩模设计，即设计出想要制作的 GDL 孔阵列的图案；

② 在金属或牺牲层上制作光刻胶涂层；

③ 曝光，即在紫外光的照射下，使光刻胶未被掩模遮蔽的部分曝光；

④ 显影，去掉掩膜后用显影剂洗掉未曝光的光刻胶，即为想要蚀刻的图案；

⑤ 金属或保护层的湿化学蚀刻；

⑥ 退膜，用化学溶液将曝光的那部分光刻胶膜和牺牲层都去除掉，露出产品。

如图 4-4 所示，Fushinobu 等[39] 给出了一种具体的气体扩散层用金属 Ti 薄膜的制造方法：

① 将耐蚀性优异的钛薄膜切成小块，得到合适的尺寸；

② 通过磁控溅射镀膜机将铝沉积在钛薄膜上，铝层用作钛的反应离子（reactive ion etching，RIE）蚀刻的牺牲层；

③ 使用旋转涂布机涂布光刻胶，并预烘烤；

④ 用光刻胶印刷光刻图形，并再次烘烤；

⑤ 湿法蚀刻铝层；

⑥ 去除光刻胶；

⑦ 用反应离子蚀刻法蚀刻钛薄膜，以形成微通孔；

⑧ 使用湿法腐蚀去除易氧化的铝层，即得到 Ti 扩散层。

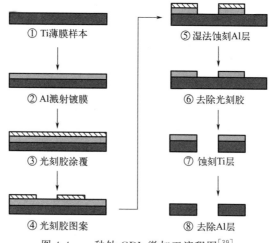

图 4-4　一种钛 GDL 微加工流程图[39]

4.3.3　疏水处理

碳纤维纸或布的润湿性通常通过疏水处理来控制，可以有效防止水淹和促进阴极处的氧气传输。常用的疏水剂有：聚四氟乙烯 PTFE、聚偏氟乙烯（PVDF）和氟化乙烯丙烯（FEP），可以采用浸渍、喷涂和刷涂等方式应用[40]。

将 GDL 置于含有疏水聚合物的悬浮液中进行浸渍，然后干燥并加热到 350℃以上，以去除溶剂和表面活性剂并均匀分布疏水性聚合物。也可以通过悬挂、流平、擦拭等方法去除多余的疏水剂。通过控制浸渍时间和悬浮液的浓度可以控制 GDL 中疏水剂的量，从而可以控制其润湿性。GDL 的亲疏水性需要控制在一个适宜的水平，根据 Bevers 等[41] 的研究，PTFE 含量较高的炭纸，水的饱和度较高，会导致气体传输不良和较高的电子电阻，合适的疏水剂含量是获得电池最佳性能的重要因素。

微孔层主要由炭黑粉末、疏水剂和其他添加剂组成。其制备过程通常是将炭粉混入 PTFE 的悬浮液中，与有机溶剂和添加剂混合，通过机械搅拌方式最终得到 MPL 涂布所需的"碳素墨水"。将该墨水沉积在经过 PTFE 悬浮液预处理的碳纤维纸或布的一侧。之后将双层 GDL 经过热处理，蒸发其表面所有剩余的溶剂和表面活性剂，同时在 MPL 中产生均匀熔化的 PTFE。墨水沉积即 MPL 的涂覆过程可以通过丝网印刷、喷涂或狭缝涂布等多种工艺方式来实现。

4.4 气体扩散层的理化特性及表征方法

气体扩散层理化参数的初始值是电堆设计的必要参数，这些参数随时间的变化情况是衡量燃料电池耐久性，分析其衰减机理，找准材料开发与结构设计目标的关键指标。因此，科学准确地测量气体扩散层相关理化指标就显得尤其重要。在测试方法方面，目前我国已颁布的国标 GB/T 20042.7—2014《质子交换膜燃料电池　第 7 部分：炭纸特性测试方法》可为行业研究提供重要借鉴和指导。比如，国标规定炭纸样品应做测试前准备，且默认的测试温度为 5～40℃，相对湿度为 10%～90%。样品的测试结果应取多次测试的平均值[42]。

4.4.1 力学性能

力学性能的测试包括拉伸强度、抗弯强度和压缩特性的测试，是衡量气体扩散层力学性能的重要指标。

拉伸强度测试参照 GB/T 1040.3—2006 在力学性能试验机上进行。根据图 4-5 将试样置于试验机的两夹具中，试验机上下夹具的中心线应与试样受力的方向平行，且在受力过程中保持试样在同一平面。拉伸速度应在 10～100mm/min 范围内。在样品断裂后，读取相应的负荷值并根据式(4-1) 计算拉伸强度：

$$T_S = \frac{F_b}{W_{cp}\overline{d}} \qquad (4-1)$$

式中，T_S 为拉伸强度，MPa；F_b 为样品断开时的负荷，N；W_{cp} 为样品宽度，mm；$\overline{d}$ 为一定压强下样品的平均厚度，mm。

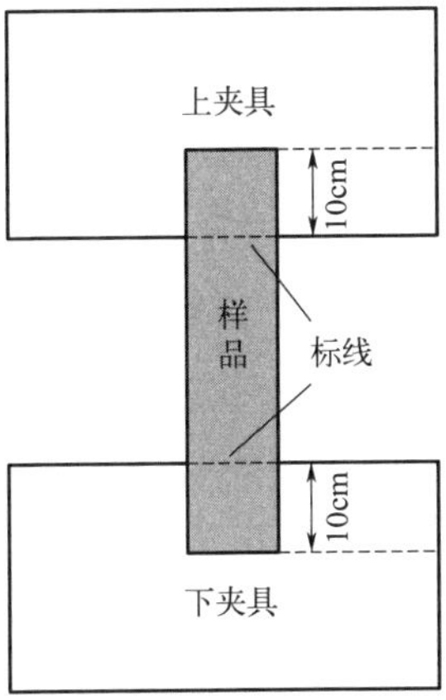

抗弯强度测试参照 GB/T 13465.2—2002 采用三点弯曲法。调整支座跨距，将制备好的样品放置于支座上，且使试验机压头、支座轴向垂直于试样。试验机压头以 0.01～10mm/min 的加载速度均匀且无冲击地施加负荷，直至试样断裂，读取断裂负荷值 F 并根据式(4-2) 计算抗弯强度：

$$T_b = \frac{3FL_{cp}}{2W_{cp}\overline{d}^2} \qquad (4-2)$$

图 4-5　拉伸强度测试时试样在夹具中的位置

式中，T_b 为抗弯强度，MPa；F 为弯曲断裂时的负荷值，N；L_{cp} 为支座跨距，mm；W_{cp} 为样品宽度，mm；$\overline{d}$ 为一定压强下样品的平均厚度，mm。

压缩特性测试时将平板样品装在两块尺寸相同的光滑平板夹具之间，逐步施加压强并记录每增加 0.01MPa 时的夹具位移值和样品厚度 d，直到测得的位移值与前一压强下测试的位移值变化率小于或等于 5%，则认为达到最小值，停止测试，并根据式(4-3) 计算样品的压缩率：

$$\gamma = \frac{d_0 - d_{pi}}{d_0} \times 100\%$$
(4-3)

式中，γ 为一定压强下的压缩率，%；d_{pi} 为一定压强下的厚度，mm；d_0 为样品的初始厚度，即压强接近零时的厚度，mm。

4.4.2 导电性

通常测试气体扩散层的平面方向和垂直方向的电阻率来衡量其导电性能。

平面方向的电阻率测试通常采用四探针电阻率测试仪进行，并根据式(4-4)计算：

$$\rho_{in} = \frac{\sum\limits_{i=1}^{n}(\rho_i GD)}{n}$$
(4-4)

式中，ρ_{in} 为样品平面方向的电阻率，mΩ·cm；ρ_i 为不同部位电阻率测量值，mΩ·cm；G 为样品厚度校正系数；D 为样品形状校正系数；n 为测试的数据点数。

其中，G 和 D 的取值可参照 SJ/T 10314—1992 中所述的方法进行计算或是查表得到。

垂直方向的电阻率测试通常使用万能试验机进行，如图 4-6 所示，将样品装在两个测量电极之间，测量电极为金电极或镀金的铜电极。压强每增加 0.05MPa，用低电阻测试仪测量两电极之间的电阻值，不同压强下的电阻值记录为 R_m，直至测得的电阻值与前一电阻测试值的变化率不大于 5% 时，则认为达到电阻的最小值，停止测试。通常推荐压强范围为 0.05 ～ 4.0MPa。根据式(4-5) 计算垂直方向的电阻率：

$$\rho_t = \frac{R_m S - 2R_c}{\overline{d}}$$
(4-5)

式中，ρ_t 为样品垂直方向的电阻率，mΩ·cm；R_m 为仪器的测量值，即样品垂直方向电阻、铜电极本体电阻和两个样品与电极间接触电阻的总和，mΩ；S 为样品与两个电极之间的接触面积，cm^2；R_c 为两个铜电极本体电阻、样品与两个电极间接触电阻的总和，$m\Omega \cdot cm^2$（本实验采用金电极或镀金铜块，R_c 数值较小，也可以忽略）；$\overline{d}$ 为一定压强下样品的平均厚度，cm。

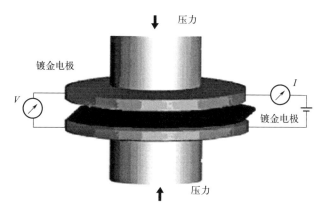

图 4-6　垂直方向电阻率测试示意图

4.4.3　导热性

与电阻率类似，需要测试样品垂直方向和平面方向的热导率。测试样品需使用丙酮溶液浸泡 0.5h，以除去炭纸表面及内部的油分和灰分，随后置于烘箱中 120℃ 的环境下干燥至少 2h，并由绝热材料封闭试样边缘，从而将边缘热损失降低到可接受水平。

垂直方向的热导率测试使用热导率测试仪进行，按照测试仪要求将一定数量的样品重叠后放入，使表面与散热板紧密接触。操作仪器在样品厚度方向形成温度的梯度分布，测量加热板、散热板的温度 T_2、T_1 以及热量和时间等参数，并根据式（4-6）计算热导率：

$$\lambda = \frac{Qn\overline{d}}{(T_2 - T_1)tA} \tag{4-6}$$

式中：λ 为热导率，$W/(m \cdot K)$；Q 为传导的热量，J；$\overline{d}$ 为样品的平均厚度，m；n 为样品的个数，由仪器对样品厚度的要求决定；$T_2 - T_1$ 为样品上下表面的稳定温度差，K；t 为传导热量的时间，s；A 为样品的面积，m^2。

平行方向的热导率则将热导率测试仪的散热板与样品的横截面接触，如图 4-7 所示。操作仪器使在平行于样品表面方向上一段距离 L 内形成温度

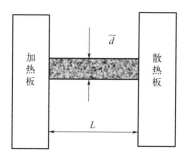

图 4-7　实验器具和夹具

的梯度分布，测量加热板和散热板的温度 T_2、T_1 以及热量和时间等参数。同样地，根据式(4-7)计算热导率：

$$\lambda = \frac{QL}{(T_2 - T_1)tA} \tag{4-7}$$

式中，L 为样品的长度，m。其余参数含义与式(4-6)一致。

4.4.4 透气率

扩散层的透气率测试使用的仪器如图 4-8，测试池由两块具有气体进口和出口及凹槽的不锈钢板夹具组成。

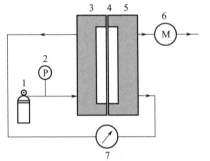

图 4-8　测试样品透气率的装置示意图
1—气源；2—微量调节阀；3—夹具；
4—样品；5—夹具；6—流量计；
7—微量压差计

将样品放置在两片相同大小的中空边框之间，在一定温度、压力下压制成边缘不漏气的样品/边框组件，从而在样品两侧形成气室以测试气密性。气体进入测试装置后，用微量压差计控制一定的压差，一般为 5～50Pa，稳定至少 5min，根据流量计示数计算流速 v_s、微量压差计示数 p_s。

空白样品的测试则将前述的中空边框压制成测试组件，在同样的流速 v_s 下，读取空白样品微量压差计的示数 p_0，并根据式(4-8)计算扩散层样品的透气率：

$$V_{pc} = \frac{60 v_s \overline{d}}{16 \times (p_s - p_0) \times 0.0075} \tag{4-8}$$

式中，V_{pc} 为样品透气率，mL/(cm² · h · mmHg)；v_s 为在压差 $(p_s - p_0)$ 下气体通过样品的体积流速；$\overline{d}$ 为样品的平均厚度，mm；p_s 为测试样品时，微量压差计示数，Pa；p_0 为空白样品的微量压差计示数，Pa。

4.4.5 孔隙率及孔径分布

气体扩散层有着气体传质方面的功能要求，以实现反应气体的分布等。常要求其孔隙率在 70% 以上。根据国标 GB/T 20042.7—2014《质子交换膜燃料电池　第 7 部分：炭纸特性测试方法》进行测试。孔隙率可根据式(4-9)计算：

$$\varepsilon = \left(1 - \frac{M}{\rho_{CF} L W d}\right) \times 100\% \tag{4-9}$$

式中，ε 为孔隙率；M 为扩散层样品的质量，g；ρ_{CF} 为碳纤维的密度，g/cm³；

L 为样品长度，cm；W 为样品宽度，cm；$\overline{d}$ 为样品的平均厚度，cm。

4.4.6　亲疏水性

由于 GDL 的气体传输孔道与水管理孔道相互交织，难以明确界定，因此，对于气体扩散层的亲疏水性难以准确测量和表达，目前常用表征方法有以下三种[2]。

第一种为通过接触角的结果间接反映亲疏水性，接触角越大，疏水性越好，如图 4-9 所示。一般地，将样品在玻璃板上固定好。在室温条件下操纵测试系统每次滴加 $3\mu L$ 去离子水于试样表面，待其稳定 3s 后，对接触角图像进行拍照。利用测试软件分析水滴与样品表面的接触角大小。用于排水的 MPL 表层接触角通常大于 140℃。但接触角只能表征原料炭纸、疏水炭纸、MPL 层，虽然其精密度较高，但只能表征材料的表层亲疏水性，对于 GDL 传输孔道内的亲疏水性无法直接表征。

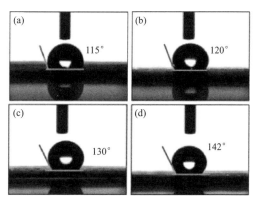

图 4-9　表征亲疏水性的接触角测试

第二种为浸润法，将 GDL 放在水中浸泡至 100% 浸润，取出后通过控制一定的悬挂时间除掉表面的过多水分，然后通过计算浸泡前后的质量差表征材料的亲疏水性，质量差大即为亲水性好。该方法可测量 GDL 表面及内部传输通道的亲疏水性，但精密度低，试验误差大，不能作为通用的量化试验方法，但可以用于试验样品间的横向比较。

第三种为表面张力法，即将 GDL 样品裁制成固定大小并测量其质量，将其放置在表面张力仪的端头缓缓向水面移动，待样品浸没于纯水中以后，测量待测 GDL 从水中脱离时的表面张力。表面张力越大，说明 GDL 亲水性越好，疏水性越差；表面张力越小，说明 GDL 亲水性越差，疏水性越好。该测试方法较为准确，可作为通用试验方法考量 GDL 的亲疏水性。

4.5　气体扩散层的衰退机理

目前 PEMFC 的耐久性不足问题仍然是阻碍其广泛应用的关键因素之一。GDL

是膜电极的重要组件，关于 GDL 耐久性的研究也非常广泛[43]。由于 GDL 材料的耐久性问题，在运行期间，其疏水性、导电性和机械强度等会不同程度地降低。研究 GDL 的耐久性问题必须了解其衰退机理。总体上，如图 4-10 所示，GDL 的衰退过程可分为物理衰退和化学衰退。物理衰退实际上是物理损伤，包括压缩力影响、冻融循环、溶解和气流侵蚀；化学衰退则主要是碳腐蚀。下面分别进行介绍。

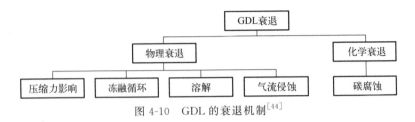

图 4-10　GDL 的衰退机制[44]

4.5.1　物理衰退

4.5.1.1　压缩力影响

大多数 PEMFC 在组装过程中，双极板、MEA 等都是采用压滤机方式进行组装的，以防止气体泄漏并提供低接触电阻。压缩时的压力对 GDL、GDL/催化层界面、GDL/双板界面的性质影响非常大，进而影响整个电池的性能。随着组装力的增加，GDL 的总空隙体积和气体渗透率降低，导致更高的质量传输过电位。同时，压缩 GDL 可以改善碳纤维之间以及碳纤维与其他组件之间的接触，从而增强 GDL 的导电性和导热性，使欧姆过电位降低、界面温差降低。其影响如图 4-11 所示。

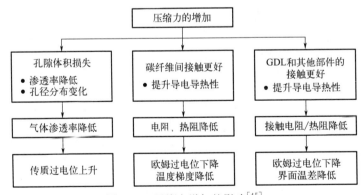

图 4-11　压缩力增加的影响[45]

压缩会导致 GDL 的渗透率降低。Chang 等[46] 发现，当炭纸被压缩到总厚度的一半时，渗透性降低到初始渗透值的十分之一。Nitta 等[45] 也证实，当 GDL 被压缩至初始厚度的 65％时，GDL 渗透率降低了一个数量级。当然，GDL 的渗透率降低程度因 GDL 类型而异。Thonen 等人[47] 发现，在增加夹紧压力的情况下，碳布型 GDL 的渗透率下降最严重，其机械强度较低而更易被压缩。虽然压缩 GDL 对气体渗透性有负面影响，但压缩会降低 GDL 与其他组件之间的接触电阻，Chang 等[46] 的研究表明，2.5bar（1bar＝10^5Pa）的夹紧力下，接触电阻从 $1000m\Omega \cdot cm^2$ 大幅降低到了 $180m\Omega \cdot cm^2$。同时，穿透电阻也随着夹紧力的增加而下降了，但幅度远远小于接触电阻。这可以归结于压缩使 GDL 变薄，导电碳纤维之间的距离也减小了，改善了碳纤维之间的接触，降低了接触电阻[45]。高压缩条件下，接触电阻导致的堆叠性能下降比质量传输电阻增加的影响更为显著。这意味着对特定的 PEMFC 装配过程而言，存在着适宜的最佳压缩比[48-49]。

4.5.1.2　冻融循环

PEMFC 在汽车上应用时，需要面对水的冰点以下的环境温度，停机后留下的任何残余水或在冷启动过程中新产生的水都可能被冻结。水在相变过程中，发生了相当大的体积膨胀，从而在膜、催化层和气体扩散层等电池部件上产生机械应力。在多次冻融循环的影响下，GDL 的物性指标中对 PEMFC 耐久性可能产生较大影响的是刚度，因为高刚度可以使压缩力在脊上的分布更加均匀，减轻因结冰引起的体积变形。例如，厚层 GDL 的三维结构具有更高的刚度，Lim 等人[50] 的研究也证明，刚度更高的碳材料，因冻融产生的物理损伤更小。

然而，随着刚度的增加，MPL 的存在对电池耐久性的影响更显著。MPL 是电池中水管理的重要部分，可以减小水淹现象，提高电池性能，尤其在高电流密度下这种效果越显著。但是在冻融条件下，MPL 无法缓解 GDL 的物理衰减[51]，甚至由于 MPL 在膜和催化剂层中留下更多的水，还会加剧物理衰减[52]。配方优良、结构合理的 MPL，是解决燃料电池发电性能与耐久性必须突破的一个方向，也成为近年燃料电池领域研究的热点之一。

4.5.1.3　溶解

PEMFC 运行期间，GDL 暴露在水或氧化条件下，在电化学反应过程中产生的水和氢氧气体增湿水会使 GDL 变得亲水，长期积水可以"溶解"碳材料表面，并生成氢氧化物、氧化物和其他成分[53-54]。Ha 等[55] 指出，长期积水的 GDL 接触角会下降，但下降速率随浸水持续时间的增加而放缓；经过1000h 的试验后，接触角趋于稳定，此时易溶解的材料已经消耗。作为影响 GDL 溶解的因素，覆盖在 GDL 表面的 MPL 的组成，特别是其中的 PTFE 的损失问题尚未明确。Yu 等[56] 通过一系列场发射扫描电子显微镜图像观察到了浸出试验中 PTFE 涂层的损坏和结构完整性的降低，红外光谱和热重分析也证实了 PTFE 涂层的脱落。但 Ha

等[55]通过热重分析和 SEM 图像分析认为，浸出测试过程中损失的是碳化树脂而不是 PTFE，这方面仍需要进一步研究。但诸多研究表明，较高含量的 PTFE 有助于延缓疏水性的丧失。此外，溶解现象会使传质能力降低，因为疏水性的丧失主要会影响满载条件下的电池性能。

4.5.1.4　气流侵蚀

当燃料气体在通道和 GDL 之间流动时，会对 GDL 产生侵蚀。Ha[57] 和 Chun 等人[58]通过气流效应模拟 GDL 在其寿命期间的侵蚀，该方法从电池中去除催化剂层，来消除电化学反应的溶解效应。研究表明 GDL 的静态接触角有所下降，Chun 等还指出 MPL 表面损伤主要是由于加湿空气中的水造成的。由于其局部毛细压力较低，水聚集在表面裂纹周围，当水从 MPL 排出时，MPL 表面受损，形成水坑状凹陷。Latorrata 等人[59] 的气流试验进行 1000h 后，接触角降低了 10°，总质量下降了 20%，MPL 上的碳被部分侵蚀甚至脱落，这增加了传质阻抗和欧姆电阻。

4.5.2　化学衰退

质子交换膜燃料电池在运行过程中，有时会因高电势而引起碳腐蚀。碳腐蚀可用阳极局部缺氢相关的衰变机制来解释。在 PEMFC 的启动/停止、停机和局部缺氢条件下，由于氢气泄漏、空气侵入或膜两边气体的交换，阳极侧也会存在大量氧气和氮气。在这些条件下，所供应的氢只能占据阳极的一部分，导致缺氢的区域存在较低的界面电位；相应的阴极区域就会产生相对于阳极电位的高界面电位差，这会导致阴极上的碳腐蚀和氧析出；与此同时会产生局部的反极电流。反极电流可使阴极的界面电位高达 1.44V[60]，高电势下碳腐蚀现象的发生会降低 GDL 乃至电池的耐久性。

碳腐蚀过程发生在催化剂层和 GDL 中，碳基的 GDL 很容易受到腐蚀造成结构破坏。Chen 等[61] 模拟 PEMFC 的运行条件，使用三电极体系进行碳腐蚀试验，发现随着氧化电位的增加，界面电阻率和平面渗透率增大，表面接触角减小。横截面 SEM 图像也显示内层的碳腐蚀要比外层大得多。而内层碳腐蚀往往不易被人察觉，但 GDL 内的大孔数量开始增加。这对电池的整体性能有很大影响，特别是在高电流密度区域，电阻和传质阻力都会上升。Ha 等[62] 也发现碳腐蚀后 GDL 的厚度和重量减小，主要损失的是碳化树脂和碳颗粒。Kumar 等人[63] 则发现炭纸型 GDL 比碳布型 GDL 更耐氧化，但结构稳定性较差，因此电化学衰退后，炭纸的结构被削弱，在面对车载工况下的干湿循环造成的循环压缩时残余应变增大，突入流道造成的影响也更大。

4.6 缓解气体扩散层衰减的策略

4.6.1 优化装配压力

PEMFC 电堆的装配压力即 GDL 所受压力选择要适中，一般 MEA 的压缩率在 $17\%\sim25\%$，但不同的 GDL 选材会影响该值。在进行 MEA 与极板匹配设计时，就需要提前仔细研究各种 GDL 的压缩应变性能。压缩率过低，GDL 的接触电阻太大，欧姆极化造成的性能损失很大；压缩率过大，水气传输受阻，扩散极化造成的性能损失也过大，同时还容易破坏 GDL 内部结构，这对 PEMFC 的性能和耐久性都有一定的负面影响。设计 PEMFC 的装配压力需要研究所选 GDL 的应力-应变关系、压力与接触电阻和接触热阻的关系等规律，这样才能设计出匹配良好、发电性能优异、寿命长久的燃料电池堆。

4.6.2 MPL 设计

前人的研究表明，优化设计气体扩散层的 MPL 可有效提高 PEMFC 耐久性。通过深入了解气体扩散层中与其他相邻组件（电极和双极板）相关的降解现象，可以进一步改进 MPL 的设计和配方。MPL 的特性，如厚度、孔隙率、裂纹的存在和疏水性，可在不同操作条件下影响 PEMFC 性能和耐久性。

（1）最佳厚度

当 MPL 厚度过低时，表面不够光滑，接触电阻较高，同时由于 MPL 中的缺陷，低厚度下难以提供有效的水管理性能；当 MPL 的厚度过高时，则会由于扩散路径增加而导致质量传输阻力较高[64-65]。因此，在选型时通常建议在干燥条件下增加 MPL 的厚度，这有利于膜的水合作用；而潮湿条件下薄 MPL 能提供更好的性能[66]。

（2）最佳孔隙率

MPL 的孔隙率较低时，可促进水的传输，也有助于水合作用；较高的孔隙率则有助于改善 MPL 和 CL 界面水分的去除，增强氧向 CL 的传输[67]。具有孔隙率梯度的 MPL 可以综合上述两个优点，提升 PEMFC 的性能。

（3）控制裂纹

MPL 在 GDL 基材上干燥后，通常内部会形成若干裂纹，这有利于水的去除，但不利于 MPL 的耐久性[68-71]。

为了改善 MPL 的耐久性，可在 MPL 结构中使用更复杂的碳颗粒，如碳纳米管 CNT。虽然 CNT 成本高昂，但可以改善 PEMFC 的发电性能和耐久性。MPL 还可以通过沉积多孔钛形成，或通过在传统的 Vulcan XC-72 中添加掺锑氧化锡[72]。Xic 等[73] 将丙烯热解后均匀沉积在炭纸上，使碳纤维结合更加紧密，可以消除基体裂纹，并使脱黏的纤维重新黏结，使碳纤维和碳基体形成有机网络，提升了导电性、气体渗透性和电化学性能。另外，鉴于碳基材料通常被视为 GDL 的连续相，可能会添加其他含氟颗粒物，目前相关学者考虑添加一种疏水性含氟连续相，并填充石墨和炭黑颗粒作为导电相，所得 MPL 层与催化剂层之间具有更高的附着力[74]。此外，在 GDL 的疏水性梯度中引入几层具有不同疏水等级的 MPL 以提高水管理，也有助于提高 GDL 的耐久性[75]。

4.7 小结

气体扩散层由大孔基底层（MPS）和微孔层（MPL）组成，在 PEMFC 中的电子、热和多相传质中起着重要作用，其各项性能对 PEMFC 的整体性能都有着重要影响。目前，碳基 MPS 能兼顾各项功能，性能良好，并易于制造，因而被广泛采用。然而，碳基材料的孔径、孔隙率和热导率等难以调控，要想在下一代 PEMFC 中借助它进一步提升电堆性能和耐久性比较困难。相比之下，如果采用金属基材，则很容易对其进行微观形貌控制，也能更好地研究其在 PEMFC 中的作用。对 MPS 进行疏水化处理和增加 MPL 可以改善整个 GDL 的输气排水性能。MPL 已经被证明对水管理有积极影响，同时可以减少 GDL 与催化层之间的接触电阻，其各项理化参数，特别是刚度的长期稳定性，对整个燃料电池的性能与耐久性有至关重要的影响。

与质子交换膜和催化剂相比，PEMFC 中 GDL 的耐久性较少受到关注，尽管它在提高 PEMFC 的寿命和长期性能方面具有重要意义。耐久性问题可分为物理衰退和化学衰退两类。物理衰退包括压缩和尺寸变化、冻融循环、反应物流动造成的腐蚀和溶解引起的应力。物理衰退导致结构损坏、纤维断裂、PTFE 和疏水性损失、传输性能降低和电阻升高。化学衰退是由于碳腐蚀，主要发生在接近开路电压的阴极高电位下以及反极电流引起的高达 1.44V 以上的高电位下，后者在 PEMFC 长期关闭后的冷启动过程中影响更为严重。GDL 的材料损失和结构变化，都会导致水管理和质量传输能力下降，使燃料电池性能退化。

迄今为止，对 GDL 的耐久性研究相对有限，需要独立了解 GDL 的衰退降解机理，研究每个应力源对燃料电池寿命的影响。此外，还需要制定测试标准（特别是加速测试标准）来评估 GDL 的耐久性并研究相应的抑制策略，评估 GDL 耐久性对其他 PEMFC 组件的影响。对 GDL 耐久性的进一步研究将对燃料电池堆——尤其是车载条件下应用的电堆——的寿命产生积极影响，有助于 PEMFC 的推广应用。

参考文献

[1] Omrani R. Gas diffusion layer for proton exchange membrane fuel cells[M]. PEM Fuel Cells. Elsevier, 2022: 91-122.

[2] 曹婷婷，崔新然，马千里，等 . 质子交换膜燃料电池气体扩散层研究进展[J]. 汽车文摘，2021（03）：8-14.

[3] Mathias M F, Roth J, Fleming J, et al. Diffusion media materials and characterization [M]//Handbook of Fuel Cells——Fundamentals, Technology and Applications, 2003.

[4] Wang X, Zhang H, Zhang J, et al. A bi-functional micro-porous layer with composite carbon black for PEM fuel cells[J]. Journal of Power Sources, 2006, 162（1）: 474-479.

[5] Chen H H, Chang M H. Effect of cathode microporous layer composition on proton exchange membrane fuel cell performance under different air inlet relative humidity[J]. Journal of Power Sources, 2013, 232: 306-309.

[6] Sasabe T, Deevanhxay P, Tsushima S, et al. Investigation on the effect of microstructure of proton exchange membrane fuel cell porous layers on liquid water behavior by soft X-ray radiography[J]. Journal of Power Sources, 2011, 196（20）: 8197-8206.

[7] Nam J H, Kaviany M. Effective diffusivity and water-saturation distribution in single-and two-layer PEMFC diffusion medium[J]. International Journal of Heat and Mass Transfer, 2003, 46（24）: 4595-4611.

[8] Tseng C J, Lo S K. Effects of microstructure characteristics of gas diffusion layer and microporous layer on the performance of PEMFC [J]. Energy Conversion and Management, 2010, 51（4）: 677-684.

[9] Chen F, Chang M H, Hsieh P T. Two-phase transport in the cathode gas diffusion layer of PEM fuel cell with a gradient in porosity[J]. International Journal of Hydrogen Energy, 2008, 33（10）: 2525-2529.

[10] Lim C, Wang C Y. Effects of hydrophobic polymer content in GDL on power performance of a PEM fuel cell[J]. Electrochimica Acta, 2004, 49（24）: 4149-4156.

[11] Park J, Oh H, Lee Y I, et al. Effect of the pore size variation in the substrate of the gas diffusion layer on water management and fuel cell performance[J]. Applied Energy, 2016, 171: 200-212.

[12] Ralph T R, Hards G A, Keating J E, et al. Low-cost electrodes for proton exchange membrane fuel cells: Performance in single cells and Ballard stacks[J]. Journal of the Electrochemical Society, 1997, 144 (11): 3845.

[13] Frey T, Linardi M. Effects of membrane electrode assembly preparation on the polymer electrolyte membrane fuel cell performance[J]. Electrochimica Acta, 2004, 50 (1): 99-105.

[14] Cindrella L, Kannan A M, Lin J F, et al. Gas diffusion layer for proton exchange membrane fuel cells——A review[J]. Journal of Power Sources, 2009, 194 (1): 146-160.

[15] Larbi B, Alimi W, Chouikh R, et al. Effect of porosity and pressure on the PEM fuel cell performance [J]. International Journal of Hydrogen Energy, 2013, 38 (20): 8542-8549.

[16] Liu C H, Ko T H, Liao Y K. Effect of carbon black concentration in carbon fiber paper on the performance of low-temperature proton exchange membrane fuel cells[J]. Journal of Power Sources, 2008, 178 (1): 80-85.

[17] Zhan Z, Xiao J, Zhang Y, et al. Gas diffusion through differently structured gas diffusion layers of PEM fuel cells[J]. International Journal of Hydrogen Energy, 2007, 32 (17): 4443-4451.

[18] Hakamada M, Kuromura T, Chen Y, et al. Influence of porosity and pore size on electrical resistivity of porous aluminum produced by spacer method [J]. Materials Transactions, 2007, 48 (1): 32-36.

[19] Januszewski J, Khokhar M I, Mujumdar A S. Thermal conductivity of some porous metals[J]. Letters in Heat and Mass Transfer, 1977, 4 (6): 417-423.

[20] He W, Yi J S, van Nguyen T. Two-phase flow model of the cathode of PEM fuel cells using interdigitated flow fields[J]. AIChE Journal, 2000, 46 (10): 2053-2064.

[21] Chun J H, Park K T, Jo D H, et al. Numerical modeling and experimental study of the influence of GDL properties on performance in a PEMFC [J]. International Journal of Hydrogen Energy, 2011, 36 (2): 1837-1845.

[22] Omrani R, Shabani B. Gas diffusion layers in fuel cells and electrolysers: A novel semi-empirical model to predict electrical conductivity of sintered metal fibres[J]. Energies, 2019, 12 (5): 855.

[23] Higier A, Liu H. Effects of the difference in electrical resistance under the land and channel in a PEM fuel cell[J]. International Journal of Hydrogen Energy, 2011, 36 (2): 1664-1670.

[24] Alhazmi N, Ingham D B, Ismail M S, et al. Effect of the anisotropic thermal

conductivity of GDL on the performance of PEM fuel cells[J]. International Journal of Hydrogen Energy, 2013, 38（1）: 603-611.

[25] Cassie A B D, Baxter S. Wettability of porous surfaces[J]. Transactions of the Faraday Society, 1944, 40: 546-551.

[26] Zamel N, Li X. Effective transport properties for polymer electrolyte membrane fuel cells——with a focus on the gas diffusion layer[J]. Progress in Energy and Combustion Science, 2013, 39（1）: 111-146.

[27] Selamet O F, Ergoktas M S. Effects of bolt torque and contact resistance on the performance of the polymer electrolyte membrane electrolyzers[J]. Journal of Power Sources, 2015, 281: 103-113.

[28] Rashmi S, Singh M K, Sushmita B, et al. Facile synthesis of highly conducting and mesoporous carbon aerogel as Pt support for PEM fuel cells[J]. International Journal of Hydrogen Energy, 2017, 42（16）: 11110-11117.

[29] Dafalla A M, Wei L, Liao Z H, et al. Effects of clamping pressure on cold start behavior of polymer electrolyte fuel cells[J]. Fuel Cells, 2019, 19: 221-230.

[30] Elkharouf A, Steinberger W R. The effect of clamping pressure on gas diffusion layer performance in polymer electrolyte fuel cells[J]. Fuel Cells, 2015, 15: 802-812.

[31] Mason T J, Millichamp J, Neville T P, et al. Effect of clamping pressure on ohmic resistance and compression of gas diffusion layers for polymer electrolyte fuel cells[J]. Journal of Power Sources, 2012, 219: 52-59.

[32] Sadeghifar H, Djilali N, Bahrami M. Thermal conductivity of a graphite bipolar plate （BPP）and its thermal contact resistance with fuel cell gas diffusion layers: Effect of compression, PTFE, micro porous layer （MPL）, BPP out-of-flatness and cyclic load[J]. Journal of Power Sources, 2015, 273: 96-104.

[33] Nitta I, Himanen O, Mikkola M. Thermal conductivity and contact resistance of compressed gas diffusion layer of PEM fuel cell[J]. Fuel Cells, 2008, 8: 111-119.

[34] Shojaeefard M H, Molaeimanesh G R, Moqaddari M R. Effects of compression on the removal of water droplet from GDLs of PEM fuel cells[J]. Fuel Cells, 2019, 19: 675-684.

[35] Nitta I, Karvonen S, Himanen O, et al. Modelling theeffect of inhomogeneous compression of GDL on local transport phenomena in a PEM fuel cell[J]. Fuel Cells, 2008, 8: 410-421.

[36] Kandlikar S G, Lu Z, Lin T Y, et al. Uneven gas diffusion layer intrusion in gas channel arrays of proton exchange membrane fuel cell and its effects on flow distribution[J]. Journal of Power Sources, 2009, 194: 328-337.

[37] Dafalla A M, Jiang F. Stresses and their impacts on proton exchange membrane fuel cells: A review[J]. International Journal of Hydrogen Energy, 2018, 43（4）: 2327-2348.

[38] García-Salaberri P A, Vera M, Zaera R. Nonlinear orthotropic model of the

inhomogeneous assembly compression of PEM fuel cell gas diffusion layers [J]. International Journal of Hydrogen Energy, 2011, 36（18）: 11856-11870.

[39] Fushinobu K, Takahashi D, Okazaki K. Micromachinod metallic thin films for the gas diffusion layer of PEFCs[J] Journal of Power Sources, 2006, 158（2）: 1240-1245.

[40] Park S, Lee J W, Popov B N. A review of gas diffusion layer in PEM fuel cells: Materials and designs[J]. International Journal of Hydrogen Energy, 2012, 37（7）: 5850-5865.

[41] Bevers D, Rogers R, von Bradke M. Examination of the influence of PTFE coating on the properties of carbon paper in polymer electrolyte fuel cells [J]. Journal of Power Sources, 1996, 63（2）: 193-201.

[42] 质子交换膜燃料电池　第 7 部分: 炭纸特性测试方法[S]. GB/T 20042. 7—2014.

[43] Lapicque F, Belhadj M, Bonnet C, et al. A critical review on gas diffusion micro and macroporous layers degradations for improved membrane fuel cell durability[J]. Journal of Power Sources, 2016, 336: 40-53.

[44] Park J, Oh H, Ha T, et al. A review of the gas diffusion layer in proton exchange membrane fuel cells: Durability and degradation [J]. Applied Energy, 2015, 155: 866-880.

[45] Nitta I, Hottinen T, Himanen O, et al. Inhomogeneous compression of PEMFC gas diffusion layer: Part I. Experimental[J]. Journal of Power Sources, 2007, 171（1）: 26-36.

[46] Chang W R, Hwang J J, Weng F B, et al. Effect of clamping pressure on the performance of a PEM fuel cell[J]. Journal of Power Sources, 2007, 166（1）: 149-154.

[47] Ihonen J, Mikkola M, Lindbergh G. Flooding of gas diffusion backing in PEFCs: Physical and electrochemical characterization[J]. Journal of the Electrochemical Society, 2004, 151（8）: A1152.

[48] Ge J, Higier A, Liu H. Effect of gas diffusion layer compression on PEM fuel cell performance[J]. Journal of Power Sources, 2006, 159（2）: 922-927.

[49] Lin J H, Chen W H, Su Y J, et al. Effect of gas diffusion layer compression on the performance in a proton exchange membrane fuel cell [J]. Fuel, 2008, 87（12）: 2420-2424.

[50] Lim S J, Park G G, Park J S, et al. Investigation of freeze/thaw durability in polymer electrolyte fuel cells [J]. International Journal of Hydrogen Energy, 2010, 35（23）: 13111-13117.

[51] Kim S, Chacko C, Ramasamy R P, et al. Freeze -induced damage andpurge -based mitigation in polymer electrolyte fuel cells[J]. ECS Transactions, 2007, 11（1）: 577.

[52] Lee S Y, Kim H J, Cho E A, et al. Performance degradation and microstructure changes in freeze -thaw cycling for PEMFC MEAs with various initial microstructures [J].

International Journal of Hydrogen Energy, 2010, 35（23）: 12888-12896.

[53] Chlistunoff J, Davey J R, Rau K C, et al. PEMFC gas diffusion media degradation determined by acid-base titrations[J]. ECS Transactions, 2013, 50（2）: 521.

[54] Hiramitsu Y, Sato H, Kobayashi K, et al. Controlling gas diffusion layer oxidation by homogeneous hydrophobic coating for polymer electrolyte fuel cells[J]. Journal of Power Sources, 2011, 196（13）: 5453-5469.

[55] Ha T, Cho J, Park J, et al. Experimental study of the effect of dissolution on the gas diffusion layer in polymer electrolyte membrane fuel cells[J]. International Journal of Hydrogen Energy, 2011, 36（19）: 12427-12435.

[56] Yu S, Li X, Li J, et al. Study on hydrophobicity degradation of gas diffusion layer in proton exchange membrane fuel cells[J]. Energy Conversion and Management, 2013, 76: 301-306.

[57] Ha T. Study on degradation characteristics in gas diffusion layer of PEM fuel cell[D]. Seoul: Seoul National University, 2010.

[58] Chun J H, Jo D H, Kim S G, et al. Improvement of the mechanical durability of micro porous layer in a proton exchange membrane fuel cell by elimination of surface cracks[J]. Renewable Energy, 2012, 48: 35-41.

[59] Latorrata S, Stampino P G, Cristiani C, et al. Novel superhydrophobic gas diffusion media for PEM fuel cells: Evaluation of performance and durability [J]. Chemical Engineering Transactions, 2014, 41: 241-246.

[60] Reiser C A, Bregoli L, Patterson T W, et al. A reverse-current decay mechanism for fuel cells[J]. Electrochemical and Solid-State Letters, 2005, 8（6）: 273.

[61] Chen G, Zhang H, Ma H, et al. Electrochemical durability of gas diffusion layer under simulated proton exchange membrane fuel cell conditions [J]. International Journal of Hydrogen Energy, 2009, 34（19）: 8185-8192.

[62] Ha T, Cho J, Park J, et al. Experimental study on carbon corrosion of the gas diffusion layer in polymer electrolyte membrane fuel cells[J]. International Journal of Hydrogen Energy, 2011, 36（19）: 12436-12443.

[63] Kumar R J F, Radhakrishnan V, Haridoss P. Effect of electrochemical aging on the interaction between gas diffusion layers and the flow field in a proton exchange membrane fuel cell [J]. International Journal of Hydrogen Energy, 2011, 36（12）: 7207-7211.

[64] Antonacci P, Chevalier S, Lee J, et al. Balancing mass transport resistance and membrane resistance when tailoring microporous layer thickness for polymer electrolyte membrane fuel cells operating at high current densities[J]. Electrochimica Acta, 2016, 188: 888-897.

[65] Weber A Z, Newman J. Effects of microporous layers in polymer electrolyte fuel cells[J].

Journal of the Electrochemical Society, 2005, 152（4）: 677.

[66] Kitahara T, Konomi T, Nakajima H. Microporous layer coated gas diffusion layers for enhanced performance of polymer electrolyte fuel cells [J]. Journal of Power Sources, 2010, 195（8）: 2202-2211.

[67] Mahnama S M, Khayat M. Three -dimensional investigation of the effect of MPL characteristics on water saturation in PEM fuel cells [J]. Journal of Renewable and Sustainable Energy, 2017, 9（1）: 014301.

[68] Ma J, Zhang X, Jiang Z, et al. Flow properties of an intact MPL from nano-tomography and pore network modelling[J]. Fuel, 2014, 136: 307-315.

[69] Markötter H, Haussmann J, Alink R, et al. Influence of cracks in the microporous layer on the water distribution in a PEM fuel cell investigated by synchrotron radiography[J]. Electrochemistry Communications, 2013, 34: 22-24.

[70] Wu R, Zhu X, Liao Q, et al. Liquid and oxygen transport in defective bilayer gas diffusion material of proton exchange membrane fuel cell [J]. International Journal of Hydrogen Energy, 2013, 38（10）: 4067-4078.

[71] Zhang X, Gao Y, Ostadi H, et al. Modelling water intrusion and oxygen diffusion in a reconstructed microporous layer of PEM fuel cells[J]. International Journal of Hydrogen Energy, 2014, 39（30）: 17222-17230.

[72] Hao J, Yu S, Jiang Y, et al. Antimony doped tin oxide applied in the gas diffusion layer for proton exchange membrane fuel cells [J]. Journal of Electroanalytical Chemistry, 2015, 756: 201-206.

[73] Xie Z, Jin G, Zhang M, et al. Improved properties of carbon fiber paper as electrode for fuel cell by coating pyrocarbon via CVD method[J]. Transactions of Nonferrous Metals Society of China, 2010, 20（8）: 1412-1417.

[74] Bottino A, Capannelli G, Comite A, et al. Microporous layers based on poly （vinylidene fluoride） and sulfonated poly （vinylidene fluoride） [J]. International Journal of Hydrogen Energy, 2015, 40: 14690-14698.

[75] Weng F B, Hsu C Y, Su M C. Experimental study of micro-porous layers for PEMFC with gradient hydrophobicity under various humidity conditions[J]. International Journal of Hydrogen Energy, 2011, 36: 13708-13714.

第5章

双极板与流场：成形方式与腐蚀失效分析

5.1 双极板的功能与性能要求

双极板（也包括单电池中或电堆端部的极板，即单极板）是质子交换膜燃料电池（PEMFC）中的关键部件之一，具有特定的流场结构[1]，如图 5-1 所示。双极板占整个 PEMFC 电堆总成本的 20％以上，电堆总质量的 50％以上，同时也占电堆总体积的 60％以上[2-3]。双极板的功能主要包括：

① 为电堆提供刚性支撑；

② 收集和传导电流；

③ 输送并分隔反应气体，保证反应气体在电池内部均匀分布；

④ 排出反应产生的水和热量。

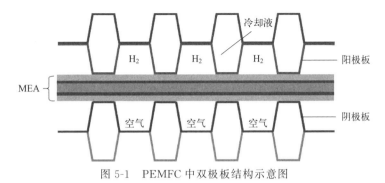

图 5-1　PEMFC 中双极板结构示意图

由于双极板在 PEMFC 电堆中需要起到以上关键作用，并且在 PEMFC 运行时，双极板处于弱酸性的环境，同时伴随着变化的电压，较高的温度、湿度，阴阳极不同的反应气氛。这就对双极板性能和耐久性提出了非常高的要求：

① 高导电性，包括较低的面电阻、体电阻和与扩散层之间的接触电阻，以减小燃料电池的欧姆阻抗；

② 高抗腐蚀性，以减小自身穿孔的风险以及溶出金属阳离子对膜电极的损害；

③ 高阻气性，以分隔阴阳极的反应气体，避免氢气和氧气直接发生化学反应，而非电化学反应；

④ 高导热性，以保证燃料电池产生的废热能及时排出，以保证燃料电池内部始终处于均匀且适当的运行温度区间；

⑤ 高机械强度，以提供足够的机械支撑并保证电堆能承受一定的压紧力和使用过程中的震动、颠簸等工况；

⑥ 适宜的亲疏水性，以保证及时排除反应产生的液态水；

⑦ 低成本、低质量和小体积，以提高电堆的功率密度，促进其在更多场景下的应用。

根据美国能源部（DOE）标准，2025 年燃料电池双极板材料各项性能指标如表 5-1 所示[4]。

表 5-1　燃料电池双极板材料性能指标[4]

项目	单位	2025 年指标
成本	$/kW	2
寿命	h	＞8000
板重	kg/kW	0.18
H_2 渗透系数	$cm^3/(cm^2 \cdot s)$	2×10^{-6}
阳极腐蚀电流密度	$\mu A/cm^2$	＜1,且无活化峰
阴极腐蚀电流密度	$\mu A/cm^2$	＜1
电导率	S/cm	＞100
界面接触电阻	$\Omega \cdot cm^2$	＜0.01
弯曲强度	MPa	＞40
延伸率	％	40

为了满足燃料电池双极板的诸多性能要求，研究了许多双极板材料，按照所用材料的不同，通常可以将燃料电池双极板分为石墨双极板、复合双极板和金属双极板。将在 5.3～5.6 节详细介绍。

5.2 双极板的流场设计

流场结构的设计在燃料电池反应气体的传输和均匀分布、电流的收集和传导、水热管理和 MEA 支撑保护等方面起关键性的作用，对燃料电池的发电效率、可靠性、耐久性和功率密度均有重要的影响[5]，如果反应气体在电极各处分布不均匀，将会引起电流密度不均匀，从而可能导致燃料电池局部过热，电池性能下降；质子交换膜等材料也可能加速降解，从而缩短电池使用寿命。如果流场阻力过大，则会增大反应气体质量传输过程中所需的外加功耗。双极板流场设计主要包括平行流场、蛇形流场、交指形流场和点状流场等常见流场[6] 以及螺旋流场[7]、3D 流场[8] 和仿生流场[9] 等新型流场，常见流场结构如图 5-2 所示。

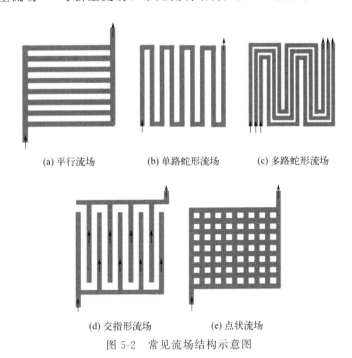

(a) 平行流场　　　　　(b) 单路蛇形流场　　　　　(c) 多路蛇形流场

(d) 交指形流场　　　　　(e) 点状流场

图 5-2　常见流场结构示意图

① 平行流场。由多个平行直通流场以并联形式组成，在平行流场中，流体均匀地进入每一个直通流场并流出。其优点在于流动阻力小，气体入口和出口之间的总压降小，反应气体以及冷却水分布均匀。但是，其反应气体存留时间短，利用率低，气体流速较小，压降不足，反应生成水不能及时排出，长期运行可能造成水淹，引起催化层提前衰退；当流场的宽度相对较大时，由于产物液态水的存在，还

会使得流道中的流体分布均匀性下降。

② 单路蛇形流场。它是一条连续流动通道，迫使反应气体流经覆盖整个活性区域的单一路径。其优点在于排水能力强，不易出现堵塞的情况。但是，在大面积双极板中，蛇形流场的压降过大，会造成流场后段反应气体供应不足，电池的发电性能和长期耐久性必然会受到影响。

③ 多路蛇形流场。它综合了前两种流场的优点，从而成为目前最常被工程实践所采用的流场形式。相比于单路蛇形流场，多路蛇形流场的压降有所下降，效率更高，更适合大面积双极板的使用，但依旧面临压降相对较高并且沿流道长度方向反应物浓度不均匀等问题。

④ 交指形流场。这种流场的流道是不连续的，进气流道的末端和出口流道的起始端均被封闭。交指形流场促进了反应物气体在双极板脊下的气体扩散层中的强制对流，提高了气体利用率，进而提高了功率密度。但气体扩散层中的强制对流会带来明显的压降，增加了额外的流体阻力。

⑤ 点状流场。该流场没有固定形状，通常是将起阻挡作用的点状凸起规则地排列在流体进出口之间，起到分流、导流等作用；常用于双极板的过渡区设计。如果活性区也采用点状流场，在有效反应面积相同的条件下，点状流场的压降最小；但是在反应气体流过流场时易发生短路，即流体沿阻力最小的路径流动而不能完全覆盖整个活性区域，造成反应气体分布不均匀，并且排水能力也较差。

除了以上几种传统流场形式，文献和工程应用中还常见各种设计新颖的流场。比如螺旋形流场，它结合了交指形流场和蛇形流场的优点，如图 5-3(a) 所示[7]，具有很强的排水能力。螺旋形流场可以改善蛇形流场转角处压降大的缺点，并且传热能力更强。由于气体的速度和压力分布均匀，螺旋形流场单位长度流道的压降得以减小。但由于路径较长，流道后端气体供应可能不足。日本丰田汽车公司推出的燃料电池车"MIRAI"中采用了一种三维精细网格结构（3D fine mesh）流场，其结构图 5-3(b) 所示[8]，空气在带倾角的穿孔的三维精细网状结构流场板中流动，使气体在扩散层中的分配均匀性得到大幅提升。3D 流场表现出如下优点：①气体的分流作用使得气体分布更为均匀，生成水容易排出，不易产生水淹。②空气强制对流使得氧气能更快速地进入催化层发生反应。然而，采用 3D 精细网格流道会采用"第三极板"，零件数量增加，制造成本也增加，并产生额外的压力损失。2021年，丰田公司又在其二代"MIRAI"燃料电池量产车型上采用了渐变型空气流场，进一步提升了燃料电池的功率密度[10]。相比之下，新开发的阴极板具有部分狭窄的流道，以平衡氧气扩散和压力损失，并且这种方式将流道的布置从四面改为两面，有助于减小零部件的数量和电堆大小。除此之外，人们还研究了仿生流场，主要有叶形和肺形设计等，如图 5-3(c)、(d) 所示[9]。这些流场设计以生物结构为灵感并结合了现有的蛇形流场和交指形流场的优点，可以促进反应物均匀分布并减小压降从而提升性能，但这些工作大都还停留在实验室阶段。

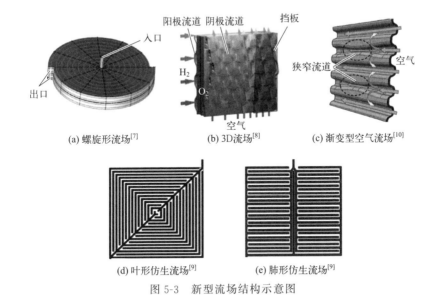

(a) 螺旋形流场[7]　　(b) 3D流场[8]　　(c) 渐变型空气流场[10]

(d) 叶形仿生流场[9]　　(e) 肺形仿生流场[9]

图 5-3　新型流场结构示意图

5.3　双极板材料

5.3.1　石墨双极板

早期的 PEMFC 使用石墨双极板，石墨是最佳的导电非金属材料，且在 PEMFC 环境中具有优异的耐腐蚀性、较高的导热性和导电性以及良好的化学稳定性，其制造技术也很成熟。此外，石墨双极板与气体扩散层同属碳材料，层间接触电阻低。然而，石墨的透气率高、性脆、力学性能也较差。为了满足一定的机械强度和阻气率，石墨双极板通常需要较大的厚度，这导致电堆的功率密度变低。目前应用较为广泛的有无孔石墨板和膨胀石墨板。无孔石墨板一般由碳粉/石墨粉和用于粘接、堵孔的树脂在高温（2500℃左右）条件下石墨化制备而成的。整个过程需要进行严格的升温程序，导致生产周期长、成本难以控制。另外，石墨化过程中如树脂固化时产生小分子的气体，可能会造成新的孔隙[11]，孔隙的存在会导致堆内流体特别是氢气的外泄和内窜，从而降低电堆性能，甚至引发安全风险。所以，需要对石墨板反复进行浸渍处理，碳化处理制成无孔石墨板，以降低孔隙率并改善表面质量。膨胀石墨是由天然鳞片石墨在高温下进行瞬时热处理膨化制得的一种疏松多孔的蠕虫状物质，已广泛用作各种密封材料，它具有良好的导电与导热性能，且成本较低，易于加工，已被以加拿大巴拉德、广东国鸿公司为代表的燃料电池堆生产商用于批量生产廉价模压双极板。

5.3.2　复合双极板

复合双极板的概念很广泛，可以是石墨/树脂（C/C）进行复合，也可以是石墨/金属进行（C/M）复合。其中，根据应用场景、加工工艺或成本控制的不同需求，石墨材料既可以采用无孔石墨，也可以采用膨胀石墨。

C/C复合双极板由耐腐蚀性优良的高分子材料与导电填料（以石墨为主）组成，虽然耐腐蚀性能优异且体积小、重量轻，但是由于高分子树脂的加入，其电导率会降低并且长期耐久性可能也会受到影响。C/C复合双极板的树脂一般采用热固性或热塑性树脂，将之与石墨为主的导电填充物均匀混合后，通过模压或注塑工艺制备成形。相比纯石墨双极板，碳基复合双极板具有更高的强度和更好的阻气性，但需要平衡其导电性能与机械强度之间的关系。研究表明[12]，当通过增加填充物的含量来提高碳基复合双极板的导电性时，其机械强度会随之降低。此外，增加填充物含量会进一步提高碳基聚合物双极板的加工成形难度。

C/M复合双极板通常采用不锈钢等金属材料作为气体阻隔板，以聚合物和石墨等作为外层抗蚀材料。这样的设计兼具石墨双极板和金属双极板的优势，具备较好的机械强度和阻气性。

在两类复合双极板中，C/C复合双极板由于其优良的可模压性和批量制造的降本优势而被大量商用。C/M复合双极板则由于结构及加工制造工艺的复杂性，生产成本也相对较高，难以实现批量化生产应用，目前大多处于研究阶段，商业应用较少。

5.3.3　金属双极板

金属材料拥有较好的力学性能和导电导热性能，并能批量生产超薄板，近年来成为双极板的研究热点。双极板的金属材料有不锈钢、钛、铝和铜等及其合金。其中，铜、铝及其合金虽然是工业上常用的金属，具有成本低、制造工艺成熟的优点，但抗蚀性不佳且难于防护，目前还停留在实验室阶段。同样作为工业上常用的金属材料，不锈钢因其相对较低的成本、优异的可批量加工性，伴随着表面涂层技术的发展，其被越来越多的燃料电池企业所采用。全球燃料电池汽车研究开发处于领先地位的乘用车企业，如丰田、本田、现代和通用等汽车制造企业，都曾将不锈钢双极板应用于燃料电池汽车[13-15]。相比不锈钢而言，钛材具有更优异的耐蚀性能，并且密度更低，从而可以提高 PEMFC 电堆和燃料电池汽车的性能和寿命，被认为是未来车用燃料电池最有应用潜力的金属基材之一。目前，丰田汽车已将燃料电池双极板材料由原来的不锈钢改成了钛材[16]。尽管金属双极板拥有诸多优势，但相比交通运输用途对 PEMFC 双极板的技术要求而言，金属基材仍面临耐蚀性能不足、接触电阻较大等问题，因而制约了其大批量商用。

5.4 双极板成形方式

5.4.1 石墨与复合双极板成形方式

石墨双极板通常采用机械加工成形的方式，目前对低成本的模压膨胀石墨板也有较多研究。复合材料双极板常采用模压或注塑成形工艺进行批量化生产，以降低双极板制造成本。

5.4.1.1 机械加工

以人造石墨为例，从制备到机械加工流道的工艺步骤主要包括：

① 石墨化：在 1000～1300℃的温度下，将焦炭和沥青混合后焦化形成碳素，后将碳素材料浸渍沥青、烘焙，然后在 2500～3000℃的温度下进行石墨化；

② 切片：根据双极板尺寸进行粗略切片；

③ 浸渍：石墨切片后在树脂中进行浸渍处理，一般要浸渍 24h，然后进行热处理使树脂固化；

④ 打磨：对浸渍后的石墨板进行打磨以提高其平整性和表面光洁度；

⑤ 加工：用自动化的铣床或雕刻机按照流场设计的图纸雕刻石墨板，形成流场。

由于石墨板的强度低和脆性大，此加工方法加工薄双极板（<1.0mm）易产生次品。而且，这种方法可能会导致刀具与石墨的摩擦过大，双极板的尺寸精度和表面质量难以控制[17]。Lei 等[18] 发现，在加工过程中，石墨被压碎成小颗粒和细尘，刀具在刀尖处受到高冲击和压应力，易于损坏，这就增加了流场加工的总成本。因此，除了用于研究外，随着加工批量的增大，该方法将会逐渐被注塑成形或模压成形等低成本生产方式淘汰。

5.4.1.2 注塑成形

注塑成形是将一定比例的石墨与树脂混合料从注塑机的料斗送入机筒内，被加热熔化后的树脂与不熔的石墨混合料在极高的注塑压力下经由喷嘴注入闭合模具内，经冷却定形后，脱模得到制品。为了保证良好的流动性，往往树脂成分偏高，但会导致电导率不足。此时，为了提高复合材料双极板的导电性，可以在混合物中加入一些金属粉末，同时可以加入碳纤维或陶瓷纤维来提高机械强度。但是，金属粉末如果氧化溶出，可能成为质子交换膜和催化层中离聚物的污染物。注塑成形还有其他缺点，如表面黏结剂洗脱时间较长（甚至可能长达 7 天）、厚截面开裂、尺寸限制以及缺陷和热应力。如果进一步高温处理将树脂成分石墨化可以提高板材的性能，但这将大大增加成本，并不适合大规模生产[19]。

5.4.1.3　模压成形

为了解决上述注塑成形的缺陷，研究者开始采用模压成形工艺制造双极板。相比之下，模压成形工艺对石墨/树脂的流动性要求较低，复合物配方中的树脂含量一般可低至 5%～30% 之间，因而电导率的损失较小。其工艺流程为：首先制备石墨粉与树脂的混合材料，然后对混合材料和模具进行前处理，采用聚合物的熔融温度和一定压力，使得粉料在压缩模中流动并充满整个行腔，固化脱模后得到双极板。如果所用黏结剂为热固性塑料，一般只需要几分钟就可以固化脱模；如果所用黏结剂为热塑性塑料，则需将模具冷却到黏结剂熔点以下的温度后脱模。加拿大巴拉德公司在专利中提出，用膨胀石墨板通过模板冲压或辊压浮雕方法制作带流场的石墨双极板[20]。创新之处在于，该双极板是将预制石墨块压成形后向其孔隙中灌入树脂，并利用真空环境抽出多余树脂，从而提高石墨板强度、控制孔隙率。

相对于注塑成形而言，模压成形可采用普通液压机，模具结构简单，得到的制品密度高、尺寸精确、收缩少、性能好。同时，流动性很差的物料，在双极板成形中，可兼顾性能、成分、成形工艺的要求，因此得到的双极板制品尺寸稳定，热稳定性、导电性能、力学性能相对较高。如果合理地设计模具和组织模压过程，也可以达到较高的生产率。模压成形作为一种树脂/石墨复合材料双极板批量化生产的主要工艺，极具应用潜力。

5.4.2　金属双极板成形方式

金属双极板的加工制造方法通常可以分为以下几类：塑性成形工艺、化学或电化学蚀刻、机械雕刻加工和增材制造等。其中，机械雕刻加工和增材制造目前主要用于实验研究。化学或电化学蚀刻则非常适用于原型样机的实验研究，同时也可用于小批量生产。对于厚度为 0.1mm 甚至更薄的金属双极板而言，通常需要塑性成形工艺进行制备。目前，文献报道中关于金属双极板制造的塑性成形工艺主要包括：冲压成形工艺、液压成形工艺、软模成形工艺、辊压成形工艺和热冲压成形工艺等。

5.4.2.1 冲压成形

冲压工艺是用压力装置和刚性模具对板材施加 定的外力，使其产生塑性变形，从而获得所需形状或尺寸的一种方法，如图 5-4 所示。冲压工艺生产的双极板成本低、生产率高，并且薄而均匀，广泛用于汽车、航空航天和其他领域。通过冲压可以获得适当流场几何形状和优良力学性能的薄金属双极板。此外，传统行业的设备和工艺不需要进行很大改动即可直接用作金属双极板制造的冲压设备和生产线，有助于降低开发成本。同时，冲压模具的高生产效率和长寿命有助于实现金属双极板的大规模生产[21]。

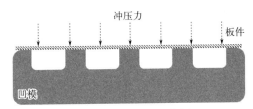

图 5-4　冲压成形示意图

虽然冲压技术已经取得了很大的进展，但目前冷冲压双极板的流场几何形状还不能完全满足高性能燃料电池堆的要求。由于传统冲压方法的成形极限相对较低，很难完成精细流场的制造。同时，冲压双极板的质量也存在风险，比如折皱和微裂纹等缺陷在成形过程中都极易出现，导致次品。

5.4.2.2 液压成形

液压成形工艺是一种利用液体或模具作为传力介质加工金属制品的一种塑性加工技术，液压成形原理如图 5-5 所示。与冲压成形相比，液压成形不需要冲床，可降低部分设备成本[22]。此外，液压成形的表面质量更好、双极板的回弹更小，尺寸一致性、拉伸率和复杂零件的成形能力更高。但是，液压成形的生产速度远低于冲压工艺，并且同样难以生产出具有高精度精细流场的金属双极板。

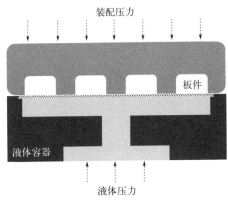

图 5-5　液压成形示意图

5.4.2.3 软模成形

软模成形，也称为柔性成形工艺，如图 5-6 所示，它由一个刚性模具和一个橡胶板组成，并且它们之间的接触面是柔性的，这极大地提高了微尺度流场的可成形性。该方法可以解决冲压和液压成形过程中的裂纹、折皱和表面波纹等问题。另外，橡胶垫和刚性模具不需要在成形过程中精确组装，从而可以大大减少时间和成本[23]。因此，软模成形也被认为是大规模生产金属双极板的一种潜在方法。

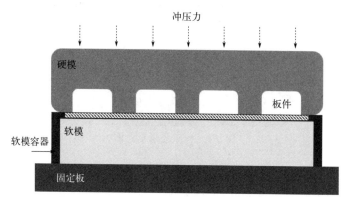

图 5-6　软模成形示意图

目前，软模成形由于其生产周期比冲压长，尚未用于实际生产。此外，在金属双极板的大规模生产中，橡胶垫块可能需要频繁更换，这将导致生产时间变长、成本增加，并且目前的软模成形工艺还不能生产出具有精细流场的金属双极板。

5.4.2.4 辊压成形

传统的冲压和液压成形工艺可以以较低的成本高效地生产出较薄的金属双极板，因此被认为是目前大规模生产金属双极板的潜在工艺。然而，如上所述，冲压和液压成形不能形成具有精细流场的金属双极板。为此，近年来一些研究人员提出了辊压成形工艺。辊压成形是一种将长条状金属片连续弯曲成所需形状的轧制工艺，如图 5-7 所示。不锈钢双极板生产的轧辊成形工艺根据流道方向和轧制方向一般可分为两种类型[24]：一种是沿轧制方向形成的流道；另一种是垂直于轧制方向形成的流道。

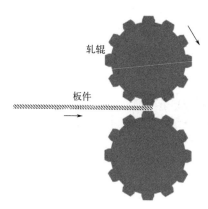

图 5-7　辊压成形示意图

尽管辊压成形工艺在金属双极板批量生产中具有更高的效率和更低的成本，但在将其应用于实际生产之前仍有许多问题需要解决。在已发表的文献中，只有平行流场的不锈钢金属双极板是通过辊压成形制造的。蛇形流场或复杂的流场几何形状，如 3D 结构，目前不能采用这种成形方法，这就极大地限制了流场设计的自由度。

5.4.2.5 热冲压成形

热冲压成形被认为是形成具有精细流场几何形状的金属双极板最有前途的方法之一，按工艺可分为直接热冲压和间接热冲压两类，如图 5-8 所示。在热冲压条件下，金属处于软态。因此，在降低冲压力的同时，可提高成形性[25]。此外，还能有效地减少热冲压件的回弹。然而，目前热冲压的研究主要集中在厚度为 0.5～1mm 的高强度或超高强度钢零件上，很少有基于热冲压对厚度为 0.1mm 甚至更薄的金属双极板进行研究。同济大学闵峻英团队在这方面做了很好的探索工作，目前已能实现深宽比达 0.8 的小面积钛极板的冲压。

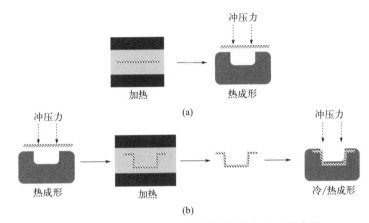

图 5-8　直接热冲压（a）和间接热冲压（b）示意图

5.5　双极板组对方式

燃料电池的组对是指阳极和阴极单极板分别成形制备后，将其连接形成双极板的工序。阳极和阴极单极板组对连接后，其两侧分别为燃料电池阳极和阴极提供反应气体。同时，两个单极板中间的流道则用来通入冷却液，以控制燃料电池堆的反应温度。此外，为提高燃料电池的发电效率、可靠性和寿命，促进实现其商业化应用，双极板的组对连接必须满足以下几个方面的要求[26]：

① 阳极和阴极单极板之间的接触电阻小；

② 接缝或粘接面密封性能好；

③ 接缝或粘接面热稳定性能和机械稳定性能好；

④ 双极板整体变形量小；

⑤ 较高的组对连接速率；

⑥ 较低的组对连接成本。

采用不同成形加工工艺制备的不同类型单极板，其组成成分、理化性质和表面状态均不相同，因而一般需要采用不同的方法或工艺来进行组对连接。石墨双极板的组对连接一般采用粘接工艺，而复合材料双极板主要采用粘接、机械连接和激光焊接等方法。目前，双极板组对连接工艺主要包括四大类[27-30]：粘接、机械连接、焊接和复合连接。其中，焊接又包括钎焊、压力焊和激光焊接等方法。粘接是利用黏结剂与极板连接面上产生的机械结合力、物理吸附力和化学键合力而使阴、阳极单极板连接起来的工艺；机械连接是采用连接件与两个单极板或阳极板与阴极板之间的机械咬合作用进行组对连接的工艺；焊接是一种通过加热、高温或高压的方式将阳极板和阴极板融合在一起的工艺；复合连接是指采用粘接、机械连接和焊接中的两种或多种连接方法进行双极板组对连接的一种工艺。

激光焊接是目前最主流的金属双极板组对方式，它是将高能量密度的激光束照射到待焊极板表面，从而使待焊极板升温熔化再凝固结晶而实现连接的一种工艺[31]。激光焊接具有功率密度高、焊接速度快、焊接缝隙小、热影响区小、焊缝晶粒细小、焊缝深宽比大以及成本相对较低等优势，焊缝密封性能、耐蚀性能和导电性能好，可实现非接触远距离焊接和批量化自动化生产[32-33]。对于单个金属双极板而言，其焊缝长度可达 1.5～5m，激光焊接的速度高达 7～80m/min[34]。此外，通过采用多个激光器或增加焊机工位的方式，可进一步提高双极板焊接的效率，使单个双极板的焊接时间降低至 2～5s/板。P'ng 等人[35] 的研究表明，相比电阻缝焊接方法，激光焊接可以使焊缝宽度减小 50%，气孔率减小 15%，连接强度提高 25%，并且可以明显提高焊缝表面质量。因此，激光焊接被国内外绝大部分金属双极板制造企业所接受，如国内上海治臻、明天氢能、新源动力和骥翀氢能等企业，以及瑞典 Cellimpact、德国 Dana 和 Grabener、美国 Treadstone 等外国企业。

虽然激光焊接工艺具有诸多优点，在金属双极板组对连接方面具有不可替代的优势，但由于金属双极板厚度超薄（0.075～0.1mm），且其结构相对复杂，因此金属极板对焊接工艺参数和装夹方式的敏感度较高。在金属双极板激光焊接过程中仍存在两个方面的挑战：一是金属双极板容易出现焊穿、虚焊等现象，导致其焊缝质量难以控制；二是金属双极板容易产生焊接变形，导致其尺寸精度和平整度降低。金属双极板焊接过程中产生的焊接变形、焊穿和虚焊等现象，均会显著影响燃料电池性能和寿命，甚至导致燃料电池无法正常工作。激光焊接是一个复杂的物理冶金过程，激光功率、激光波长、焊接速度、离焦量、脉冲宽度、保护气体流量，以及金属极板本身的化学成分、组织结构和厚度尺寸等因素，均会对金属双极板的焊接质量产生重要的影响。为应对上述金属双极板激光焊接过程中存在的两个方面的挑战，进一步提高金属双极板的焊接质量、尺寸精度和平整度，研究者进行了大量的研究。其中，日本 Kawahito 等人[36] 研究了不同焊接工艺参数对焊缝质量的影响，对焊接工艺参数进行了优化；西安交通大学张林杰等人[37] 研究了保护气体种类和流量对不锈钢焊缝的影响；上海交通大学胡唯等人[38] 提出了激光胶复合焊接工艺，可以较好地控制金属双极板焊接过程中的变形量，并提高其焊接质量。

在金属双极板各类组对连接工艺中，粘接工艺具有可实现自动化作业、双极板组对后变形量小等特点，因而是激光焊接金属双极板较为合适的替代组对连接工艺[34]。采用粘接工艺对金属双极板进行组对连接时，虽然黏结剂的干燥和固化时间相对较长，但可以通过喷涂或卷对卷的方式提高其加工效率，其连接速度可达 20m/min。因此，粘接是除激光焊接外，金属双极板组对连接另一类重要的方法。目前，丰田燃料电池汽车 Mirai 中金属双极板与 MEA 的连接主要采用这一方法。

5.6　衰退机理与抑制策略

PEMFC 中双极板的衰退原因主要为腐蚀失效，由于石墨双极板和复合双极板一般都具有优异的耐腐蚀性能，本章重点以金属双极板为例介绍双极板衰退机理与抑制策略。

5.6.1　衰退机理

PEMFC 的工作环境一般呈弱酸性，pH 值约为 3~6，且含有微量的 F^-、Cl^- 和 SO_4^{2-} 等阴离子。PEMFC 运行时温度一般保持在 60~80℃之间，且阳极和阴极分别通入具有一定压力的氢气和氧气/空气[39-40]。此外，PEMFC 单电池的可输出电压一般为 0.4~0.9V[41]（本节未做特殊说明的电压均指相对标准氢电极的电压）。为保持 PEMFC 系统具有足够高的发电效率和输出功率，PEMFC 单电池稳定工作电压通常为 0.6~0.8V。同时，在启/停、怠速和过载等工况中，车用 PEMFC 工作电压和电流密度一般与稳定工作状态不同，并且会随工况不同而发生动态变化。在启/停阶段，由于氢饥饿和氢/氧界面的产生，PEMFC 内部还可能产生 1.4~1.75V 的高电势[42]。怠速阶段，PEMFC 的输出电流密度较小，输出电压较高，约为 0.8～0.9V。过载时 PEMFC 的输出电流密度相对较大，而输出电压较低，约为 0.4～0.5V[41]。因此，在工况变化的过程中，PEMFC 的输出电压一般在 0.4～0.9V 之间波动，且输出电流密度也处于变化之中。产物水中酸碱度（pH值）、电池运行温度（T）、电池电压（E）和反应气体种类及压力（或浓度）会影响金属双极板腐蚀反应过程中的热力学和动力学。产物水中 F^-、Cl^- 等阴离子也会影响金属双极板的腐蚀动力学过程。若 F^-、Cl^- 等阴离子浓度较高，则可显著加速金属双极板的点蚀，浓度较小时，其对金属双极板的影响有限[43]。

研究表明，腐蚀以及腐蚀后表面氧化产物导致的接触电阻增大是金属双极板性能衰退和失效的主要原因。金属的腐蚀按腐蚀机制来分，一般可以分为化学腐蚀、电化学腐蚀和物理腐蚀；按腐蚀形态来分，一般可以分为均匀腐蚀、局部腐蚀和应力腐蚀，其中，局部腐蚀主要包括点蚀、缝隙腐蚀、晶间腐蚀、电偶腐蚀和氢脆腐蚀等。典型的腐蚀类型如图 5-9 所示[44]。PEMFC 环境中金属双极板的腐蚀主要为电化学腐蚀，且以点蚀、晶间腐蚀和缝隙腐蚀等局部腐蚀为主[45]。PEMFC 工作过程中，由于阳极和阴极的电位及反应气体性质不同，阳极和阴极金属板的腐蚀反应和产物均不相同。阳极金属板中电位较低，一般约为 0～0.1V，且处于还原性反应气氛中，因而阳极金属板的腐蚀主要以金属阳离子如 Fe^{3+}、Cr^{3+}、Ni^{2+} 和 Ti^{3+} 等的溶解，或形成导电性能较差的金属氢氧化物吸附在金属表面为主。阴极金属板处于氧化性反应气氛中，且阴极板电位相对较高，其腐蚀一般以金属氧化物如 Fe_3O_4、Fe_2O_3、Cr_2O_3 和 TiO_2 等的形成为主。当阴极金属板电位处于基材活化电位或过钝化电位区域时，阴极金属板同样可能产生可溶性金属阳离子、高价氧化物离子，或形成导电性能较差的金属氢氧化物吸附在金属表面[46]。

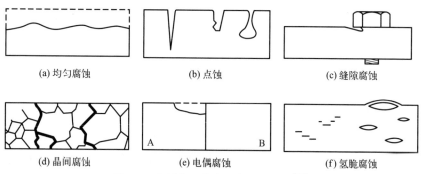

(a) 均匀腐蚀　　　　　　　　(b) 点蚀　　　　　　　　(c) 缝隙腐蚀

(d) 晶间腐蚀　　　　　　　　(e) 电偶腐蚀　　　　　　　　(f) 氢脆腐蚀

图 5-9　金属典型的腐蚀类型示意图[44]

金属极板腐蚀方式和产物的不同，使得 PEMFC 性能和寿命衰退方式不同。当金属双极板的腐蚀主要以金属阳离子溶解为主时，其对金属双极板与气体扩散层之间的接触电阻影响相对较小，此时金属双极板腐蚀对 PEMFC 性能的影响主要体现在质子交换膜和催化剂性能的变化。金属双极板中溶解的金属阳离子进入膜电极后，可能造成催化剂中毒，或降低质子交换膜的离子电导率及膜内通量，进而使 PEMFC 发电效率和耐久性降低。此外，金属双极板腐蚀孔中阳离子的持续溶解可能使双极板穿孔漏气，从而导致 PEMFC 失效。当金属双极板中的腐蚀主要以金属氧化物或难溶性金属氢氧化物的形成为主时，其对 PEMFC 的影响主要体现在金属双极板内阻及金属双极板与气体扩散层之间接触电阻的增大。

5.6.2　提高金属双极板耐腐蚀性的策略

提高耐蚀性能和减小接触电阻，是金属双极板材料研究开发的主要目标。目前最为常用的方法是对金属板进行表面改性，显著改善其接触导电性及耐蚀性能，不但可以防止腐蚀的产生，而且在燃料电池运行过程中可以保持接触电阻基本恒定。因此，双极板进行表面改性对于 PEMFC 的性能提升和长期耐久至关重要。

金属表面改性通常采用金属基材表面添加导电和耐腐蚀涂层，涂层材料主要分为碳基涂层和金属基涂层。前者主要包括导电聚合物、石墨、类金刚石等；后者主要包括贵金属、金属碳化物和金属氮化物等。

5.6.2.1　碳基涂层

导电聚合物涂层可为金属双极板提供优良的耐腐蚀性。Joseph 等[47] 采用循环伏安法在 304 不锈钢上沉积聚苯胺（PANI）和聚吡咯（PPY），并测量了在 PEM 燃料电池的工作条件下，涂覆后的双极板的耐腐蚀性能和接触电阻。结果表明，该材料的耐蚀性得到了提高，接触电阻在可接受范围内，但没有提及成本、耐久性和是否适合大规模生产。Feng 等[48] 利用非晶碳在 SS316L 上通过近场不平衡磁控溅射形成均匀致密的薄膜。动电位、恒电位、ICP（电感耦合等离子体）和 SEM 测试表明，碳膜的使用可以显著提高板材的耐蚀性。阴极电流密度从 $11.26\mu A/cm^2$ 下降到 $1.85\mu A/cm^2$，这意味着 SS316L 的腐蚀速率大大降低。此外，未处理的 SS316L 表面的水接触角远小于碳涂层的 SS316L，说明碳涂层的 SS316L 更疏水。这一特性可保证有效排除在阴极侧产生的水，从而抑制燃料电池堆中的水淹。Liu 等人[49] 提出一种电泳沉积石墨烯层以保护钛金属双极板的方法。二维石墨烯具有优异的化学稳定性以及高的电导率和热导率[50]，是一种比较优异的导电涂层材料。在 PEMFC 的模拟环境下，改性钛板腐蚀电流为 $0.755\mu A/cm^2$（阳极）和 $0.752\mu A/cm^2$（阴极），比裸钛低约两个数量级。此外，改性钛板的 ICR 值低至 $4m\Omega\cdot cm^2$，约为裸钛板的 1/30。

5.6.2.2　金属基涂层

金属氮化物涂层主要包括氮化铬（CrN）、氮化钛（TiN）和氮化钽（TaN）等以及其他元素组合的氮化物。它们具有致密的微结构和清晰的涂层/衬底界面[51]。TiN 涂层是金属双极板表面常用的涂层之一，本身具有极高的硬度、高热稳定性、低电阻率、高耐磨性和优异的耐腐蚀性能[52]。Yashiro 等[53] 在 310S 不锈钢表面沉积了 TiN 纳米颗粒，结果表明，TiN 涂层双极板的 ICR 和腐蚀电流密度均比 310S 不锈钢低。此外，他们还报道了较小的 TiN 粒径和弹性丁苯橡胶可以通过增加双极板与气体扩散层之间的接触面来进一步降低 ICR。Jin 等[54] 人使用直流反应磁控溅射 PVD 方法在不同种类的铝双极板上沉积了约 0.2mm 厚的 TiN 薄膜。结果表明，镀 TiN 的 A356 铝表面质量较好，ICR 最小。Omrani 等[55] 报道，纳米晶 TiN 涂层提高了 SS316L 双极板的导电性和耐腐蚀性。但镀层表面出现局部腐蚀点和点蚀孔。从以上研究可以得出结论，致密的金属氮化膜在保持较低的界面接触电阻的同时，具有良好的耐腐蚀性能。

金属碳化物薄膜吸收了石墨和金属基涂层的优点，提高了金属双极板的导电性和抗蚀性能，被认为是最有前景的涂层技术路线之一。Zhang 等人[56] 采用等离子体表面改性技术在裸钛板上制备了 ZrC 涂层。在该研究中，微观形貌表征发现，ZrC 涂层的微观组织致密均匀，表面没有明显的缺陷。涂层与基体的界面连续致密，无气孔和裂纹。与裸钛板相比，改性样品在阳极和阴极的腐蚀电流密度分别为 $0.234\mu A/cm^2$ 和 $0.776\mu A/cm^2$，约下降了两个数量级。此外，经恒电位极化后，具有 ZrC 涂层的钛板 ICR 增加不明显，小于 $12m\Omega \cdot cm^2$。具有 ZrC 涂层的钛板不仅具有良好的导电性和耐久性，其水接触角达到 $105°$，比裸钛板的 $76°$ 更高，表明其疏水性得到了一定程度的改善，有利于 PEMFC 的排水。

贵金属如金、铂也可作为金属双极板的涂层材料，通常需要足够的厚度，以大幅度提高金属双极板的性能。但由于贵金属储量稀少，成本高昂，这些涂层通常用于高性能的燃料电池，如航空航天和军事应用的燃料电池，并不利于 PEMFC 商用低成本的实现，不是未来理想的涂层材料。

5.7 双极板主要指标及评测方法

双极板的性能通过关键指标测试进行评价，包括气密性、抗弯强度、耐腐蚀性、与扩散层之间的接触电阻和接触角测试等。

5.7.1 气密性测试

气密性是指在单位时间内透过单位面积样品的气体量，单位为 $cm^3/(cm^2 \cdot min)$

或 mL/(cm² · min)。参考国家标准 GB/T 20042.6—2011，其测试方法原理如图 5-10 所示。将样品夹在两块均具有气体进口和出口的不锈钢夹具之间，使两侧形成气室，作为试验渗透池。将渗透池按照图示安装在试验装置上。如需测试氢气的气密性，则分别在气室的两侧通入氢气（完全起见，也可以用物理性质相似的氦气代替）和惰性气体，使气室两侧保持一定的压力差。压力通过两侧精密压力表来控制。在室温和一定压力差下稳定至少 2h，将惰性气体的出口通入气相色谱仪（或高灵敏度的氦质谱仪）测量被测气体的浓度，并记录色谱图。按式(5-1)计算气体透过率：

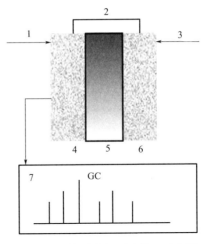

图 5-10　气体致密性测试装置示意图
1—氦气/氮气；2—渗透池；3—氧气/氢气；
4—夹具；5—样品；6—夹具；
7—气相色谱（或氦质谱）

$$C = \frac{q}{S} \tag{5-1}$$

式中，C 为双极板材料单位时间、单位面积的气体透过率，$cm^3/(cm^2 \cdot s)$；q 为单位时间的气体渗透量，cm^3/s；S 为渗透池的有效测试面积，cm^2。

当然，还可以测试不同压力差（Δp）下的气体透过率，从而绘制出双极板的气体透过率与 Δp 的关系曲线。

5.7.2　抗弯强度测试

抗弯强度即在规定条件下，双极板在弯曲过程中所能承受的最大弯曲应力，单位为 MPa。测量样品的宽度和厚度，精确度为 ±0.5%。调整支座跨距，将制备好的样品放在支座上，且使试验机压头、支座轴向垂直于试样，参照 GB/T 13465.2—2014 应用三点弯曲法对双极板材料抗弯强度进行测试。压头以 1～10mm/min 的加载速度均匀且无冲击地施加负荷，直至试样断裂，读取断裂负荷值。按式(5-2)计算抗弯强度：

$$\sigma = 3pL/(2bh^2) \tag{5-2}$$

式中，σ 为抗弯强度，MPa；p 为断裂负荷值，N；L 为支座跨距，mm；b 为试样的宽度，mm；h 为试样厚度，mm。

5.7.3　腐蚀电流测试

单位面积的双极板材料在燃料电池运行环境中，在腐蚀电位下由于化学或电化学作用引起的破坏所产生的电流值为腐蚀电流，单位为 $\mu A/cm^2$。

测试仪器为电化学恒电位测试仪。电化学测试池：采用五口烧瓶，主要用于盛放电解质溶液，电解池材料为玻璃或塑料等耐腐蚀性材料。五口烧瓶的一个瓶口用于放置和参比电极相连的盐桥，一个瓶口用于放置对电极，一个瓶口用于放置通气管，中间一个瓶口用于放置测试样品制备的工作电极，一个瓶口用于置换溶液。以样品为工作电极，以饱和甘汞电极（SCE）为参比电极，以铂片或铂丝为辅助电极进行测试。向温度为 80℃、含 $5\times10^{-6}F^-$ 的 0.5mol/L 的 H_2SO_4 电解质溶液中以 20mL/min 的流速通入氧气或氢气。对样品进行线性电位扫描。扫描速率为 2mV/s，电位扫描范围为 $-0.5\sim0.9V$（vs. SCE）。测得的极化曲线包含塔菲尔（Tafel）线性区域，一般采用外推法，即可在此线性区域得到阳极与阴极极化曲线的交点，该交点所对应的电流即为样品的腐蚀电流。按式(5-3)计算腐蚀电流密度：

$$I_{corr}=I/S \tag{5-3}$$

式中，I_{corr} 为腐蚀电流密度，$\mu A/cm^2$；I 为腐蚀电流，μA；S 为试样的有效测试面积，cm^2。

5.7.4 接触电阻测试

两种材料之间的接触部分产生的电阻称为接触电阻，单位是 $m\Omega\cdot cm^2$。双极板的接触电阻主要指双极板与炭纸之间的接触电阻。参考国家标准 GB/T 20042.6—2011，其测试原理如图 5-11 所示。按图示将样品装在测试装置上。用低阻测量仪测量电阻值，测量电极为镀金的铜电极。测量时将样品两侧放置燃料电池扩散层用的炭纸作为支撑物，以进一步改善接触状况。测试过程中，压力每增加 0.1MPa 记录一个电阻值，直到当前电阻测试值与前一电阻测试值的变化率<5%，则认为达到电阻的最小值，停止测试。不同压力下的电阻值记录为 R_1。按照相同方法，将一张作燃料电池扩散层用的炭纸放置在两铜电极间并施加一定压力，记录用上述方法测试的不同压力下的电阻值 R_2。按式(5-4)计算接触电阻：

$$R=R_1-R_2-R_{Bp}-R_{Cp} \tag{5-4}$$

式中，R 为双极板与炭纸间的接触电阻，$m\Omega$；R_1 为双极板材料本体电阻、炭纸本体电阻、两个双极板与炭纸间接触电阻、两个铜电极本体电阻及两个炭纸与铜电极间的接触电阻的总和，$m\Omega$；R_2 为两个铜电极本体电阻、炭纸本体电阻及两个炭纸与铜电极间的接触电阻的总和，$m\Omega$；R_{Bp} 为双极板材料本体电阻，$m\Omega$；R_{Cp} 为炭纸本体电阻，$m\Omega$。

取 3 个样品为一组，计算出平均值作为试验结果。

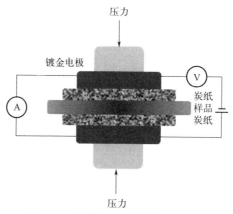

图 5-11　接触电阻测试装置示意图

5.7.5　接触角测试

双极板的表面亲疏水性对燃料电池的性能也有重要影响。在 PEMFC 内部，如果液态水不能及时排出，将会阻塞流场，使反应气体分布不均；液态水若进入电极，可堵塞多孔通道，引起电池性能下降。所以，双极板应该具有一定的憎水性，但要小于 MEA 扩散层的憎水性，这有助于简化电池的水管理。因此，接触角及其在使用过程中的变化量和与扩散层接触角之间的相对变化，也是燃料电池耐久性研究中要重点考察的因素。接触角是指气、液、固三相交界处的气-液界面和固-液界面之间的夹角，是润湿程度的量度，当接触角大于 90°时，为憎水，即液体不润湿固体，容易在表面上移动而不进入毛细孔。表征接触角的方法有两种：其一为外形图像分析法，其原理就是将液滴滴于固体样品的表面，通过显微镜与相机获得液滴的外形图像，再运用数字图像处理和一些算法将图像中液滴的接触角计算出来；其二为称重法，是一种间接测量的方法，采用表面张力仪中的称重传感器和专业分析软件，测量固体与液体间的界面张力，再通过换算得出接触角值。目前应用最广泛、测试最准确的方法为外形图像分析法，采用此方法能够准确地反映接触角的大小，表征材料表面的特性。

5.8　小结

双极板是 PEMFC 的关键部件，在 PEMFC 中的关键作用主要为：为电堆提供刚性支撑；收集和传导电流；输送并分隔反应气体；排出反应产生的水和热量。双极板的流场结构对 PEMFC 的性能有很大影响，要求流场有较强的排水能力和较低的压降，目前最常被工程实践所采用的流场形式为多路平行流场和多路蛇形流场。

按照所用材料的不同，通常可以将燃料电池双极板分为石墨双极板、复合双极板和金属双极板。石墨双极板具有优异的耐腐蚀性，高的导热性和导电性，并且拥有成熟的制造技术，但其力学性能差，重量和体积大，可加工性差，通常采用机器雕刻加工成形的方式进行加工，目前对低成本的可模压石墨板的研究正日益增多。复合双极板虽然耐腐蚀性能优异且体积小、重量轻，但机械强度差，尤其是电导率低，常采用模压或注塑成形工艺进行批量化生产，以降低双极板制造成本。金属双极板材料成本相对较低，拥有较好的力学性能和导电导热性能，并能加工成超薄板，近年来成为双极板的研究热点，其中尤其以不锈钢和钛金属双极板应用研究最多。其塑性成形工艺主要包括：冲压成形工艺、液压成形工艺、软模成形工艺、辊压成形工艺和热冲压成形工艺等。石墨双极板的组对连接一般采用粘接工艺，复合材料双极板主要采用粘接、机械连接和激光焊接等方法。粘接、机械连接、钎焊、压力焊和激光焊接等方法均可用于金属双极板的组对连接。

PEMFC 中双极板的衰退原因主要为腐蚀失效，重点以金属双极板腐蚀失效为主。提高耐蚀性能和减小接触电阻，是金属双极板材料研究开发的主要目标。目前最为常用的方法是对金属板进行表面涂层改性，其中以金属氮化物、金属碳化物涂层为主流的发展方向。双极板的长期耐久性能可以通过关键指标测试进行评价和监测，包括气密性、抗弯强度、耐腐蚀性、与扩散层之间的接触电阻和接触角等。

参考文献

[1] Leng Y, Ming P W, Yang D J, et al. Stainless-steel bipolar plates for proton exchange membrane fuel cells: Materials, flow channel design and forming processes[J]. Journal of Power Sources, 2020, 451: 227783.

[2] Thompson S T, James B D, Huya-Kouadio J M, et al. Direct hydrogen fuel cell electric vehicle cost analysis: System and high-volume manufacturing description, validation, and outlook[J]. Journal of Power Sources, 2018, 399: 304-313.

[3] Zhang C, Ma J, Liang X, et al. Fabrication of metallic bipolar plate for proton exchange membrane fuel cells by using polymer powder medium based flexible forming[J]. Journal of Materials Processing Technology, 2018, 262: 32-40.

[4] Benjamin T, Borup R, Garland N, et al. Fuel cell technical team roadmap[J]. Energy. Gov（Office of Energy Efficiency & Renewable Energy）, 2017.

[5] Lim B H, Majlan E H, Daud W R W, et al. Effects of flow field design on water management and reactant distribution in PEMFC: A review[J]. Ionics, 2016, 22（3）: 301-316.

[6] Kahraman H, Orhan M F. Flow field bipolar plates in a proton exchange membrane fuel cell: Analysis & modeling[J]. Energy Conversion and Management, 2017, 133: 363-384.

[7] Juárez-Robles D, Hernández-Guerrero A, Damián-Ascencio C E, et al. Three-dimensional analysis of a PEM fuel cell with the shape of a Fermat spiral for the flow channel configuration[C]//ASME International Mechanical Engineering Congress and Exposition, 2008, 48692: 711-720.

[8] Nonobe Y. Development of the fuel cell vehicle mirai[J]. IEEJ Transactions on Electrical and Electronic Engineering, 2017, 12（1）: 5-9.

[9] Kloess J P, Wang X, Liu J, et al. Investigation of bio-inspired flow channel designs for bipolar plates in proton exchange membrane fuel cells[J]. Journal of Power Sources, 2009, 188（1）: 132-140.

[10] Yoshizumi T, Kubo H, Okumura M. Development of high-performance FC stack for the new MIRAI[R]. SAE Technical Paper, 2021.

[11] Charon E, Rouzaud J N, Aléon J. Graphitization at low temperatures（600-1200℃）in the presence of iron implications in planetology[J]. Carbon, 2014, 66: 178-190.

[12] Antunes R A, de Oliveira M C L, Ett G, et al. Carbon materials in composite bipolar plates for polymer electrolyte membrane fuel cells: A review of the main challenges to improve electrical performance[J]. Journal of Power Sources, 2011, 196（6）: 2945-2961.

[13] Kim J, Jo K, Kim Y, et al. Stainless steel for polymer fuel cell separator and method for preparing same: US9290845[P]. 2016-3-22.

[14] Nam Y M, Yang Y C, Baeck S M, et al. Metal separator for fuel cell and surface treatment method thereof: US8636947[P]. 2014-1-28.

[15] Han K I. Fuel cell stack with improved corrosion resistance. US9172098[P]. 2015-10-27.

[16] Kojima K, Fukazawa K. Current status and future outlook of fuel cell vehicle development in Toyota[J]. ECS Transactions, 2015, 69（17）: 213.

[17] Jin C K, Jeong M G, Kang C G. Fabrication of titanium bipolar plates by rubber forming and performance of single cell using TiN-coated titanium bipolar plates[J]. International Journal of Hydrogen Energy, 2014, 39（36）: 21480-21488.

[18] Lei X, Wang L, Shen B, et al. Comparison of chemical vapor deposition diamond-, diamond-like carbon-and TiAlN-coated microdrills in graphite machining[J]. Proceedings of the Institution of Mechanical Engineers, Part B: Journal of Engineering Manufacture, 2013, 227（9）: 1299-1309.

[19] Song Y, Zhang C, Ling C Y, et al. Review on current research of materials, fabrication, and application for bipolar plate in proton exchange membrane fuel cell[J]. International Journal of Hydrogen Energy, 2020, 45 (54): 29832-29847.

[20] Gibb P. Fuel cell fluid flow field plate and methods of making fuel cell flow field plates. US20020064702A1[P]. 2002-5-30.

[21] Smith T L, Santamaria A D, Park J W, et al. Alloy selection and die design for stamped Proton Exchange Membrane Fuel Cell (PEMFC) bipolar plates[J]. Procedia CIRP, 2014, 14: 275-280.

[22] Peng L, Yi P, Lai X. Design and manufacturing of stainless-steel bipolar plates for proton exchange membrane fuel cells[J]. International Journal of Hydrogen Energy, 2014, 39 (36): 21127-21153.

[23] Thiruvarudchelvan S. The potential role of flexible tools in metal forming[J]. Journal of Materials Processing Technology, 2002, 122 (2-3): 293-300.

[24] Zhi Y, Wang X, Wang S, et al. A review on the rolling technology of shape flat products[J]. The International Journal of Advanced Manufacturing Technology, 2018, 94 (9): 4507-4518.

[25] Esmaeili S, Hosseinipour S J. Experimental investigation of forming metallic bipolar plates by hot metal gas forming (HMGF)[J]. SN Applied Sciences, 2019, 1 (2): 1-10.

[26] 阚玉艳, 彭林法, 来新民, 等 . 超薄不锈钢板激光焊接局部变形预测研究[J]. 热加工工艺, 2014, 43 (17): 219-222.

[27] Fuss R L. Liquid cooled bipolar plate consisting of glued plates for PEM fuel cells. EP1009051[P]. 2000-06-14.

[28] Koç M, Mahabunphachai S. Feasibility investigations on a novel micro-manufacturing process for fabrication of fuel cell bipolar plates: Internal pressure-assisted embossing of micro-channels with in-die mechanical bonding[J]. Journal of Power Sources, 2007, 172 (2): 725-733.

[29] Peng L, Xu Z, Lai X. An investigation of electrical-assisted solid-state welding/ bonding process for thin metallic sheets: Experiments and modeling[J]. Proceedings of the Institution of Mechanical Engineers, Part B: Journal of Engineering Manufacture, 2014, 228 (4): 582-594.

[30] Marcinkoski J, James B D, Kalinoski J A, et al. Manufacturing process assumptions used in fuel cell system cost analyses[J]. Journal of Power Sources, 2011, 196 (12): 5282-5292.

[31] Rouillon L. Method using a laser for welding between two metallic materials or for sintering of powder (s), application for making bipolar plates for PEM fuel cells. US 20190134744[P]. 2019-5-9.

[32] 赵秋萍, 牟志星, 张斌, 等 . 质子交换膜燃料电池双极板材料研究进展[J]. 化工新型材料,

2019, 47（11）：52-57.

[33] 刘敏，杨铮. 金属双极板表面改性涂层的评价方法研究进展[J]. 化工进展，2020, 39（S2）：276-284.

[34] Huya-Kouadio J M, James B D, Houchins C. Meeting cost and manufacturing expectations for automotive fuel cell bipolar plates [J]. ECS Transactions, 2018, 83（1）：93.

[35] P'ng D, Molian P. Q-switch Nd：YAG laser welding of AISI 304 stainless steel foils[J]. Materials Science and Engineering：A, 2008, 486（1-2）：680-685.

[36] Kawahito Y, Mizutani M, Katayama S. Investigation of high-power fiber laser welding phenomena of stainless steel[J]. Transactions of JWRI, 2007, 36（2）：11-15.

[37] 张林杰，张建勋，王蕊，等. 侧吹气体对不锈钢薄板激光焊接焊缝成形的影响[J]. 稀有金属材料与工程，2006, 35（A02）：39-44.

[38] 胡唯. 燃料电池金属双极板激光胶焊接头性能优化与焊接变形控制[D]. 上海：上海交通大学，2013.

[39] Revankar S T, Majumdar P. Fuel cells：principles, design, and analysis [M]. CRC Press, 2014.

[40] Li W, Liu L T, Li Z X, et al. Corrosion resistance and conductivity of amorphous carbon coated SS316L and TA2 bipolar plates in proton-exchange membrane fuel cells[J]. Diamond and Related Materials, 2021, 118：108503.

[41] Chen H, Song Z, Zhao X, et al. A review of durability test protocols of the proton exchange membrane fuel cells for vehicle[J]. Applied Energy, 2018, 224：289-299.

[42] Yu Y, Li H, Wang H, et al. A review on performance degradation of proton exchange membrane fuel cells during startup and shutdown processes：Causes, consequences, and mitigation strategies[J]. Journal of Power Sources, 2012, 205：10-23.

[43] Agneaux A, Plouzennec M H, Antoni L, et al. Corrosion behaviour of stainless-steel plates in PEMFC working conditions[J]. Fuel Cells, 2006, 6（1）：47-53.

[44] Pedeferri P, Ormellese M. Corrosion science and engineering[M]. Cham, Switzerland：Springer, 2018.

[45] Papadias D D, Ahluwalia R K, Thomson J K, et al. Degradation of SS316L bipolar plates in simulated fuel cell environment：Corrosion rate, barrier film formation kinetics and contact resistance[J]. Journal of Power Sources, 2015, 273：1237-1249.

[46] Leng Y, Yang D J, Ming P W, et al. The effects of testing conditions on corrosion behaviours of SS316L for bipolar plate of PEMFC [J]. Journal of the Electrochemical Society, 2022, 169（3）：034513.

[47] Joseph S, McClure J C, Chianelli R, et al. Conducting polymer-coated stainless steel bipolar plates for proton exchange membrane fuel cells （PEMFC）[J]. International Journal of Hydrogen Energy, 2005, 30（12）：1339-1344.

[48] Feng K, Cai X, Sun H, et al. Carbon coated stainless steel bipolar plates in polymer electrolyte membrane fuel cells[J]. Diamond and Related Materials, 2010, 19（11）: 1354-1361.

[49] Liu Y, Min L, Zhang W, et al. High-performance graphene coating on titanium bipolar plates in fuel cells via cathodic electrophoretic deposition [J]. Coatings, 2021, 11（4）: 437.

[50] Novoselov K S, Colombo L, Gellert P R, et al. A roadmap for graphene[J]. Nature, 2012, 490（7419）: 192-200.

[51] Wang L, Northwood D O, Nie X, et al. Corrosion properties and contact resistance of TiN, TiAlN and CrN coatings in simulated proton exchange membrane fuel cell environments[J]. Journal of Power Sources, 2010, 195（12）: 3814-3821.

[52] Kim T S, Park S S, Lee B T. Characterization of nano-structured TiN thin films prepared by RF magnetron sputtering[J]. Materials Letters, 2005, 59（29-30）: 3929-3932.

[53] Kumagai M, Myung S T, Asaishi R, et al. Nanosized TiN-SBR hybrid coating of stainless steel as bipolar plates for polymer electrolyte membrane fuel cells [J]. Electrochimica Acta, 2008, 54（2）: 574-581.

[54] Jin C K, Jung M G, Kang C G. Fabrication of aluminum bipolar plates by semi-solid forging process and performance test of tin coated aluminum bipolar plates [J]. Fuel Cells, 2014, 14（4）: 551-560.

[55] Omrani M, Habibi M, Amrollahi R, et al. Improvement of corrosion and electrical conductivity of 316L stainless steel as bipolar plate by TiN nanoparticle implantation using plasma focus[J]. International Journal of Hydrogen Energy, 2012, 37（19）: 14676-14686.

[56] Zhang P C, Han Y T, Shi J F, et al. ZrC coating modified Ti bipolar plate for proton exchange membrane fuel cell[J]. Fuel Cells, 2020, 20（5）: 540-546.

第 6 章

关键零部件对燃料电池堆耐久性的影响

6.1 概述

密封件作为车用质子交换膜燃料电池（PEMFC）中的重要部件，起到隔绝反应气体（氢气和空气）和冷却剂的重要作用。它除了要保证设计所需的密封性能外，还须吸收外部的冲击和振动，对燃料电池汽车的安全性、可靠性和耐久性有重要影响[1-2]。如图 6-1 所示，典型的 PEMFC 密封结构，即两层密封件与两块双极板及膜电极组件组成一节单电池，若干节单电池堆叠而成，再与端板、集电板等部件一起组成一个完整的质子交换膜燃料电池堆。

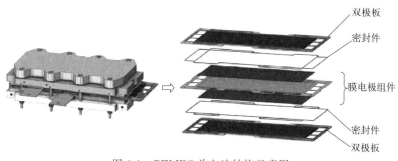

图 6-1 PEMFC 单电池结构示意图

6.1.1 密封件基本要求

PEMFC 工作时，其中的密封件所处的内部环境是比较严苛的，其工作条件为含有氢离子和氟离子的酸性、高湿气体或溶液，氢离子主要来源于燃料电池内部发生的化学反应，而氟离子则来自质子交换膜中的全氟磺酸树脂的降解析出物。PEMFC 的工作温度在 80℃ 左右，较高的温度会对密封件产生加速老化作用。同时，密封件还会受到外部装配压力的作用。PEMFC 的装配压力还要考虑双极板材质的差异。目前，石墨板燃料电池的装配压力通常控制在 0.5~1.0MPa 范围之内，而金属板燃料电池能耐受的装配压力较高，但一般也不超过 1.3MPa。

可见，PEMFC 中密封件的工作环境影响了其长期耐久性，它时常处于高温高湿环境中，长期受到氢离子和氟离子等的化学侵蚀，还要与反应气体和冷却液直接接触，最后还必须受来自各流体的工作压力和紧固件的装配压力的作用。复杂的工作环境对 PEMFC 中密封件的综合性能提出了更高要求，如力学稳定性、耐酸性、抗腐蚀性、抗高温性、绝缘性以及低温特性等，因此对密封材料综合性能的考察与结构设计，对于保持密封件乃至整个 PEMFC 的长期寿命就显得尤为重要。

6.1.2　燃料电池密封件国内外研究进展

早期燃料电池的密封主要采用传统工业常见的密封材料和密封结构。随着业界对电堆耐久性要求的提升，特别是当 5000h 的寿命成为电堆开发和进入市场最基本的条件时，密封件的应力松弛、降解过快、污染物释放等问题才逐渐显露出来。与此同时，专业的密封材料制造商、密封工艺开发商逐渐增多，电堆的密封解决方案也呈现百花齐放的态势，极大地促进了电堆制造商的开发工作。

国内外有代表性的燃料电池密封相关供应商如表 6-1 所示。

表 6-1　常见 PEMFC 密封材料供应商

厂商	产品牌号	材料	特性参数				
			黏度 /(mPa·s)	拉伸强度 /MPa	硬度	压缩永久变形	固化条件
德国瓦克	RT 624	SR	30000	5.0	40	5%(120℃/22h)	130℃/30min
	988/1K	SR	34000	4.5	37	22%(125℃/22h)	130℃/30min
美国迈图	LSR 2740	SR	64000	9.3	38	8.5%(120℃/22h)	150℃/5min
	NL 6140D	SR	30000	5.8	40	7.5%(150℃/70h)	150℃/5min
日本三键	1153E	合成树脂	85000	4.1	54	19%(120℃/100h)	130℃/15min
惠州杜科	DB9602	SR	50000	4.5	35	—	150℃/30min
广州恒大	K5070	SR	48000	3.5	38	11.5%(120℃/22h)	150℃/15min
住友理工	505A	EPDM	59000	14	>60	—	150℃/10min
三井化学	3110M	EPDM	78000	15.3	64	6%(70℃/22h)	170℃/16min

除了表 6-1 中列举的几家专业厂商为代表的密封材料制造厂商开始专门为燃料电池开发性能优异、寿命持久的密封材料以外，一些燃料电池的专业制造商也开始独立开发燃料电池密封剂。比如，中国台湾的联华动力公司开发的 ECOSEAL™生态橡胶，已被成功用于一体化单电池的粘接。日本三键化工与丰田公司联合开发的三元乙丙橡胶（EPDM），已经成功应用到丰田的燃料电池汽车 Mirai 中，具有优良的力学稳定性和耐蚀性。美国德纳公司研制出金属珠状密封成型工艺，与金属板冲压工艺集成，可显著降低密封层厚度和气体渗透率，提高电堆体积功率密度和生产效率。

6.2 密封材料选型准则

PEMFC 的成本和耐用性是其当前面临的主要挑战，其中价格低廉、耐受性良好的密封材料是决定燃料电池性能和耐久性的关键之一。

密封材料的选择需要考虑到 PEMFC 恶劣的工作环境。一方面，高温酸性溶液的侵蚀会使密封件表面发生高分子降解和小分子析出；另一方面，密封件工作时长期处于被压缩并振动的状态，需要其具有优异的机械稳定性；此外，燃料电池堆的工作温度区间为 $-30\sim95$℃，需要堆内密封材料在此温度区间内都能保持良好的化学和力学性能，并长期稳定[3-5]。

可制作 PEMFC 密封件的弹性体材料有硅橡胶（SR）、氟橡胶（FKM）、三元乙丙橡胶（EPDM）、丁腈橡胶（NBR）、氯丁橡胶（CR）、氟硅橡胶（FVMQ）、丙烯酸酯橡胶（ACM）等，由于 PEMFC 中密封材料所处的特殊环境，能满足使用环境需求的弹性体主要有硅橡胶、氟橡胶和三元乙丙橡胶[6]。

硅橡胶具有优异的高低温耐受性，在 $-50\sim200$℃的温度区间内都能保持较高的弹性，而且易于加工成型，具有优良的耐候性、绝缘性和力学性能，被广泛用作 PEMFC 的密封材料，但硅橡胶在酸性环境下的稳定性较差，更适合 PEMFC 的短期应用。硅橡胶的主链为 Si—O 键，硅原子上连接两个有机基团作为侧基，其分子结构如图 6-2 所示，其中 R、R′、R″为甲基、苯基、乙烯基等有机基团。当侧基连接不同的有机基团时硅橡胶表现出不同的应用特性，如苯基的引入可提高硅橡胶的耐高、低温性能，三氟丙基及氰基的引入则可提高硅橡胶的耐温及耐油性能等。

氟橡胶是指主链或侧链的碳原子上含有氟原子的合成高分子弹性体，其分子式结构如图 6-3 所示，由于氟原子与碳原子组成的 C—F 键能为 485kJ/mol，高于芳香烃 C—H 键的 435kJ/mol，更是高于脂肪烃 C—H 键的 350kJ/mol，其耐久性极高。同时，氟原子具有很强的吸附效应，还使得分子链中的 C—C 键性能增强，进一步保证了分子稳定性。得益于这种特殊的分子结构，氟橡胶具有优异的耐高温性、耐油性、耐蚀性和抗氧化性，对于各种化学试剂具有极佳的化学稳定性，同时具备优良的力学性能，常被用作特种密封材料，如现代国防、航天、军工、汽车、重型机械等领域。但由于氟橡胶的玻璃化转变温度较高，一般在 $-30 \sim 0℃$ 之间，因此无法满足 PEMFC 在低温环境下的应用。同时，氟橡胶的成本和加工难度较高，现有的工艺和材料暂不适合于 PEMFC 的商业化应用。

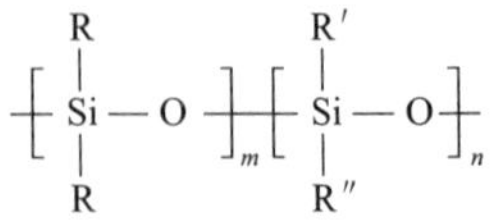

图 6-2　硅橡胶分子结构

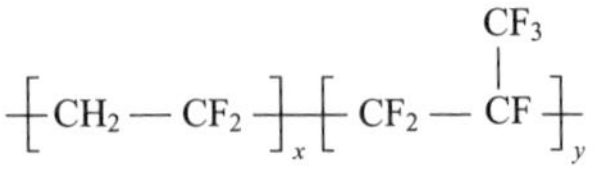

图 6-3　氟橡胶分子结构

三元乙丙橡胶是乙烯、丙烯和非共轭二烯烃（也叫第三单体）的三元共聚物，目前工业化生产三元乙丙橡胶的第三单体有三种：亚乙基降冰片烯（ENB）、双环戊二烯（DCPD）和 1,4-己二烯（HD），目前应用最广泛且适用于 PEMFC 密封的是 ENB，对应的 E 型 EPDM 分子式如图 6-4。三元乙丙橡胶最主要的特点是出色的耐老化性能和耐腐蚀性，具有优良的耐热性和电绝缘性能，在低温条件下也有很好的回弹性。EPDM 的硫化速度较慢，黏合性较差，而且硬度较高，在挤压密封时易产生较大的接触应力，当然这对脆性石墨双极板来说可能不太适用。但对于金属极板，EPDM 配合特殊的黏结剂可实现胶黏密封。

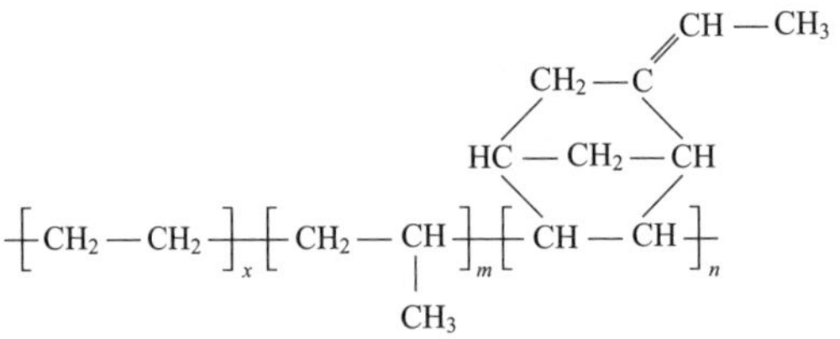

图 6-4　三元乙丙橡胶（E 型）分子结构

6.3　PEMFC 的密封结构

燃料电池各部件之间的定位、连接、密封与组装等工艺过程对于提高电堆制造的一致性、性能与寿命极其重要。将双极板和 MEA 以何种密封方式进行组合连接，是电堆设计过程中的一个重要考量因素。在电堆装配过程中，由弹性高分子材料构成的密封件既可以独立存在，也可以与双极板或 MEA 在固化时提前组合为一体，甚至可以用密封材料将单电池内所有的组件都粘接为一个整体。这就产生了各种各样的密封方式与结构。

6.3.1 线密封结构

常见的 PEMFC 密封件受力模式如图 6-5 所示，通过压缩密封胶线达到密封目的，简称线密封。MEA、双极板及密封胶（一般与 MEA 或双极板构成一个整体）形成一个气体密封腔体。密封胶与 MEA、双极板形成上下两个接触面。在燃料气体压力作用下，密封胶容易产生移动，防止密封胶的移动可以依靠接触面上的摩擦力来实现，当然这样也可以防止燃料气体的泄漏。在电堆集成封装工作压力作用下，密封胶在弹性力作用下产生压缩变形，在接触面上形成密封力。

图 6-5　密封件受力模式

线密封结构作为目前应用最广泛的 PEMFC 密封件结构，具有结构简单、易加工成型、所需胶量少、换新成本低等优点，可通过点胶、注胶和预制成型等方式进行加工。但由于线密封结构是通过挤压密封胶线从而与 MEA、双极板形成密封腔体的，密封胶线在压缩面内会存在受力不均匀的情况，局部区域容易出现过压或者欠压的情形，而且由于弹性密封件存在应力松弛的特性，长时间受压之后密封胶线容易出现松弛和疲劳，进而导致密封隐患。

6.3.2 一体化密封结构

随着密封技术和材料的进步，目前已经出现了许多其他新型的 PEMFC 密封结构，其中以日本丰田公司为代表的一体化密封结构具有其特殊优势。一体化密封结构如图 6-6 所示，阴、阳极板的气场侧通过一体化黏结胶与 MEA 组件粘接成一个整体，也叫一体化单电池，而水场密封的方式则可通过点胶或注胶的方式完成。

丰田 Mirai Ⅰ代和Ⅱ代均采用了与图 6-6 类似的一体化密封电池结构，水场密封均采用注塑成型的密封胶线；不同之处在于气场的密封和工艺，Ⅰ代单电池采用的是 EPDM 与 MEA 和极板粘接成一个整体，彼此不可分开；而Ⅱ代单电池采用

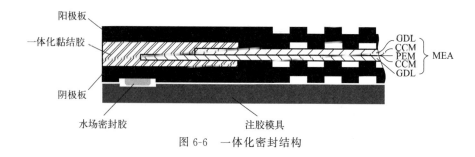

图 6-6　一体化密封结构

的是热塑性胶和光固化（UV 固化）胶粘接，再与极板和 MEA 粘接成一体化的单电池。与Ⅰ代电堆相比，Ⅱ代电堆由于采用了光固化胶，固化时间大大缩短，提高了生产效率，而且粘接密封胶的厚度也有所减小，因此一体化单电池的厚度由Ⅰ代的 1.34mm 减小到Ⅱ代的 1.11mm，电堆整体的体积比功率和质量比功率均得到了提升。

　　与线密封结构相比，一体化密封结构提高了电堆生产的效率和良品率，在使用过程中还可避免因气场密封件老化和松弛疲劳带来的密封泄漏问题。因此，大大降低了电堆生产过程中的堆叠零部件数和装配误差，有助于提升燃料电池堆的密封可靠性、耐久性和运行稳定性。对反应气和冷却介质的密封，除线密封、一体化密封方式之外，还有实验室里常采用的密封面密封、目前开始兴起的膜电极与密封件胶粘接密封、金属双极板冷却液流场的焊接密封（见第 5 章）等方式。不论采用何种密封结构，也不论将双极板和 MEA 以何种密封方式进行组合连接，都必须对拟采用的密封剂、密封片、密封胶等材料进行综合的研判和测试，才能制造出密封性能优异、服役寿命长久的燃料电池。

6.4　密封件材料评估方法

　　如前所述，PEMFC 中的密封件时常面临复杂、严苛的工作环境，这包括来自外部紧固件的装配压力和电堆内部离子和自由基的攻击，同时较高的温度和湿度也会影响密封件的使用寿命。因此，对于应用在 PEMFC 中的密封件材料，必须对其物理特性和化学特性进行研究和评估。

6.4.1　物理特性与参数

　　橡胶密封件是由长链高分子组成的聚合物。这类橡胶或弹性体通常具有螺旋线型结构分子链，可以承受较大变形而不破裂，除去外力后能恢复原状，但在长期受压状态下会产生疲劳和松弛，导致弹性力下降。由于密封件在 PEMFC 电堆中长时间被压缩，同时受到电堆内部高温酸性溶液的侵蚀作用，其物理特性与电堆耐久性密切相关，因此应重点考虑密封材料的抗压缩性能。

6.4.1.1　压缩永久变形

橡胶在受压状态下会产生物理变化和化学变化，当压缩力消失后，这些变化会阻止橡胶恢复到其初始状态，于是就产生了压缩永久变形。压缩永久变形的大小，取决于压缩力的大小，以及环境温度和压缩作用的时间，是燃料电池应用条件下最重要的密封件评价参数之一。

压缩永久变形能够反映 PEMFC 中密封件在长时间受压之后的回弹性能，影响电堆的密封耐久性。参考《GB/T 7759.1—2015》的内容，将试样放入压缩装置，如图 6-7 所示。

橡胶试样的压缩量为 25%，然后将试样及压缩装置放入特定的环境中保持一段时间。实验结束后压缩永久变形计算如下：

$$C = \frac{h_0 - h_1}{h_0 - h_s} \times 100\% \qquad (6\text{-}1)$$

式中，C 为压缩永久变形值，表现为初始压缩的百分比；h_0 为试样初始高度；h_1 为试样的最终高度；h_s 为所使用的限制器的高度。

6.4.1.2　压缩应力松弛

当向橡胶施加一恒定应变时，保持该应变所需的力不是恒定不变的，而是随着时间的增加而降低，这种现象称为力衰减，也叫应力松弛，它与压缩永久变形互为因果。典型的橡胶应力松弛曲线如图 6-8 所示，可以看出随着时间的推移，橡胶的应力逐渐下降，而且温度越高下降得越快。

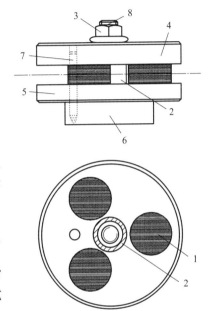

图 6-7　压缩永久变形装置示意图
1—试样；2—限制器；3—螺母；4—上压板；
5—下压板；6—紧固于台钳中的部件；
7—定位销；8—螺栓

根据《GB/T 1685—2008》的内容，橡胶试样的压缩量为 25%，测量初始反作用力后，将试样放入指定的压缩装置，并置于指定温度环境中，一段时间后再次测量其反作用力，应力松弛率计算如下：

$$R(t) = \frac{F_0 - F_t}{F_0} \times 100\% \qquad (6\text{-}2)$$

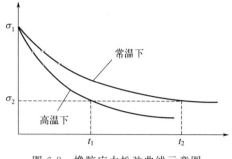

图 6-8　橡胶应力松弛曲线示意图

式中，$R(t)$ 为应力松弛率，表现为初始反作用力的百分比；F_0 为初始反作用力；F_t 为指定的试验时间 t 之后测得的反作用力。

6.4.1.3　应力-应变曲线

压缩应力-应变曲线作为密封材料的基本特性参数，是 PEMFC 密封件材料筛选时的重要参考，同时其值也是开展密封件形状与尺寸的匹配设计，以及电堆紧固与组装过程中进行参数选择的重要依据。橡胶受压时的应力水平与温度密切相关，密封件材料在不同温度下的应力-应变曲线能够反映其机械稳定性和热稳定性。

依据《GB/T 7757—2009》中的实验方法 A，橡胶试样的压缩率范围为 0～25％，压缩速率为 10mm/min。试样需经历四次压缩-释放循环，前三次用于调节内应力，第四次压缩时记录力-变形曲线，通过计算进而得到橡胶的压缩应力-应变曲线。

6.4.1.4　其他物理特性

（1）拉伸实验

拉伸特性作为橡胶材料一项基本性能指标，同样不能忽略。依据《GB/T 528—2009》，橡胶试样一般为哑铃形，通过试验机夹具夹持住试样两端较宽大的部分，从而确保中间细长的部分，即"试验长度"区域被拉断，通过仪器记录的力-变形曲线得到橡胶的拉伸强度、断裂伸长率、100％定伸应力等拉伸性能指标参数。

（2）热重分析

热重分析（thermo gravimetric analysis，TGA）是通过热重仪程序控制温度的变化及速率，进而得到被分析样品的质量与温度的变化关系，简称热重分析。通过分析热重（TG）曲线，可以得到被测样品的热稳定性、热分解温度、热分解产物及其杂质组成情况。常见的橡胶材料的热重曲线如图 6-9 所示，可以看出经过老化试验之后，橡胶样品的热稳定性出现了变化，热失重速率有所提高，样品质量保留率出现了下降。

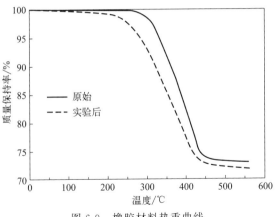

图 6-9　橡胶材料热重曲线

热重分析的主要特点是普适性高、样品消耗少、测量精准、反应灵敏、能准确地测量物质的质量变化及变化速率。当热失重很小以致 TG 曲线上无法分辨时，TG 曲线对温度（或时间）求一阶导数得到的曲线（纵坐标为 dW/dt，横坐标为温度或时间），称为微商热重（DTG）曲线，可以更准确地分析出样品的重量变化。

除此之外，同步热分析仪还可以将热重分析与差热分析（differential thermal analysis，DTA）或差示扫描量热法（differential scanning calorimetry，DSC）结合为一体，在一次测量中可同步得到样品的热重与差热信息。将热重仪与气相色谱-质谱仪（gas chromatographic-mass spectrometer，GC-MS）串联使用，获得热重曲线的同时，将挥发物导入 GC-MS，可以得到挥发物的化学组分信息。当热重分析结合光谱学方法（如傅里叶变化红外光谱）时，可以鉴定样品在热处理过程中释放出的气体成分。

（3）差示扫描热分析

差示扫描量热法是材料热分析方法的一种，其原理是通过程序控制温度的变化，在温度变化的同时，测量试样和参照物的功率差与温度的关系，进而得到被测材料的热力学参数，如比热容、反应热、物质相变温度，以及高聚物的结晶、熔融及玻璃化转变温度等。DSC 分析具有适用范围广、使用温度范围宽（一般为 $-150\sim800℃$）、样品用量少、分辨率高等特点，常用于无机物、有机化合物及药物分析。

某商用 PEMFC 密封硅橡胶材料的 DSC 曲线如图 6-10 所示，温度范围为 $-80\sim300℃$，升温速率为 $20℃/min$，采用二次升温。由图可知，该硅橡胶在冷却到 $-80℃$ 的过程中出现了放热峰，在加热过程中，在 $-41.96℃$ 处出现了吸热峰，它们分别对应于硅橡胶的低温结晶和微晶熔融过程[7]，故该硅橡胶的结晶温度 T_c 和熔融温度 T_m 分别为 $-76.7℃$ 和 $-41.96℃$。图中没有出现明显的玻璃化转变，可以认为该硅橡胶的玻璃化转变温度 T_g 低于 $-80℃$，这对于 PEMFC 环境下的长期应用是一个优势。

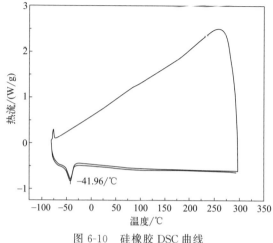

图 6-10　硅橡胶 DSC 曲线

硅橡胶材料在冷却过程中，当温度接近 T_c 时，会出现一些聚合物链的结晶；在升温过程中，当温度接近 T_m 时，会出现微晶融化，此时硅橡胶聚合物由结晶态向高弹态转变。由此可知，在 PEMFC 特定应用环境下，可以认为硅橡胶密封件的微晶熔融温度 T_m 是其理想的最低使用温度，在低于该温度下使用可能会造成硅橡胶密封件出现结晶硬化和弹性下降。

6.4.2　化学特性及表征

PEMFC 电堆中的高温、酸性环境会侵蚀密封件的表面，使橡胶垫圈表面发生降解，甚至有颗粒物脱落，危害电池的性能和安全。已有研究表明，橡胶样品中的内应力会加速材料的降解，施加的应力越大，材料降解得越快[8]。在高温高压及酸性离子的作用下，PEMFC 中密封件的表面形貌及分子链结构必然发生变化，这可以通过以下手段来表征这些变化。

（1）SEM 观测

密封件在 PEMFC 中长时间受压之后，由于压力作用及电堆中高温、酸性溶液的侵蚀，密封件在物理变化及化学变化的双重作用下，其表面形貌已经发生了变化。使用扫描电子显微镜（SEM）来观测橡胶密封件表面的微观形貌，分析其降解的产生和及失效的可能。对某商用 PEMFC 密封件材料使用模拟电堆环境溶液（由 12×10^{-6} 的 H_2SO_4 和 1.8×10^{-6} 的 HF 以及去离子水组成，10^{-6} 表示体积分数）浸泡，并在不同温度条件下老化 200h 之后，使用 SEM 对初始样品和老化样品的表面形貌进行显微观测，如图 6-11 所示。

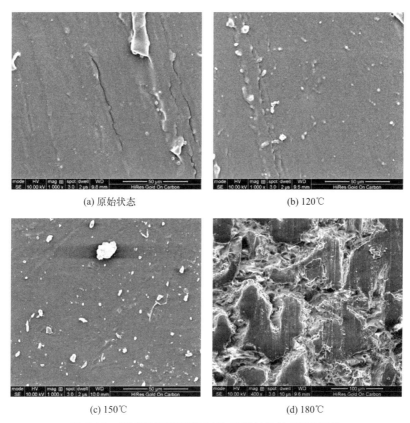

(a) 原始状态　　　　　　　　　　　　(b) 120℃

(c) 150℃　　　　　　　　　　　　(d) 180℃

图 6-11　不同温度下浸泡 200h 后密封件的 SEM 图像

由图 6-11 可知，在原始状态下，密封件表面除了一些凸起颗粒外是比较光滑的，经过溶液浸泡之后，密封件表面逐渐发生破坏和降解。在 120℃时，试样表面发现了一些碎片，随着温度的升高，密封件降解程度加剧。当温度达到 150℃时，试样表面出现凹坑，有明显的腐蚀迹象和颗粒物脱落。当温度达到 180℃时，试样的表面严重老化，充满了裂纹以及垂直、水平方向的沟壑。考虑到密封件在 PEMFC 使用环境下需满足数千乃至上万小时的使用寿命，如何抑制其在较高使用温度下的老化和降解行为，就变得非常重要了。

（2）EDS 分析

能谱仪（EDS）是用来对材料微区元素种类与含量进行分析的设备，常配合扫描电子显微镜（SEM）或透射电子显微镜（TEM）使用。EDS 的工作原理是在真空室下用电子束轰击被测试样表面，激发物质发射出特征 X 射线，根据特征 X 射线的波长，进而定性或半定量地分析元素周期表中铍～铀（Be～U）元素。EDS 分析可以进行试样表面特定微区内的成分元素分析，以及该微区内沿点、线、面区域的分析。

对某 PEMFC 硅橡胶密封件在模拟溶液（由 12×10^{-6} 的 H_2SO_4 和 1.8×10^{-6}

的 HF 以及去离子水组成，10^{-6} 表示体积分数）中浸泡 15 天前后的表面微区进行了 EDS 分析，如图 6-12 所示。

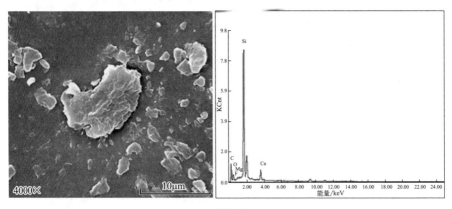

(a) 浸泡前

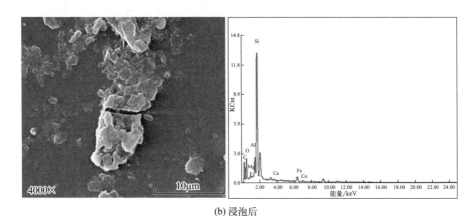

(b) 浸泡后

图 6-12　溶液浸泡前后密封件试样表面 EDS 分析

对硅橡胶试样表面微区内的凸起颗粒进行更精确的区域分析，其主要元素 C、Si、O 等的变化如表 6-2 所示。

表 6-2　密封件试样表面凸起颗粒主要化学元素含量

项目	元素含量（原子分数）/%			
	C	O	Si	Ca
浸泡前	63.18%	12.88%	21.81%	2.02%
浸泡后	53.86%	21.13%	19.51%	0.11%

由表 6-2 可知，经过溶液浸泡之后，硅橡胶试样表面的主要化学元素含量发生了变化，C 元素含量下降，O 元素含量上升，Si 元素含量略微下降。已有研究表明，在高温酸性溶液的侵蚀作用下，硅橡胶主链上的 Si—O—Si 键受到攻击而发生

主链断裂，附着在硅原子上的基团如甲基、乙基、乙烯基等发生了分解，被羟基（—OH）所取代，并且伴随着硅橡胶里的填料被破坏而发生 Ca/Mg 等元素析出[9]。所以，随着暴露时间的延长，硅橡胶里的 C/Si 比降低，O/Si 比增加，并且硅橡胶表面的凸起颗粒可能是率先被攻击和破坏的对象。

EDS 分析效率高，在几分钟内便可得到定性分析结果，且重现性较好。但 EDS 分析的准确性与样品的制备过程、样品的导电性、元素含量及元素的原子序数有关，且探测深度仅为试样表面的几十纳米到几微米，因此常用于化学元素的定性分析或半定量分析。除此之外，X 射线光电子能谱法（XPS）和 X 射线荧光光谱法（XRF）也能用来对试样的化学成分进行分析。XPS 不仅能够检测化合物表层的元素组成和含量，而且还能检测原子价态、表面能态分布以及化合物的分子结构等，探测深度通常为物体表面 10nm 左右。XRF 相较于 EDS 是一种更新的分析技术，分析速度、精度高，属于非破坏性分析，不会引起物质化学状态的改变，对在化学性质上属同一族的元素也能进行分析。

（3）ATR-FTIR 分析

傅里叶变换衰减全反射红外光谱（ATR-FTIR）是分析化合物结构及组成的重要手段。ATR-FTIR 光谱图中，纵坐标为透过率 T（单位%），代表吸收峰的强度，横坐标为波长 λ（单位 μm）或波数 λ^{-1}（单位 cm^{-1}），不同位置的吸收峰对应于不同的官能团或化学键。对于常见的聚硅氧烷（硅橡胶）密封件来说，波数在 $793cm^{-1}$ 的吸收峰代表 Si—C 的伸缩振动和—CH_3 的摇摆振动的耦合；$1080cm^{-1}$ 的吸收峰代表 Si—O—Si 的伸缩振动；$1150cm^{-1}$ 的吸收峰代表 C—O—C 的拉伸振动或 C—C 的主链振动；$1260cm^{-1}$、$864cm^{-1}$ 的吸收峰分别代表 Si—CH_3 的摇摆振动、弯曲振动；$1410cm^{-1}$ 附近的吸收峰代表—CH_2—的摇摆振动；$2960cm^{-1}$ 附近的吸收峰代表—CH_3 的伸缩振动[10-11]。

对某 PEMFC 密封硅橡胶试样进行老化试验（120℃、1MPa 压力、模拟溶液浸泡 200h），对实验前后的试样端面进行 ATR-FTIR 分析，如图 6-13 所示。

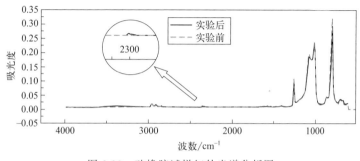

图 6-13 硅橡胶试样红外光谱分析图

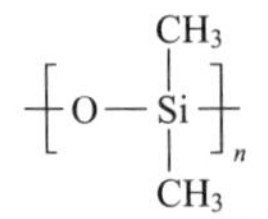

图 6-14 聚二甲基硅
氧烷分子结构图

根据官能团分布，可以识别其主要成分为聚二甲基硅氧烷，分子结构如图 6-14 所示。

与未经处理的试样对比发现，在红外光谱波数约为 $2300\mathrm{cm}^{-1}$ 处吸光度有一定上升，这一区域位于三键和累计双键的伸缩振动区，—C≡C—官能团的数量增大。可以得出硅橡胶在上述环境中，硅橡胶相邻的—CH₃中 C—H 键断裂，H 离子流失，而两个 C 之间形成—C≡C—状态，但—C≡C—的稳定性不如—CH₃，故其降解情况需结合 EDS 或 XPS 进行进一步分析。

6.5 密封件加速评估方法

为了实现长时间高效、稳定地运行，PEMFC 的长期密封可靠性不容忽视。近些年来，PEMFC 密封胶的专业供应商越来越多，然而各供应商提供的参数参差不齐，实验条件不统一，测试方法也不尽科学。电堆制造商在面对不同型号的商业密封胶进行选择时，很难做出科学的筛选和决策，这对于提升燃料电池的开发效率、压缩迭代周期极为不利。因此，需要一种面向 PEMFC 应用的、适用范围广的密封件加速测试方法以及密封材料筛选方法。

6.5.1 老化对比实验

6.5.1.1 实验准备

密封件在 PEMFC 中长期处于高压、酸性溶液的工作条件下，而且需经历从零下冷启动到全功率运行的温度考验。为了对不同的商业密封胶进行性能考察和筛选，需要进行一系列老化对比实验，用于密封件的加速测试。

由于密封件工作在高湿度的环境下，因此可选用两种老化浸泡溶液用于本实验。第一种是模拟 PEMFC 真实环境的溶液，它的成分为 12×10^{-6} 的 H_2SO_4 和 1.8×10^{-6} 的 HF，记为 RT（regular test，常规实验）溶液；第二种是加速老化测试溶液，它的成分为 $1\mathrm{mol/L}$ 的 H_2SO_4 和 10×10^{-6} 的 HF，记作 ADT（accelerated degradation test，加速降解实验）溶液[12]。

如图 6-15 所示，实验过程中，对密封件试样施加应力的夹具可采用耐蚀性优异的聚四氟乙烯定制，以防止容器污染影响实验，并且采用内衬为聚四氟乙烯的反应釜作为容器，用于隔绝外部环境。

(a) 夹具   (b) 反应釜内胆

图 6-15　聚四氟乙烯实验装置

6.5.1.2　实验简介

(1) 压缩性能

压缩性能体现了 PEMFC 中密封件的主要物理特性，反映了密封件的耐久性和稳定性，因此可选择压缩永久变形、压缩应力松弛和应力-应变特性作为观测目标，并且设置不同的实验条件，使实验结果更全面并具有可信度。

对于压缩永久变形实验，结合燃料电池实际工况，可设计三种不同的实验条件，如表 6-3 所示。温度范围涵盖 PEMFC 的所有工作温度，包含一种溶液浸泡条件，实验时长为 72h 或 168h。

表 6-3　压缩永久变形实验条件

实验条件	温度	环境	时长
条件 1	85℃	RT 溶液	168h
条件 2	-30℃	空气(液氮箱)	72h
条件 3	120℃	空气(烘箱)	72h

对于压缩应力松弛和压缩应力-应变，可以进行三种温度（-30℃、25℃、100℃）下的老化试验，分别对应于 PEMFC 的零下低温冷启动、正常冷启动和满负荷运行。压缩应力松弛者通过应力松弛率 $R(t)$ 的大小反映密封件的耐久性和稳定性。压缩应力-应变通过比较不同温度下密封件试样的应力-应变曲线，分析弹性模量 E 在温度区间内的变化，以及一定应变条件下应力的变化，如应变 ε 为 20% 时应力的变化率 $\Delta\sigma_{\varepsilon=20\%}$，进而反映密封件的热稳定性和机械稳定性。$\Delta\sigma_{\varepsilon=20\%}$ 的计算公式如下：

$$\Delta\sigma_{\varepsilon=20\%}(-30\sim25℃)=\frac{\Delta\sigma_{\varepsilon=20\%}(-30℃)-\Delta\sigma_{\varepsilon=20\%}(25℃)}{\Delta\sigma_{\varepsilon=20\%}(-30℃)} \tag{6-3}$$

对于密封件在 25℃ 与 100℃ 之间的应力变化率，计算方法同上式。

（2）质量损失

PEMFC 电堆中的高温、酸性环境会侵蚀密封件的表面，使密封件表面发生降解，甚至有颗粒物脱落，危害电池的性能和安全。通过对比溶液浸泡前后密封件试样的质量，可以量化地比较不同型号密封件的化学降解程度。

可通过如图 6-16 所示的实验装置进行加速降解实验研究，图中与密封件试样接触的上下压板为聚四氟乙烯材质，压块为 316L 不锈钢，外层喷涂有防腐层。压块加上上压板的质量为 3.06kg，密封件试样的尺寸为 10mm×5mm×2mm，故施加在试样上的压力约为 0.6MPa，这与电堆中密封件的受力情况相当。浸泡溶液分别采用 RT 溶液和 ADT 溶液，实验温度为 70℃和 95℃。

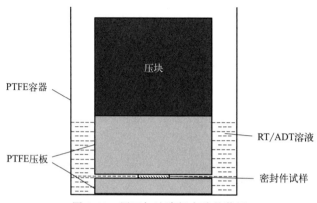

图 6-16　用于加速降解实验的装置

（3）低温特性

质子交换膜燃料电池有时也会面临超低温使用环境，如在−30℃甚至−40℃下启动，这就对密封件的低温耐受性提出了更高要求。一般而言，对于硅橡胶或其他热固性弹性体，玻璃化转变温度（T_g）代表了其使用温度的下限[13]。对于商用 PEMFC 密封件来说，如硅橡胶或三元乙丙橡胶等，其 T_g 一般低于−50℃，使用 DSC 对其结构和低温特性进行热扫描时，重点关注它们的结晶温度 T_c 和熔融温度 T_m 即可。

6.5.2　加权选型方法

基于上述 PEMFC 密封材料的老化对比实验，提出了一种面向质子交换膜燃料电池应用的密封材料加权选型方法。基于三种压缩实验——压缩永久变形、压缩应力松弛和应力-应变特性，以及质量损失实验和低温特性实验，按照重要程度分别赋予其不同的权重系数，每项实验包含的不同实验条件，也按照重要程度分别赋予其不同的权重系数，最后得出每个实验项目下每种实验条件的综合权重系数。根据实验结果和得出的权重系数表，可对不同型号的 PEMFC 密封材料进行评估和打分，筛选出最优的选择。具体实施方式如下。

将以上五项针对 PEMFC 密封材料选型的实验定为一级指标，每项实验下不同的实验条件定为二级指标，按照重要程度不同，分别确立一级指标权重和二级指标权重，最后得出综合权重。指标权重的确定采用专家调查法（Delphi 法）[14]，通过建立调查问卷，分发给课题组的 10 位燃料电池以及密封领域的专家和教授进行咨询和评估，收集问卷后对所有的调查结果进行加权平均，最后得到如表 6-4 所示的燃料电池密封材料综合评估表。

表 6-4　基于权重系数法的 PEMFC 密封材料综合评估表

一级指标	一级指标权重	二级指标	二级指标权重	综合权重
压缩永久变形	22.5%	85℃/RT 溶液/168h	45%	10.125%
		−30℃/空气/72h	30%	6.75%
		120℃/空气/72h	25%	5.625%
应力松弛	20%	−30℃/168h	30%	6%
		25℃/168h	30%	6%
		100℃/168 h	40%	8%
应力-应变	20%	$\Delta E(-30\sim100℃)$	40%	8%
		$\Delta\sigma_{\varepsilon=20\%}(-30\sim25℃)$	30%	6%
		$\Delta\sigma_{\varepsilon=20\%}(25\sim100℃)$	30%	6%
质量损失	22.5%	70℃+RT 溶液	55%	12.375%
		95℃+ADT 溶液	45%	10.125%
低温特性	15%	结晶温度 T_c	30%	4.5%
		熔融温度 T_m	70%	10.5%

根据上述综合评估表，将不同 PEMFC 密封材料的实验结果按照归一化进行打分，如在应力松弛实验中，在 25℃/168h 实验条件下，有 A、B、C、D 四种型号密封件的应力松弛率分别为 5.8%、9.5%、16.6% 和 8.2%，则 A 型密封件性能最好获得 100 分，C 型密封件性能最差获得 60 分，B 型和 D 型密封件按照等归一化比例分别获得 91.1 分和 86.3 分。以此类推，将四种密封件在五项对比实验中的所有实验结果均按照此等归一化方法进行打分，然后将得分乘以综合评估表中的每一项综合权重，最后将所有的加权得分相加，即得到四种 PEMFC 密封件的加权综合评分。

6.5.3　工程应用前景

本节提出的密封件加速测试方法及加权选型方法，可以作为一种 PEMFC 密封材料的快速评估和筛选方法，对于实际工程应用，可以为电堆制造商选择密封材料提供理论指导和依据。对于筛选密封性能优异、耐久性良好的密封材料，乃至提高电堆整体的耐久性及稳定性，都具有实际应用价值，并且可以推广至燃料电池行业广泛应用。

6.6　端板及其他电堆辅件

6.6.1　端板的作用

端板是质子交换膜燃料电池中的一个重要组成部件，其主要功能是与紧固件一起为电堆内部提供封装压力，确保燃料电池面内压力分布的均匀性，从而减小燃料电池堆内所有组件之间的接触电阻和热阻，同时端板还兼具分配流体、挂载辅件等功能，从而保证 PEMFC 电堆良好的性能和耐久性。

电堆的紧固方式主要有螺栓紧固与钢带捆扎两种，无论采用哪种方式，分散作用的封装力均由端板传递至堆内，使各组件受压接触，保证电堆正常运行。PEMFC 电堆各组件之间存在接触压力，其大小对电堆性能有重要影响。接触压力过大，会使气体扩散层（GDL）受到过度压缩，降低其孔隙率和气体渗透率，使气体传输受阻，而过大的压力甚至会使膜电极（MEA）、双极板（BPP）等材料达到屈服极限而产生机械破坏。接触压力不足，会使界面接触电阻上升，产生欧姆热，电堆工作效率下降；密封区域接触压力过小将导致密封可靠性降低，甚至发生燃料泄漏。增加端板厚度可以提升自身的刚度，从而提高 GDL 表面压力分布的均匀性；但会使端板质量增加，整堆功率密度下降。为了达到两者的平衡，工程上通常采用拓扑优化设计的方法，实现显著降低端板质量的同时，还不影响端板整体的受力均匀性的目标。因此，设计合理的端板结构对质子交换膜燃料电池的性能和长期耐久性具有重要影响。

6.6.2　端板对耐久性的影响

端板对 PEMFC 电堆耐久性的影响，主要体现在结构设计和材料选择上。螺栓或者钢带紧固产生的压紧力通过端板传递到电堆内部，因此需要端板有很高的刚度以及强度，才能使堆内各部件受力足够均匀，进而确保电堆长期稳定的发电性能和寿命。

6.6.2.1 端板结构

为了达到均匀分配封装力的要求，端板通常被设计为拥有一定厚度的平板，因此在大型电堆中端板占整堆质量的比重较大。为了提高电堆的质量比功率，有必要对端板进行减重设计，并在降低端板质量的同时尽可能提高端板的使用性能。传统的减重方法往往是在结构传力部分设置加强筋，在结构次要部分进行挖除材料的处理，这样就能在减轻端板重量的同时又不会对端板整体的刚度造成太大影响。常见的加强筋结构的端板如图 6-17 所示。

(a) 交叉布局加强筋结构　　　　　　　　　　　　　(b) 放射布局加强筋结构

图 6-17　加强筋结构的端板

图 6-17(a) 为交叉布局加强筋端板，该结构可保持气体及冷却剂进出口的高度及轮廓形状不变，同时减少其余区域端板厚度，并将端板表面受力点通过加强筋直接相连，从而形成了一种"井"字形加强筋结构，以此提高端板刚度。与原始的平板相比，该结构端板质量减轻 31.4%。

图 6-17(b) 为放射布局加强筋端板，为了提高端板中央区域刚度，从而提高GDL 受压均匀性，该结构通过加强筋将端板边缘螺栓作用点与端板中心点相连，在中心点加强筋交叉部分设计倒角，减小应力集中。其端板基部厚度、加强筋宽度与高度与图 6-17(a) 结构均相同，与原始的平板相比，该结构端板质量减轻 31.6%。

设计加强筋结构的端板，可以大幅度降低端板的质量，但加强筋结构的设计往往受工程师个人经验和主观思维的影响较大，且不能同时满足轻量化和特定性能参数的要求，其设计工作往往要经历多轮的"设计-计算-再设计-再计算"过程，因此效率较低。

拓扑优化方法是一种在给定载荷、性能指标的约束下，对给定区域的材料分布进行优化计算的数学方法，因此可以在产品的概念设计阶段有针对性地根据产品的功能、性能要求进行总体结构的设计。拓扑优化方法可以根据不同的优化目标进行设计，并根据优化结果建立轻量化端板数模[15]，具体计算方法可参阅文献 [16]，此处不再赘述。

图 6-18 分别展示了以端板刚度最大化为目标、以面内节点位移标准差最小化为目标以及以二者加权参数最小化为目标的拓扑优化端板结构，相比原始平板结构，三种经过拓扑优化设计的端板减重分别达到了 41.0%、41.1% 和 41.0%，相比加强筋结构的端板，均额外减重约 10%，且能最大限度地保留端板整体的刚度及受力均匀性。

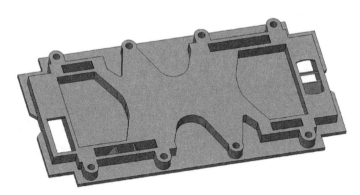

(a) 端板刚度最大化为目标的拓扑优化端板结构

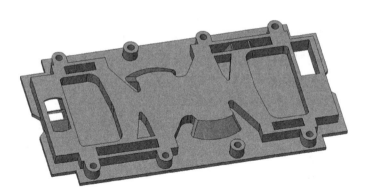

(b) 面内节点位移标准差最小化为目标的拓扑优化端板结构

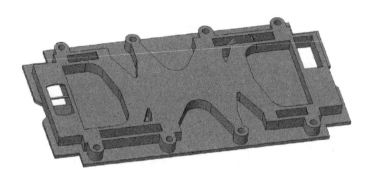

(c) 双目标的拓扑优化端板结构

图 6-18 三种不同优化目标的拓扑优化端板结构

6.6.2.2 端板材料

为了保证 PEMFC 电堆持续稳定的性能输出和长期的寿命，端板材料的选择应具有抗弯刚度高、弹性模量及屈服强度高、良好的化学和电化学稳定性，以及高的电绝缘性等特点。常见的端板材料有 Q235 不锈钢、316L 不锈钢、铝合金、钛合金等，使用金属端板时需在端板表面覆盖绝缘涂层，以保证良好的绝缘性。除此之外，还有非金属材料，如各类工程塑料等。但用它们作为端板材料时存在热稳定性差、抗疲劳性差等缺点，在 PEMFC 应用环境下易发生老化衰减。综合成本、加工性能、使用性能、重量、物理及化学稳定性等因素，6061 铝合金材质的端板逐渐成为主流。

综上所述，合理设计端板结构及选材，才能保证端板及电堆内部各组件接触受力的均匀性，进而降低堆内各组件之间的接触电阻，并使各部件保持在合理的压缩范围，有利于提升电堆的性能及效率，同时也能提高电堆的稳定性和耐久性。

6.6.3 其他电堆辅件对耐久性的影响

6.6.3.1 集电板

集电板是质子交换膜燃料电池的重要部件，其主要功能是收集电流。通常，一个燃料电池堆包含有两个集电板，分别安装在堆芯的首尾两端，并与前后端板保持绝缘，两个集电板分别作为正、负极连接着外部电路，将 PEMFC 转化的电能收集并输出。

集电板通常由贵金属如金或铂，或非贵金属如不锈钢、铜或铝制成，贵金属不仅具有良好的导电性，而且几乎可以避免电化学腐蚀，因此不会产生可能毒害燃料电池的金属离子。然而，由于这些贵金属非常昂贵，目前多使用铜制作集电板，但铜容易被腐蚀，因此还需要在铜板表面镀一层耐蚀性金属层，一般是镀金、镀银或者镀铬，但镀金又使得集电板成本很高，镀铬则又降低了铜板的导电性。

另外，镀层不耐刮擦。刮擦容易导致镀层缺陷，形成电化学腐蚀面，加速集电板的腐蚀。石墨由于导电性和耐腐蚀性优良，是目前应用较多的 PEMFC 双极板材料，但是石墨材料目前很少用于燃料电池集电板，主要是由于石墨材料机械强度弱，在连接外电路铜排时受力可能折断，从而导致电力输出故障。因此在使用过程中，应尽可能确保集电板表面的完好，或者通过优化工艺来提高镀层的强度、硬度和耐磨性。

使用金属集电板、金属端板及其他电堆或者系统的金属部件，可能导致一个问题，即金属离子溶出对电堆性能及耐久性的影响。铜集电板、铝合金端板及电堆系统中的其他金属部件，在使用过程中，由于高温/高湿度流体或气体的侵蚀，易产生阳离子析出，如 Fe^{3+}、Al^{3+}、Ca^{2+}、Cu^{2+}、Na^+、Mg^{2+} 等，这些金属阳离子会随着 PEMFC 反应气或冷却液输送的过程逐渐扩散到电堆内部。有研究表明，这些金属阳离子的出现和累积会导致燃料电池的电压下降，使燃料电池的性能和寿命衰减，这是因为 Nafion® 膜对阳离子有很高的亲和力，电堆中的杂质金属阳离子被膜吸附后易导致膜的导电性降低，形成的过氧自由基使膜变薄，甚至导致针孔的形成[17-18]，危害了燃料电池的性能和安全，导致燃料电池的寿命和耐久性降低。而空气中的污染物如 SO_2、NO_2 与电堆中金属阳离子的协同作用则导致了端板出气口的加速腐蚀，加速了电堆性能的衰减，这种协同效应可以通过改善空气过滤器的吸附性能和使用耐蚀性较好的部件材料来缓解[19]。

6.6.3.2 紧固件

如前所述，端板与紧固件一起配合使用，将封装压力均匀地传递至电堆内部。而紧固装置作为封装力的施加来源，对电堆运行的长期稳定性和耐久性同样不能忽视。

常用的电堆紧固方式有螺栓紧固和钢带捆扎两种，两种方式各有其特点。螺栓紧固方式是大型电堆比较常用的方法，简单易行，具有较好的可靠性，但施加的紧固力会集中在螺杆周围，当端板刚度不够或结构设计不合理时，易造成电堆内部接触压力分布不均匀，从而对电堆性能和寿命造成负面影响。钢带捆扎的封装方式能使电堆结构更紧凑，且容易控制封装力的大小，但钢带在长时间拉紧的状态下容易产生疲劳和松弛，使电堆的封装力减小。

总之，无论使用哪种紧固方式，都需要合理控制端板刚度和结构、载荷位置、预紧力大小等因素，才能使气体扩散层受压均匀，实现较低且均匀的接触电阻，使电堆均匀压缩，防止局部应力集中、反应气体泄漏和相互错位，从而提高 PEMFC 的反应效率和使用寿命。

6.6.3.3 电堆缓冲装置

质子交换膜燃料电池堆被固定在金属/非金属外壳之中，当有外部冲击或者振动时，易发生单电池错位或者电堆移位的情形，这种错位或移位会引起电堆氢气侧的密封问题，进而产生安全隐患。常用的应对措施是依靠电堆紧固力和每节单电池之间的摩擦力来保证燃料电池单电池不发生错位，或者通过合理的密封结构设计，如大密封面的单电池、一体化密封结构等来保证电堆自身内部有足够的"缓冲"部分。

电堆本体通过固定装置安装在封装外壳之中，一般采用电堆底部与外壳底板之间螺栓连接，电堆四周则通过支撑杆固定。对于车用 PEMFC 电堆，当有连续、长时间的随机振动冲击或者较大的冲击载荷时，这种"硬性连接"易造成连接部件屈服或者断裂破坏，不利于电堆的长期稳定性和安全性。可以在螺栓连接部分和支撑杆端部安装足够的弹性缓冲元件，或者在电堆外部与封装外壳之间设置缓冲装置，以提高电堆的抗冲击性能。如丰田 Mirai Ⅱ代电堆，它直接在电堆和封装外壳的四个角上采用了基于填充物的外固定式结构，这种填充材料主要由硅橡胶包裹微矾土颗粒构成，安装在电堆与外壳四个角的缝隙之间，具有在突然受到外力的作用下快速膨胀的特点，以此将电堆约束住，提升了电堆的抗冲击性能和耐久性。

6.7 小结

随着制造工艺及技术的进步，质子交换膜燃料电池的耐久性和稳定性得到了长足进步，然而想要获得更长久的稳定的动力输出，以满足车用燃料电池的使用需求，就需要对质子交换膜燃料电池的每一个部件及材料进行深入剖析，而随着研究的进行和不断深入，密封件对于 PEMFC 的重要性也逐渐显现。

由硅橡胶或其他弹性体制作而成的密封件，在质子交换膜燃料电池中扮演了重要角色，密封件既保证了反应气体及冷却剂各自保持在相应区域内不发生泄漏，也给膜电极边框区域提供了支撑和稳固的作用，同时密封件作为燃料电池中最具弹性的部件，若干节单电池的密封件堆叠起来，也为电堆整体提供了减震和缓冲功能，起到保护电堆的作用。因此，密封件的密封性能和耐久性同样影响着燃料电池的耐久性和稳定性。

密封件的结构设计和密封材料的选择是决定电堆密封耐久性的关键因素。现如今，氢燃料电池单电池功率已经突破 250kW，单电池堆叠层数已超过 500 节，传统的"线密封"方式由于密封件堆叠层数过多且密封胶线过窄，易造成单电池节与节之间密封错位的情形，且在轴向封装载荷压力的作用下，电堆靠近中间区域的密封件受力必定小于两端区域，因此不利于电堆长期的耐久性。随着密封工艺的发展和进步，逐步涌现出了许多新型的密封方式和结构，如密封件与膜电极部件粘接密封、极板-膜电极-密封件一体化粘接密封的方式等。其中，一体化密封的方式具有稳定的力学结构，大大提高了电堆组装过程中的装配精度以及便利性，因此在电堆批量制备一致性、长期运行稳定性等方面都极具优势。

随着燃料电池密封供应商的不断发展和进步，逐步研发出许多与新型密封方式相匹配的新型密封材料，传统的硅橡胶密封件具有优异的耐高低温性和经济性，但在 PEMFC 的工作环境下易发生降解和腐蚀，且不易与一体化密封等新型密封方式相结合使用。除此之外，三元乙丙橡胶、热塑性胶、光固化胶、特种硅橡胶等新型燃料电池密封材料也不断涌入市场，为电堆制造商提供了多种选择。在选择PEMFC密封材料时，应考虑到质子交换膜燃料电池的使用条件和工作环境，高温、高湿、加压的酸性环境对密封材料的筛选和应用提出了挑战。在 PEMFC 环境下对密封材料进行耐久性加速测试，辅以加权选型的方法，可以作为一种 PEMFC 密封材料的快速评估手段。

车用 PEMFC 电堆想要获得更长期稳定的输出性能和高耐久性，除了双极板、膜电极、气体扩散层、密封件等重要部件的合理设计与选型，端板的结构设计与选材、集电板的材料与涂层、封装方式及封装压力的选取、电堆缓冲装置及弹性元件的布置等都是需要设计和考量的因素。随着科研人员与电堆制造商的不断努力，突破质子交换膜燃料电池寿命及耐久性的难题也只是时间问题。

参考文献

[1] Hao D, Wang X, Zhang Y, et al. Experimental study on hydrogen leakage and emission of fuel cell vehicles in confined spaces[J]. Automotive Innovation, 2020, 3（2）: 111-122.

[2] Liang P, Qiu D, Peng L, et al. Structure failure of the sealing in the assembly process for proton exchange membrane fuel cells[J]. International Journal of Hydrogen Energy, 2017, 42（15）: 10217-10227.

[3] Husar A, Serra M, Kunusch C. Description of gasket failure in a 7 cell PEMFC stack[J]. Journal of Power Sources, 2007, 169（1）: 85-91.

[4] Banan R, Bazylak A, Zu J. Effect of mechanical vibrations on damage propagation in polymer electrolyte membrane fuel cells[J]. International Journal of Hydrogen Energy, 2013, 38（34）: 14764-14772.

[5] Wu F. Degradation of the sealing silicone rubbers in a proton exchange membrane fuel cell at cold start conditions[J]. International Journal of Electrochemical Science, 2020, 15（4）: 3013-3028.

[6] 李新，王一丁，詹明. 质子交换膜燃料电池密封材料研究概述[J]. 船电技术，2020, 40（6）: 19-23.

[7] Rey T, Chagnon G, le Cam J B, et al. Influence of the temperature on the mechanical behaviour of filled and unfilled silicone rubbers[J]. Polymer Testing, 2013, 32（3）: 492-501.

[8] Wang Z, Tan J, Wang Y, et al. Chemical and mechanical degradation of silicone rubber under two compression loads in simulated proton-exchange membrane fuel-cell

environments[J]. Journal of Applied Polymer Science, 2019, 136（33）: 47855.

[9] Cui T, Chao Y J, Chen X M, et al. Effect of water on life prediction of liquid silicone rubber seals in polymer electrolyte membrane fuel cell[J]. Journal of Power Sources, 2011, 196（22）: 9536-9543.

[10] Feng J, Zhang Q, Tu Z, et al. Degradation of silicone rubbers with different hardness in various aqueous solutions[J]. Polymer Degradation and Stability, 2014, 109: 122-128.

[11] Lin C W, Chien C H, Tan J, et al. Chemical degradation of five elastomeric seal materials in a simulated and an accelerated PEM fuel cell environment[J]. Journal of Power Sources, 2011, 196（4）: 1955-1966.

[12] Lin C W, Chien C H, Tan J, et al. Dynamic mechanical characteristics of five elastomeric gasket materials aged in a simulated and an accelerated PEM fuel cell environment[J]. International Journal of Hydrogen Energy, 2011, 36（11）: 6756-6767.

[13] Cardarelli F. Polymers and Elastomers[M]. Materials Handbook, 2018: 1013-1092.

[14] Ferri C P, Prince M, Brayne C, et al. Global prevalence of dementia: A Delphi consensus study[J]. The Lancet, 2005, 366（9503）: 2112-2117.

[15] Lin P, Zhou P, Wu C W. Multi-objective topology optimization of end plates of proton exchange membrane fuel cell stacks[J]. Journal of Power Sources, 2011, 196（3）: 1222-1228.

[16] Yang D J, Hao Y, Li B, et al. Topology optimization design for the lightweight endplate of proton exchange membrane fuel cell stack clamped with bolts[J]. International Journal of Hydrogen Energy, 2022, 47（16）: 9680-9689.

[17] Li H, Tsay K, Wang H, et al. Durability of PEM fuel cell cathode in the presence of Fe^{3+} and Al^{3+}[J]. Journal of Power Sources, 2010, 195（24）: 8089-8093.

[18] Pozio A, Silva R F, de Francesco M, et al. Nafion degradation in PEFCs from end plate iron contamination[J]. Electrochimica Acta, 2003, 48（11）: 1543-1549.

[19] Xie M, Zhang Q, Yang D, et al. The synergetic effect of air pollutants and metal ions on performance of a 5 kW proton-exchange membrane fuel cell stack[J]. International Journal of Energy Research, 2020, 45（5）: 7974-7986.

第 7 章

电堆运行条件下的耐久分析

7.1 概述

在燃料电池寿命研究历程中，除了关注电池本身材料特性的衰退外，电池在运行条件和工况造成的寿命衰退也是研究的热点问题。目前大量理论研究以及试验证明，燃料电池关键部件的材料特性以及运行条件都会与电池寿命及耐久性相关联。PEMFC 电堆是通过将密封元件嵌入在各个单体之间，双极板与膜电极三合一组件（MEA）交替堆叠，从而使得若干单体电池串联起来；随后，电堆再经过前、后端板压紧，用螺杆或扎带紧固完成电堆组装的。单电池压装成电堆后，在随后的运行发电过程中，运行参数、结构和材料的动态变化等都影响着每一节单电池的性能，同时单电池节间性能还会出现差异，甚至出现 PEMFC 电堆特有的单体电压变低问题。反应气体与温度场的分布不均匀、单体的老化程度不同以及单体的制造缺陷，都会导致单低问题进而影响电堆寿命。

燃料电池汽车在运行过程中会经历频繁的工况变化，这样的工况并不利于燃料电池的耐久性[1]。从物理方面来说，在动态工况过程中，外电路的电流载荷会发生变化，这种电流载荷的瞬态变化必然会要求反应气的供应系统快速跟随响应，继而引起反应气的压力、湿度和温度等参数发生波动，这有可能导致电池关键材料或部件的结构产生物理损伤，并最终导致电池性能的下降。从化学方面来说，由于在运行过程中载荷发生变化，尤其是燃料电池系统经历怠速运行[2-5]、加载/减载[6-8]或启动/停车工况[9-10] 时，受极化现象影响，燃料电池就会经历高电势或电势循环交变，这就会引起材料发生加速衰减。这样的化学衰减过程包括催化剂载体的腐蚀[11]、铂颗粒的溶解和团聚、反应中间产物（如过氧自由基）及局部应力引起质子交换膜的降解[12-13] 等。不论是物理衰减还是化学衰减，在燃料电池运行过程中对其寿命的影响可能都是不可逆，甚至是灾难性的。

操作条件如相对湿度、温度和背压均会影响电堆的耐久性。质子交换膜湿润的情况下，作为其导电结点的磺酸基团处于溶剂化状态；发电时，水合质子可以在电拖曳作用下从聚合物支链上的一个磺酸基转移至另一个磺酸基，实现质子从阳极传导至阴极的过程。水管理不当会加速催化剂和质子交换膜的降解，从而影响催化层中离聚物和膜的质子传导效率，或引起电池水淹。而相对湿度会对燃料电池的水管理造成极大影响。如果电池温度低于反应气的露点温度，水就会在电池内部冷凝，从而引起水淹。同相对湿度类似，温度同样对燃料电池性能有着重要的影响。温度适中时有利于催化剂 Pt 催化活性的提高，加快催化电化学反应；处于较高温度时，质子交换膜内水的扩散系数较大，因此高温有利于膜内水的均匀分布，有利于提高质子传导效率，减小膜电阻。除此之外，高温下气体扩散系数较高，有利于气体传输至电极处，而且高温也有利于水的汽化和排出，减小电极发生水淹的概率。但是温度太高会导致膜干和局部过热问题，也不利于提高寿命。从反应机理上看，H_2 和 O_2 从流道经气体扩散层传输到催化层，然后经催化层中的孔道传输至三相反应区，在催化剂表面发生吸附、解离和电化学反应。气体压力的提高有利于加快反应气体的传质速度，减小传质极化的影响，从而提高电池对外输出的电压。除背压条件外，重力对燃料电池的影响也不可忽视，尤其是对于应用于航天工程的电源装置。重力对不同构造的 PEMFC 的气液两相流动特性有着至关重要的影响。Guo 等人[14] 研究了低重力环境对 PEMFC 水管理和电池性能的影响。结果显示，在垂直流道方向工作的条件下，位于电堆底部的水会被气流推动不断向电池出口移出，减轻了水淹现象，使电池性能略有提升；而在水平流道方向上运行时，在微重力环境下产生的水不易移动，会充满流道，影响电池性能。

如图 7-1 所示，电堆耐久性研究的主要范围包括电堆节间均匀性问题、操作条

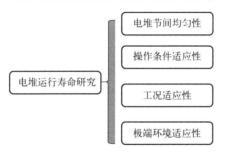

图 7-1　电堆运行条件下耐久性研究范围示意图

件和工况适应性以及"三高"（高温、高寒和高原）极端环境适应性。

7.2 燃料电池水热管理

7.2.1 燃料电池中的两相流

燃料电池的发电过程与气液两相流密不可分，燃料电池中反应气从进气口到反应位点的传质能力和水管理状况会极大地影响其发电性能和稳定性。深入认识气液两相流型的形成及转换过程是理解气液两相动力学的关键途径之一，也是了解两相流其他特性如压降和传质的必经之路。

7.2.1.1 两相流流型

在不同的气体速度和液体速度下会产生不同的流型，而不同的流型中气液两相分布的不同会改变流体的运动特性以及气液两相在整个流场的均匀性。这些流型包括柱塞流、半柱塞流、液膜流和雾状流等，其直观的示意图如图 7-2 所示。

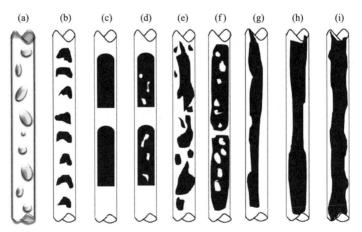

图 7-2　微流道中各种气液两相流型重构示意图

（a）泡状流；（b）帽状-气泡流；（c）柱塞流；（d）柱塞液滴流；（e）搅混流；（f）环形液滴流；

（g）液膜流；（h）柱塞-环形流；（i）环形流

深色区域为液相，浅色区域为气相

这在 Lu 等[15] 关于燃料电池精细流道内两相流的研究中得到了说明，该研究通过实际的燃料电池工况计算得到相应的表观气速和表观液速。实验结果表明：在较低气速下，平行流道中其中一条或几条流道出现柱塞流时会使该流道气流量下降，并且使得排水变得困难，同时整个流场的气体流量分布变得不均匀。当表观气速增大到 8m/s 时，形成液膜流，该流型下气流量的波动小于 4.3%，说明水并未堵塞流道；当表观气速再进一步增大到计量比大于 10 时形成雾状流，液滴直接从 GDL 表面被气体带走，使得流道中没有水的累积，该流型与单相流的表现基本一致，也不会造成水淹。但是雾状流的形成需要的气速太高导致对泵的能耗大增。综合来看，液膜流是 PEMFC 中最理想的流型，因为它的排水能力较好且不需要非常高的压降。该文献清晰地阐述了在燃料电池通常的工况下产生的流型及其形成条件，并分析了其排水能力，但是并未与真实的燃料电池发电过程直接关联。若要直接关联则需进行燃料电池发电实验并原位观测其中的两相流。如 Hussaini 等[16] 采用透明极板进行性能测试并同步观测两相流流型的方法，研究实际燃料电池工况下的两相流型，发现在低电流密度下呈现的是单相流偶有少量液滴；当电流密度增大，液滴增多，并逐渐过渡为液膜流，而随着产水量的继续增加，环状膜流会转变为段塞流，段塞流会堵塞该流道而导致较大的压降，此时同步发电的电压损失增大，由此得到燃料电池性能与流型的关联。

在流型和燃料电池性能之间关系的理论基础上，可以通过观测具有不同参数如流道截面、流道表面特性、流道尺寸等的流道内的流型，来评估这些参数对性能的影响，从而优化流道设计。Lu 等[17] 对流道表面润湿度（接触角分别为 11°、85°、116°）和流道截面（矩形、模拟金属冲压得到的正弦形和模拟石墨板制造得到的梯形截面）以及流道放置方向（水平和竖直）对流型的影响进行了探究。研究发现，在较低的表观气速下亲水表面更易形成薄膜流，而疏水表面倾向于形成段塞流，因此亲水表面更有利于水的排出；正弦形截面流道比起矩形和梯形更容易形成薄膜流，这是因为正弦波流道与矩形和梯形相比，具有独特的连续圆形轮廓，这使得液态水更容易在整个流道表面扩散，并以膜流的形式沿流道输送，从而降低了流道内的持水率；当放置方式从垂直方向过渡到水平方向时，需要更高的表观气速才能得到薄膜流，而在低气速下水平放置更倾向于得到段塞流，这是因为在垂直放置时重力与气体流动方向相同使得在气体剪切力和重力的合力下液滴更容易移动。根据该研究可以得到一个流道参数及操作方式的优化方案，即亲水、正弦波形的流道在垂直放置时更容易将水排出并使得流体在平行流场中分布更为均匀。Malhotra 等[18] 则借鉴了对不同尺寸微流道内气液两相流的研究方法[19]，探究了水力直径分别为 1.65mm、1mm 和 0.65mm 流道内的气液两相流流型，来比较燃料电池蛇形流场中的小流道（$D_h > 1mm$）和精细流道（$D_h < 1mm$）在不同放置方向和不同 We（$We = \rho u^2 L / \sigma$）下的流型差异。该文通过对比不同尺寸的流道中两相的 We 可知，微流道中主导流型的力是气体的惯性力，而水力直径更大的流道中主导力是表面张力。研究中根据电流密度与气体流量的表达式将微流道两相流和燃料电池工况结合

起来，研究发现随着流道水力直径的减小流型的种类也随之减少；在不同放置方向的流型结果中可得，$D_h \leqslant 1mm$ 时对于水平放置和竖直放置的流型差异不大。另外，还发现在同样的 We（$WeGS>0.1$，$WeLS>0.01$）下，水力直径由 $1.65mm$ 减小至 $0.65mm$ 时分别呈现出搅混流、段塞流、环形流，由于段塞流容易堵塞气路以及搅混流的不稳定性，这两种流型均不是燃料电池流场中所期待的流型，这也从流型的角度反映出精细流道更适合燃料电池应用的原因。

7.2.1.2 压降

Scholta 等[20] 通过实验和 CFD 模拟得到极化曲线和氧气分布，认为 $0.7 \sim 1mm$ 的流道宽度和脊宽较有利于燃料电池性能的提高，窄流道可得到更高的电流密度。这些研究均证明了细密化流场的优越性。但是流道也不能一味地变窄，因为流道变窄除了会使可加工性变差外，还会使得压降升高[21]。过大的压降也可能会造成阴阳极两侧气压差，从而使炭纸或 PEM 的机械强度受损。另外，如果流道内有液态水阻碍气体流动，也会增加流道内的压降，因此压降可作为流道内是否发生水淹的一个表征。Hsieh 等[22] 对不同流场类型如平行流场、蛇形流场和交指形流场以及网状流场中的压降进行了研究，发现压降由大到小的顺序为：交指形流场＞蛇形流场＞平行流场＞网状流场，持水量大小的排序与压降的大小排序一致。

虽然压降过高有上述缺陷，但是去除流道中的水滴需要一定的压降，这个最小压降值与流道的设计有关。Gopalan 等[23] 则研究了具有梯形截面的流道中开口角设计与这一最小压降值的关系。该研究提供了液滴接触流道壁面所需的最小压降公式，该公式表明最小压降是梯形截面开口角和气体速度的函数，开口角越大所需的最小压降也越大。除了出入口的压降还有一些基于压降的指标可以衡量水淹情况，如 Coeuriot 等[24] 采用压降、压降波动、两相流比单相流的压降作为衡量流道是否容易发生水淹的指标，从而优化流道的深度以及表面的亲疏水性。其结果表明，流道深度越小，越容易产生段塞流，压降波动越大，而流道亲水表面有利于形成液膜和减小压降。

由上述研究可得，利用压降作为参考指标可以对整个流场的类型和流场中流道的尺寸、截面几何结构和表面特性等进行优化。因此，合理的流道压降就成为了流场优化的一个目标。当然，若可以准确地预测压降则可以为流场设计提供一个有效的借鉴方向。Mortazavi 等[25] 将典型的微流道中两相流的压降预测方法应用于燃料电池中的压降预测。作者对在燃料电池工况下的气液两相流的实测值与以往已发表的气液两相流的九种预测模型（包括基于均匀流动模型和分离流动模型）进行对比，研究结果与微流道的气液两相流压降结果一致，均匀流动模型预测值与实测值偏离较大，而在分离流动模型中由 Mishima 等[26] 提出的气液两相流压降预测模型预测值与实验值吻合度较高（误差在 30% 以内，且 53.7% 的数据点误差在 10% 以内），但是该模型只考虑了流道的几何结构而没有考虑表面能和表面张力，因此该模型还有待进一步修正。此外，目前针对燃料电池实际工况构建压力降预测的研究还较少，并且燃料电池中的精细流道与通常的微流道结构不同，精细流道由三个流道壁面和具有孔隙结构的 GDL 组成。由于燃料电池中的流道具有特殊壁面结构和材质，因而不能照搬传统微流道内的压降预测模型来预测精细流道内的压力降，需要以微流道内气液两相流的压降预测模型为研究基础，结合实际流道的特征及操作条件，构建针对燃料电池内流道的预测模型，以更好地优化燃料电池的流场设计。

7.2.1.3 传质

研究者们采取了截面突变[27]、增加引流板[28] 和构建新型结构[29] 的方式来增强传质。如 Ramin 等[30] 设计了截面突变的流场，其探究发现截面突变使反应气体迅速产生平行于扩散层方向的横向扩张和收缩，能够增强反应气体向电极的扩散能力。除此之外，还可以通过在流道中设置挡板促进反应气体向扩散层传质。Ramin 等[30] 通过在蛇形流场中设置矩形挡板发现，随着挡板堵塞的增加，气流的扰动增强从而改善了 PEMFC 的性能。进一步地，还可以通过改变流道的维度构建新型结构来改善传质，如丰田的三维精细化网格结构[31]。这种三维结构通过斜向的导流槽将反应气的传输向催化层方向引导，增强了反应气向催化层的传递。此外，由于三维结构单元尺寸的微小化，流场上密集地分布着导流槽，这也使得反应气在整个反应区中的分布更加均匀。在丰田公司的精细化三维结构流场发布后，就成了流场优化的一个热点方向，如降低流道的尺寸、增加导流槽的角度等[32]，精细化三维结构的研究也趋于完善。

7.2.2 燃料电池水管理

燃料电池的水管理主要包括水平衡、水传输、水分布、水故障等多个问题，具有多元非线性的特征，是目前燃料电池研究中最重要的研究课题。

PEMFC 的工作过程是一个包含有动量传递、热量传递、质量传递的电化学反应过程，同时伴随着水的产生、相变和传递过程，水在阴极催化层生成。在燃料电池中，质子交换膜内的水传递机理研究是燃料电池水管理研究中最为重要的研究部分。燃料电池内的水一部分来自跟随反应气体一起进入的水蒸气，一部分来自电化学反应生成的水，膜中水的传递理论有基于 M. W. Verbrugg 等人的稀溶液理论、基于 Nernst-Planck 方程的传递模型、基于 T. F. Fuller 等人的浓溶液理论等，目前应用最广的是基于 Springer 的经验模型[33]。质子交换膜中水的传递主要包括 3 种机理，即浓差扩散（concentration diffusion）、电渗拖曳效应（electro-osmotic drag，EOD）以及液压渗透（hydraulic permeation）。

在常温下，水在 PEMFC 内的存在形态包含电解质结合水（磺酸根侧链团簇吸附的水，即膜相水）、气态水和液态水；在 0℃ 以下，除以上形态外，水还可能以冰和电解质结合冰的形态存在。水的传递是以水含量为推动力，水的跨膜输运过程主要包含电渗拖拽、反扩散和液压渗透等过程。除质子交换膜外，PEMFC 中气态水传递以扩散传质为主；多孔介质内液态水主要靠毛细力进行传输，流道内液态水依靠反应气携带从电池排出。水迁移过程如图 7-3 所示。空气携带水进入空气通道，如图中途径一所示。氢气燃料电离出 H⁺ 透过质子交换膜与氧气发生反应，在阴极生成水，部分水在阴极通过蒸发移出体系，到达空气通道，如途径二所示。当阴极水含量高时，水将反扩散至阳极[34]，如途径五所示。空气通道的部分水以水蒸气形式随反应后的空气排出，如途径三所示。部分水以液态形式排出，如途径四所示。随氢气进入和排出的水分别如途径六、七所示。PEMFC 工作过程中，水含量必须进行控制，既要保证电解质充分加湿以维持质子的传输，同时也要避免存在过多的水而造成水淹，影响氧化剂与还原剂的传输，即达到比较理想的水平衡状态。

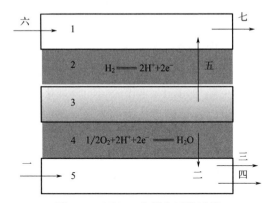

图 7-3　PEMFC 内部水迁移过程

1—氢气通道；2—阳极扩散层；3—质子交换膜；4—阴极扩散层；5—氧气（空气）通道

燃料电池的水管理问题是影响着电池的耐久性、运行工况的变化、性能参数等的重要指标。电堆中的核心部件质子交换膜采用了以 Nafion® 膜为代表的全氟磺酸膜[35]。这种膜只有在足够湿润的条件下才会有较好的质子传导率，一旦膜失水变干，质子无法迁移，就会导致膜电阻增大，欧姆损失增加。质子电导率低就会影响质子到达催化剂表面，进而导致催化剂层的有效反应表面积下降，导致电池的极化损失增大[36]。此外，膜干还容易出现局部的热点，全氟磺酸在高温条件下不稳定，局部的高温会造成质子交换膜出现不可逆转的衰退情况，严重时甚至失效出现脱层和穿孔现象[34]。因此，对于采用全氟磺酸的质子交换膜，气体增湿格外重要。

另外，电池的反应产物是水，PEMFC 工作温度较低，无法超过水的沸点，因此电池内部就会有液态水生成。当液态水无法通过水传递的方式排出燃料电池，就会导致液态水在催化剂层和气体扩散层甚至流道内积聚、堵塞，产生水淹现象[37]。水淹可能发生在阳极侧或阴极侧，当阳极侧发生水淹时，将阻碍氢气的流动和扩散，导致局部氢气缺气，致使催化层内发生电化学副反应，严重时甚至产生碳腐蚀现象；当阴极侧发生水淹时，气体流道被堵塞，电流密度急剧下降，电池性能和水的聚集产生周期性波动，在高电流密度时，阴极水淹导致电池输出电压下降[38]。水淹不仅会影响电池的输出性能，还对耐久性造成影响。PEMFC 的众多衰退现象中，催化剂 Pt 的有效表面积减少、离聚物的溶解、碳腐蚀、杂质污染、MEA 和GDL 的材料变性以及双极板的腐蚀，均与液态水的不当处理相关[39]。此外，在零下低温环境中，电池内部未排出的液态水会凝结成冰，结冰的过程很容易导致内部结构的破坏。可见，燃料电池的水管理问题是影响电池耐久性和性能的关键课题之一。

7.2.3 燃料电池热管理

PEMFC 作为一种重要的低温燃料电池，其热力学行为及内部过程的热管理对于系统的性能、寿命以及可靠性至关重要。此外，燃料电池热力学行为在电堆内部，电堆与周围环境之间以及电堆与热管理系统之间存在多重耦合关系，且温度的动态响应存在大的滞后效应，这为 PEMFC 的精准动态热管理带来重要技术挑战。

PEMFC 内部的热源包括反应热（活化损失热、浓差损失热、熵变产生的废热）、欧姆热、相变热。热量的传递是以温差为推动力。电池内各组件间热量传递方式以热传导为主；反应流体与电池各组件间热量传递方式以对流换热方式为主。为保持电池内的热量平衡，实现充分的热量管理，使用冷却液循环带走 PEMFC 内部产生的热量。不充分的热管理会导致电池整体温度过高或局部温度过高，使得质子交换膜受损甚至穿孔。温度作为电堆的重要运行条件之一，其直接或间接影响了电堆内部质子交换膜的湿度、反应气体的湿度、膜内质子传导的速率、催化剂的活性、电堆的输出电压以及电堆使用寿命。当电堆的工作温度过高时，质子膜内水含量降低，导致其脱水干燥，造成不可逆的损失；当电堆温度过低时，可能导致电堆阴极流道水淹，使得氧气无法通过气体扩散层，如果氧气扩散速率受到影响，则浓差过电压迅速增加，降低了电堆的输出性能；当电堆内部的温度分布不均时，电堆内局部区域的化学反应速率高于其他区域，导致产物水的局部过量累积，影响电堆的整体性能[40]。保证燃料电池温度始终保持在一个理想的水平，是燃料电池热管理系统设计的一个重要目标，因此有必要对电堆的热管理及其控制策略展开深入研究。

在燃料电池系统冷却方式的选择上，一般取决于燃料电池的功率等级。通常2kW及以下的燃料电池采用风冷的方式进行散热；5kW及以上的燃料电池采用水冷的方式进行散热，在寄生功率相同的情况下，采用水冷的散热方式可以释放更多的热量；而2~5kW范围内的燃料电池可以根据需求进行选择[41-42]。对于燃料电池的冷却方式来说，风冷以及水冷各有其特点，如表7-1所示。在热管理系统中使用空冷型热交换器对循环水进行散热，空冷型热交换器存在自身的局限性，其散热风扇非线性的工作特性以及系统中存在的延迟特性等因素，都增加了燃料电池热管理系统的控制难度。此外，燃料电池系统中有着较为复杂的热力学行为，且温度本身在控制上的动态响应有着较为严重的滞后效应，与其他电化学、流体等理化过程中的动态响应存在时间上的不一致性，这为PEMFC的精准动态热管理带来重要技术挑战。

表 7-1　电堆的两种散热方式特点对比

散热方式	适用功率范围	系统复杂度	控制难易程度	冷却通道
风冷散热	≤2kw	低	易	多
水冷散热	≥5kw	高	难	少

燃料电池从MEA、电堆到氢发动机系统层面存在一条完整的传热链，为了构建用以分析热管理效果的热量模型，需要对燃料电池的产热和传热过程进行分析。燃料电池主要的热源是堆内反应界面电化学反应所产生的废热，如图7-4所示，化学能（67.39kW）转化为电能时，电堆的废热（30.65kW）超过50%，如果不进行合理的热管理，很有可能造成电堆局部过热。

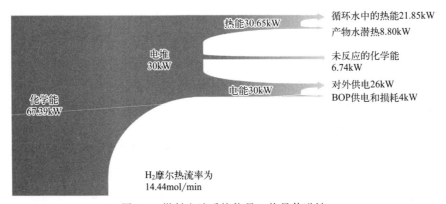

图 7-4　燃料电池系统能量、热量传递链

图7-5是燃料电池热量系统模型，包括MEA产热和电堆内散热路径，以及堆外的冷却水循环。其中经由冷却水循环带走的热量非常多，当产热速率一定时，对

于堆内的温度变化和温度分布有着决定性的影响。

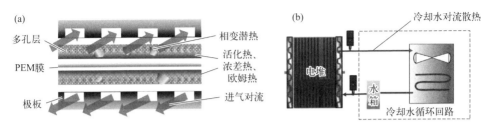

图 7-5 燃料电池热量系统模型

（a）MEA 产热和电堆散热路径；（b）电堆水冷散热循环

图 7-6 是电堆在启/停过程中的产热情况，由图可见欧姆热是废热主要贡献者，汽化潜热占比极小。启动过程中散热对于电堆升温过程起到了非常重要的作用，因此各种工况下基于热管理的散热方式和散热策略都需要合理地设计。

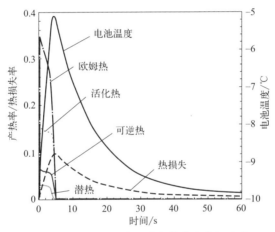

图 7-6 启/停过程中电堆产热率和热损失率

下面介绍反应界面产生废热（活化热、浓差热、欧姆热和潜热）的原理以及散热过程。

（1）不可逆热

不可逆热包括活化热、浓差热和欧姆热，分别与活化极化、浓差极化和欧姆极化所造成的电势损失相对应，其主要产生场所为 CL 反应界面。因此可以计算为：

$$Q_{irev} = Q_{act} + Q_{con} + Q_{ohm} = j(E^{\ominus} - V_{cell}) \tag{7-1}$$

式中，j 是电流密度，可用巴特勒-福尔摩方程求出；$E^{\ominus}$ 为标准电动势；V_{cell} 为电池输出电压大小。

（2）可逆热

可逆热是熵变过程所产生的废热，可以计算为：

$$Q_{rev} = \frac{j_c T |\Delta S|}{nF} \tag{7-2}$$

式中，j_c 是阴极电流密度；T 是局部反应温度；ΔS 是反应过程熵变。

(3) 汽化潜热

我们可以认为，水在电堆内不同的存在形式对应不同的能量，因此在相变时就会出现放出热量和吸收热量的现象。产物水在堆内的物理变化吸放热过程，虽然其热量贡献对于电池温度场并不显著，但是对于电堆的精确水管理却非常重要。因此电堆的水热管理是一个综合工程，任何一个出现问题，都对电堆性能和寿命有着非常大的影响。潜热一般可以计算为：

$$Q_{lantent} = \Sigma \left(h_{pc} \frac{m_{pc}}{VC} \right) \tag{7-3}$$

式中，m_{pc} 和 h_{pc} 分别是单位时间内水的相变质量和焓值。

7.3 电堆运行工况的衰退分析

7.3.1 高电势引起的衰退

开路（OCV）工况下，PEMFC 在低湿的条件下运行，由于 PEMFC 不产生外部电流，流入电堆的氢气和空气基本上不发生电化学反应，所以 PEMFC 中气体的分压大。Lin 等[43] 研究表明，在 OCV 工况下，氢气渗透通量最大。渗透的气体在催化剂的作用下部分发生电化学反应产生 H_2O_2，进一步分解产生自由基，会加速质子交换膜（PEM）以及催化层中离子交换树脂的衰减[44]。

Radev 等[45] 研究了 PEM 的厚度对于膜电极衰减速率的影响，发现 PEM 厚度越小，渗氢速率越大，膜电极衰减速度越快。黄豪等[46] 在 OCV 工况下运行 115h 后，PEMFC 的开路电压由 1.0V 下降到 0.794V，最大功率密度由 538.8mW/cm^2 下降到 196mW/cm^2。在线化学测试表明，欧姆电阻先减小、后增大，渗氢速率逐渐增大，短路电阻逐渐减小。离子色谱测试发现，阴极排水中的氟离子溶出速度（FER）比阳极的 FER 大，表明氢气渗透到阴极和氧气反应产生自由基是导致 PEM 衰退的主要原因；SEM 表征发现，PEM 厚度减小。在 OCV 工况下，膜电极中 PEM 发生了衰退，从而导致 PEMFC 开路电压下降和性能衰退。因此，研发抗自由基的 PEM 是提高 PEMFC 耐久性的重要方法之一。

7.3.2　电势循环与衰退

动态循环工况一般用于模拟实际的车辆运行过程中由于路况不同燃料电池输出功率随载荷而变化的过程，美国城市驾驶循环工况被认为与实际行驶工况非常接近[47]。动态循环工况也会引起电位在 0.5～0.9V 之间频繁变化，在车辆的运行寿命内，车用燃料电池要承受高达万次电位动态循环。这种电位的频繁变化，会加速阴极材料的衰退，如促进催化剂的溶解等[48]。载荷变化对催化剂稳定性的影响主要是由快速变载时阴极电势的剧烈波动所造成的。Ota 等[49] 的研究表明，在恒电势氧化条件下，表面的氧化层可以起到保护作用，避免在高电势下溶解。而在电势循环条件下，表面的氧化层则反复被氧化还原，加快了 Pt 的溶解速率，降低了的催化活性。Shao 等[50] 的实验表明，动电势循环老化后，催化剂电化学活性比表面积的降低程度和粒径的增大程度均大于恒电势老化后的样品。Wang 等[51] 的研究表明，在氧化物形成和还原的电势范围内循环伏安扫描所导致的 Pt 溶解速率，大约为将电势恒定在 PtO 的生成电势条件时溶解速率的 1000～10000 倍。黄俭标等[52] 经过 244h 连续变载运行后发现，碳载体腐蚀加速，催化层变薄，催化剂颗粒长大。

可见，载荷变化会大大加快 Pt 的溶解速率，如果在变载过程中还发生反应气饥饿现象，那么电势波动会更加剧烈，局部位置可能出现电势和温度过高等现象，更加促进 Pt 的溶解和碳载体的腐蚀[53-54]。除了改善系统控制、提升辅助系统响应能力以外，这些问题也可以通过加入活性催化助剂以减弱车用工况条件下电势循环造成的影响，从而具有更高的耐久性[55]。

7.3.3　反极造成的衰退

燃料电池堆由众多单节串联而成，有时数量可到 300 节以上，在实际工作中，很容易出现一节或者几节电池电压为负值的情况，即这几片电池的阳极（负极）电势反而比阴极（正极）电势高，即发生所谓的"反极"[56-58]。阳极催化层中的氢气不足会导致反极的出现。而外界氢气供应不足、杂质堵塞气体传输通道、水淹等因素都可能导致阳极催化层中氢气不足，从而诱发反极的发生。电堆在一些动态工况条件下，比如启/停、快速变载等都可能诱发反极的出现，因为这些条件下，氢气供给会存在一个延迟效应，阳极催化层短时间内容易出现氢气不足的情况。反极发生后，会对电池的性能造成不可逆的破坏，严重影响电池的性能和耐久性。值得注意的是，反极更容易发生在电堆的尾部，因为这些位置相对来说更容易出现缺氢气的情况[59-61]。当电堆中某节电池缺氢气时，该节电池不能提供氢气发生氧化反应而释放电子和质子维持电荷平衡；为了维持电荷平衡，阳极催化层的其他物质会发生氧化反应，从而产生质子和释放电子。刚开始，阳极催化层中的水会发生电解，此时电势会进一步上升；释放质子和电子一段时间后，随着阳极催化层中水含量的大幅降低，水电解反应无法维持电荷守恒，此时催化层内的碳载体会发生氧化反应，提供质子和电子。

值得注意的是，碳腐蚀反应电位虽比水电解反应电位低得多，即在热力学上碳腐蚀反应优先发生；但在动力学上，水电解反应要快得多，所以水电解反应优先发生[62-64]。碳载体的腐蚀会导致阳极结构坍塌。首先，碳载体腐蚀后，Pt 颗粒会脱落团聚，降低催化剂的电化学活性面积；其次，碳载体的腐蚀会改变催化层结构的亲疏水性和孔隙率，同时在界面处也有可能使得阳极催化层与质子交换膜脱离。如果反极时间足够长，与催化层相邻的 MPL 也会发生氧化反应而流失[65]。与此同时，反极发生时会产生大量的热量，造成局部热点，这些热量可能会严重加剧质子交换膜的降解，从而形成孔洞，降低开路电压，甚至阴阳极通过这些孔洞短接，严重影响电池的性能和耐久性。此外，反极发生时的高电位也有可能会导致催化层中的离聚物发生降解，反极发生前后水含量的变化机制如图 7-7 所示。

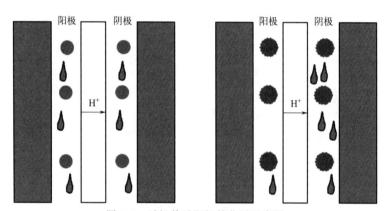

图 7-7　反极前后阳极催化层示意图

$$C + H_2O \longrightarrow C-O_{ad} + 2H^+ + 2e^- \qquad\qquad \varphi^\ominus = 0.207V \quad (7-4)$$

$$C-O_{ad} + H_2O \longrightarrow CO + H_2O \longrightarrow CO_2 + 2H^+ + 2e^- \qquad \varphi^\ominus = 0.518V \quad (7-5)$$

由此可见，如果反极没有及时被中断，对电池的伤害是致命的。可以想象，如果燃料汽车在高速公路上突然发生反极，而又没有及时处理，那么汽车很有可能在高速公路上抛锚，这是一种极其危险的现象。正因为反极会显著降低电池的耐久性以及引发灾难，所以研究反极发生的机理和预防措施具有极其重要的实际意义。

7.3.4　启/停机与氢/空界面

启动和停车过程是质子交换膜燃料电池不可避免要经历的动态工况，特别是对于车载燃料电池发动机，启动和停机过程更为频繁[66]。根据美国城市道路工况统计，车辆在目标寿命 5500h 内，启动/停车次数累计高达 38500 次，平均 7 次/h，若每次启动/停车过程是 10s，则阴极暴露 1.2V 以上时间可达 100h[33]，而 1.5A/cm² 下平均电压衰减率每次为 1.5mV[67]。如果在启动/停车时未采取任何保护措施，那么在阳极侧易形成氢/空界面[68]，导致阴极高电位的产生[69]。

在启动或停车过程中，电池内部会形成氢/空界面，阳极氢/空界面的形成会导致与阳极空气侧相对应的阴极区域内出现非常高的界面电势差，使得在该区域内发生碳腐蚀反应和水分解反应。Sidik 等人[70] 首先对这一现象进行了研究。作者通过电化学和数学模型描述了氢/空界面引起衰减的机理，并将其称之为"反向电流"衰减机理。假设阳极电势为 0V，阴极电势为 0.85V，则形成氢/空界面瞬间电池内各区域发生的反应和界面电势差如图 7-8 所示。此时区域 B 阴极处界面电势差达到 1.44V，当处于该界面电势差时，催化层中的碳会发生腐蚀，导致阴极催化层微观结构破坏，缩短电池耐久性。

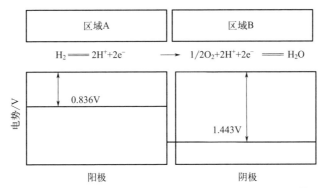

图 7-8　氢/空界面瞬间电池内各区域发生的反应及界面电势差

7.3.4.1　启动

在燃料电池发动机正常操作时，由于外界大气中的空气会通过阳极的尾气管道或者跨膜电极扩散，在燃料电池发动机停机后进入电池的阳极流道中。因此，燃料电池发动机在下次启动之前，电池的阳极流场内一般是有空气存在的。发动机启动的第一步就是将空气通入燃料电池的阴极流道内，将氢气通入燃料电池的阳极流道内。由于启动前阳极都有空气存在，在通入氢气到阳极的瞬间，燃料电池的阳极流场内会形成含氢气的 A 区和含空气的 B 区之间一个氢/空界面。而且，随着氢气的持续通入，阳极流场内的空气被氢气不断地由进口赶到出口，从而形成了一个流动的氢/空界面。当燃料电池阳极内所有的空气都被氢气赶出时，氢/空界面在阳极流场内消失，此时燃料电池的电压才能达到正常的开路电压（OCV）。

7.3.4.2 停机

正如燃料电池的启动过程一样，其停机过程也会在阳极形成氢/空界面。当燃料电池的主负载关闭后，电池的停机过程就开始了。在断开反应气供给后，燃料电池的阴极和阳极流场内都会相应地存在有残留的空气和氢气。由于阴极和阳极之间存在浓度梯度，阴极的氧气就会通过质子交换膜扩散到阳极，从而导致氢/空界面的形成。而相比较燃料电池的启动过程，停机后形成氢/空界面的过程是非常缓慢的，并且氧气/空气界面在阳极流场内部的存在时间也是比较长的。

Shen 等[71] 在燃料电池阳极内循环通入氢气和空气，以模拟启/停工况，并测量相应的电池性能损失。他们发现，阳极不断形成氢/空界面后，电池性能、阴极催化层的厚度和电化学活性比表面积均明显降低。频繁的电池启/停会导致阳极不断形成氢/空界面，阴极不断出现高的界面电势差。Kim 等[72] 通过交替向阳极通入氢气和空气，使电池的阳极形成氢/空界面，并在燃料电池内部安置一个氧电极作为参比电极，直接测量了阴极、阳极的电势和电池电压。

Baba 等[73] 通过模拟表明，未保护的电池启/停会导致阴极局部界面电势差达到 1.684V，并且估计经过 55000 次启动/停车循环后催化层中的碳载体会完全被腐蚀。Lee 等[74] 利用 TEM 成像研究了质子交换膜燃料电池经历 500 次频繁启/停循环后的催化层衰减，表明在催化层会形成较多的空洞，空洞区域并未发现有碳材料存在，这更为直接地表明了碳载体材料的腐蚀。

以上实验都表明，在启/停过程中阴极会产生高电位，并且在启/停循环后催化剂的活性面积和催化剂颗粒会发生改变，甚至在尾气中会有碳氧化物的产生。

7.3.5 车用工况与衰减

7.3.1～7.3.4 节已解释论证了高电势、电势循环和反极现象对于 MEA 和极板材料固有状态稳定性的影响。上述三种现象将会造成 MEA 不可逆的降解，同时其他材料微观形貌也会发生变化。

在不同车用工况下，在单电池内部——尤其是膜电极中——所出现这些老化、衰减，最终将导致电堆和车用燃料电池发动机的输出性能不同程度的下降。在实际使用过程中，氢燃料电池汽车运行状态包括启/停过程、息速运行、额定负荷运行和过载运行等工况。因此，典型车载工况（TOC）包括动态变载、启/停机、息速、额定以及过载等诸多过程。

(1) 动态变载工况

动态变载是指为适应车辆的实际驾驶功率经常变化，因而燃料电池需要持续改变负载。表7-2为一个具体的燃料电池变载工况循环测试案例，包括启动、怠速、循环变载和基准电流工况，直至停机。

表 7-2 燃料电池变载工况循环测试流程

步骤	工况	要求	
1	启动	前提条件	各节燃料电池电压＜0.3V
		方式	根据实车状况模拟
2	怠速	停留时间	240s
3	循环变载	开始记录加载次数	
		加载始点	怠速电流
		加载过程时间	根据实车状况模拟
		加载终点	额定电流
		额定电流停留时间	2s
		减载过程	根据实车状况模拟
		减载终点	怠速电流
		怠速停留时间	15s
4	基准电流	条件	变载考核近4h
		方法	从怠速加载到基准电流工况维持90s，记录电压，减载至怠速工况
5	停机	停机处理方式	根据实车状况模拟

值得一提的是，负载变化实际上是对PEMFC耐久性要求最苛刻的条件。负载周期性变化本质上表现为电势的周期性变化。此外，产物水的状态和燃料电池内部的产热也会随着电堆温度的变化而变化。换言之，燃料电池内部的水和热输出随着负载的变化而变化。最终，这导致了一个热/湿度交变循环的内部环境，并从根本上加速了催化剂的老化和部件的机械退化。随着负载的变化，燃料电池会经历一个瞬时的波动过程，影响进入燃料电池物料的参数，包括反应气的化学计量比、温度、压力和相对湿度等。

上述参数的波动导致部件的退化，尤其是反应气的化学计量比和供应时间节点在堆内的分布不均会造成严重的碳腐蚀和反极现象，加速了燃料电池的老化。图7-9显示了动态变载工况前后MEA的老化现象，在一些区域，如区域A，膜变薄和穿孔，膜和电极之间不再有内聚力。在其他区域，如区域B，尽管阴极微观结构退化，但膜的损伤似乎较小。

（2）启/停工况

启/停工况一般发生在高频的车用工况中，它对燃料电池耐久性也是一种影响

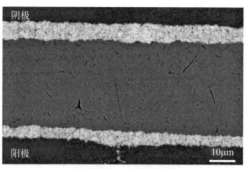

(a) 全新MEA的SEM图像

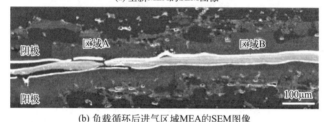

(b) 负载循环后进气区域MEA的SEM图像

图 7-9　动态变载工况前后 MEA 老化对比

显著的工况。在燃料电池的启动或停机过程中，阳极的氢/空界面引发阴极的高界面电位差（高达 1.5V），导致碳载体的腐蚀。除了促进 Pt 催化剂和离聚物的降解以及减小有效的电化学活性面积（ECSA），碳腐蚀还使催化剂层的微孔结构崩溃。因此，启/停工况对燃料单池电荷的传输和质量传输都有着不利影响。

（3）怠速工况

怠速工况是指最低负荷工况，也常常被近似地看作燃料电池的开路工况。城市道路（在中国多数城区）一般没有非常复杂的地形和广泛分布的坡道，因此燃料电池车辆在运行过程中也常会遇到怠速工况。当燃料电池在怠速条件下运行时，虽然不用对车辆产生净的输出功率，但是为维持车辆正常运转，仍然会运行在较低的电流密度下。类似 OCV 工况，此时阴极保持在高电位，阴极电位若高于 0.8V 时，碳载体很容易发生腐蚀，这就会加速催化剂的溶解、团聚和烧结。此外，膜会被过氧化氢和自由基化学降解。基于上述过程分析可以得知，怠速工况也会造成燃料电池性能的下降。图 7-10 展示了质子交换膜水热失效、化学失效和机械失效三种模式。

实际上，这些失效模式彼此有着千丝万缕的联系，如膜穿孔的形成可能是机械和化学降解循环共同作用的结果，而相对湿度、温度的波动和载荷循环以及启/停过程都会导致膜尺寸变化，并导致塑性变形、裂纹和针孔形成；在膜减薄甚至穿孔后，高氢渗透会加速自由基形成，导致进一步的聚合物分解。

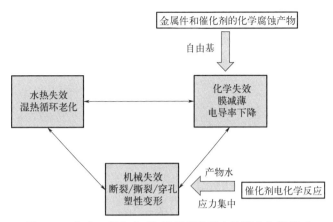

図 7-10 怠速工況和启/停循环下质子交换膜的失效模式

（4）过载工况

过载工况是一种在整车高输出功率需求下的过程工况。在 PEMFC 车辆的一些特殊条件下，如爬坡、加速，燃料电池基本上短时间内是在高功率条件下运行的，气体饥饿、水淹和局部过热的风险显著增大。因此，过载工况加快了膜的不可逆化学降解和碳载体的腐蚀过程，强化了催化剂 Pt 的溶解和团聚效应，如图 7-11 所示。

基于上述常见的行驶过程工况，为了测试轻型车辆常见行驶过程中的燃油经济性（或者续航能力）和排放水平，国际上有新欧洲驾驶循环（NEDC）、全球统一轻型车辆测试程序（WLTP）和美国环境保护署（EPA）标准等重要车用工况测试标准，部分工况图谱如图 7-12 所示。我国基于本土道路交通状况，以及高速发展的中国新能源

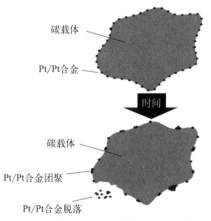

图 7-11 催化剂的 Pt 团聚和分离现象

汽车产品生态，正在逐步建立中国汽车测试循环（CATC）体系。

中国在 2020 年后开始采用 WLTP 测试车辆经济型，很可能将其作为中国自己的 CATC 的基础。在"中国工况"研究成果的基础上，全国汽车标准化技术委员会汽车节能分标委组织、中汽中心牵头在全国 41 个代表性城市采集了 5050 辆车共计 5500 万公里的车辆行驶数据，完成了更加符合我国实际道路行驶状况，覆盖乘用车、轻型商用车、重型商用车的整车测试工况曲线 8 条及发动机工况曲线。表 7-3 对比了 CLTC-P 和 WLTP 两种测试标准的异同。

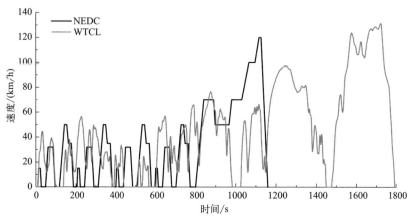

图 7-12　各车用工况循环图谱

表 7-3　CLTC-P 和 WLTP 测试标准的对比

测试标准	CLTC-P	WLTP
行驶时长	1800s	1800s
行驶距离	14.5km	23.25km
车速区间	低中高速	低中高速＋超高速
最高车速	114km/h	131.3km/h
道路类型	城市驾驶(37%),郊区驾驶(39%),高速驾驶(24%)	城市驾驶(53%),非城市驾驶(48%)
能量消耗率	13.2kWh/100km	16.8kWh/100km

　　近年来，燃料电池技术取得了很大的进步，国内外燃料电池开发商、整车企业都在进行燃料电池堆和电动汽车技术的实车运行，积累了大量的实际道路运行数据。然而，这种实车运行测电堆寿命的时间非常长，实验成本也相当高，跟不上燃料电池技术的飞速发展。中国电器工业协会提出的国标 GB/T 38914—2020《车用质子交换膜燃料电池堆使用寿命测试评价方法》，用于燃料电池堆的加速衰减循环测试。

　　为了使得测试工况对燃料电池寿命造成的衰退效果加剧，一般在负载工况加速因素中加入运行环境加速因素。当燃料电池输出负载发生瞬态变化时，反应气供应延迟，电池内部除了可能会出现局部"饥饿"现象，进而导致催化层碳载体发生腐蚀；还有可能造成电池内部反应气体相对湿度突然增大，反应产物水无法顺利排出电池外部，堵塞在 GDL 层以及双极板流场中，进而导致燃料电池发生水淹现象，这将加剧电池缺气产生的负面影响。

　　某种加速寿命测试工况谱的部分循环图谱如图 7-13，其包括启/停工况、怠速工况和变载工况，根据 GB/T 38914—2020 的要求，循环工况持续测试时间一般在 3600s±30s。按下式可以计算该循环燃料电池堆性能的衰减率 A：

$$A = V_1' n_1 + V_2' n_2 + \frac{U_1' t_1}{60} + \frac{U_2' t_2}{60} \tag{7-6}$$

式中，A 表示电堆衰减率，V/h；V_1' 和 V_2' 分别表示启/停和变载工况引起的电压衰减率，V/次；n_1 和 n_2 分别表示每小时启/停和变载的次数；U_1' 和 U_2' 分别表示怠速和额定工况导致的电压变化率，V/h；t_1 和 t_2 分别表示每小时怠速和额定工作的时间，min。

其中怠速电流（对应单电池 0.85V）、变载工况和启/停工况都起了加速衰退的作用，从而正常使用寿命长达数千小时乃至上万小时的电堆寿命能

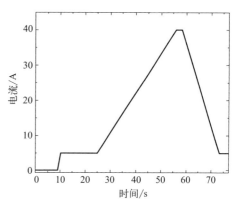

图 7-13　一种燃料电池寿命加速测试工况

在几十或数百小时里完成测试。因此，该国标实现了对车用燃料电池发电系统耐久性的加速测试，进而预测燃料电池汽车的寿命，这就可以大大缩短电堆开发周期、减少开发成本，同时也有利于电堆寿命水平的对标。

7.4　电堆低温冷启动策略

燃料电池在冬季工况下的启动能力和耐久性一直都是燃料电池汽车的关键技术问题。由于过冷水相变结冰，反应物在堆内不同通道之间会存在不均匀的分布，这导致催化剂层中反应速度和气体浓度分布不均匀，从而影响质子交换膜燃料电池堆的性能和耐久性。

PEMFC 低温冷启动过程是指燃料电池系统从 0℃ 以下环境启动达到额定功率 50％的过程。PEMFC 的正常工作需要不间断地将氢气和氧气从气体流道运输到催化层进行反应，并通过流场板上的水流道排出生成的水。在低温环境（低于 0℃）下，反应产生的水会冻结在 GDL、CL 和流道内，导致冰积聚，阻塞了气体的传输，并覆盖 CL，使得反应面积减小，从而阻碍电化学反应的进行，最终导致冷启动失败。图 7-14 展示了 PEMFC 冷启动时传质受阻的过程。低温环境下，部分膜相水可能转化为冷冻膜水。水分也会从膜中蒸发，所产生的水蒸气通过气体扩散层

渗透并进入流道，水蒸气也可能以冰的形式沉积并积聚在气体扩散层和催化层中，无论是液态水还是孔隙结冰都会导致冷启动传质受阻。

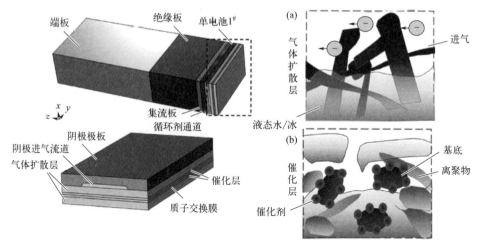

图 7-14　PEMFC 冷启动时传质受阻过程原理示意图

为了提高冷启动成功概率和优化燃料电池低温耐久性，需要针对相应工况采取不同的冷启动策略。PEMFC 低温冷启动策略可分为两类：无辅助冷启动和辅助冷启动。无辅助冷启动是启动时没有额外的能量输入，通过控制操作条件，迅速达到发动机的正常性能，在此过程中最多只能利用电堆自产热。该方法具有系统简单、效率高的优点；缺点是对反应控制要求高，实际应用比较困难。辅助冷启动包括循环介质预热、外部热源、进气加热、反应器燃烧等多种模式。图 7-15 展示了一种端板侧辅助加热的方案，试验证明这种薄膜辅助加热的手段能有效提高堆内温升和性能的均匀性。

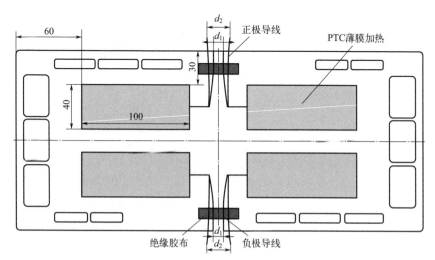

图 7-15　集流板薄膜辅助加热器的布置

冷启动策略的研究主要包括能量效率、启动时间和对耐久性的影响，研究方法常为台架或实车试验和仿真方法。

7.4.1 模型研究

为便于控制策略研究，考虑电堆内部参数以及低温冷启动过程中产水平衡、结冰体积以及动态温度变化对电堆性能的影响，建立描述水相变过程的燃料电池堆低温冷启动解析模型和机理模型，主要涉及电化学、传热学和流体力学等物理场。解析模型多用于系统响应，一维模型计算效率高，三维多相模型对过程机理的描述更全面，相关参数设定和变化过程表达也更复杂。一般认为准二维模型可以在两者之间取得较好的平衡。

在冷启动理论研究领域，Sundaresan 和 Moore[75] 建立了 PEMFC 电堆冷启动的一维模型，通过能量守恒和传热分析来预测内部加热过程中每个单电池的温度和热量路径。Huo 和 Jiao 等[76] 建立了三维多相模型，使得膜和离聚物中水的传质和相变有了更精确的计算方法。

Ahluwalia 等[77] 通过建立垂直于反应方向的二维仿真模型，提出一种 PEMFC 快速自升温启动策略。通过控制氢气消耗量使得电堆工作在近短路点。浓差极化与反应物浓度相关且灵活可调。通过空压机控制过量空气系数，减少氢气消耗量，从而增大浓差极化，拉低输出电压，使得在近短路点工作。

清华大学彭杰等[78] 建立了一个瞬态三维多相模型来模拟单电池的冷启动过程。通过引入结冰概率函数，考虑了过冷水相变和结冰的机理。通过与 Tajiri 等[79] 人得出的实验数据相比较，验证了模型的正确性（图 7-16）。

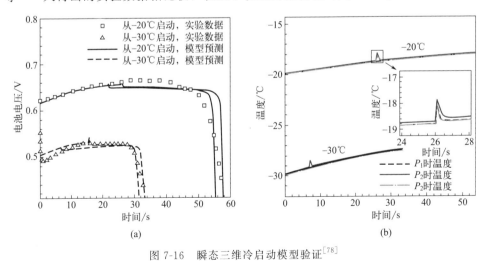

图 7-16　瞬态三维冷启动模型验证[78]

(a) 输出电压模型预测值和实验验证；(b) 温度随时间变化模拟结果

在 MEA 和双极板内发生带电粒子转移的过程主要是由质子和电子的电势守恒方程控制的，相关原理和数学表达式如下：

电子守恒方程：

$$\nabla \cdot \kappa_{ele}^{eff} \nabla \varphi_{ele} + S_{ele} = 0 \tag{7-7}$$

质子守恒方程：

$$\nabla \cdot \kappa_{ion}^{eff} \nabla \varphi_{ion} + S_{ion} = 0 \tag{7-8}$$

式中，κ_{ele}^{eff} 和 κ_{ion}^{eff} 分别表示电子有效电导率和离子有效电导率；S_{ele} 和 S_{ion} 则分别为电子和离子传递形成的局部电流密度大小。

连续性方程、动量守恒方程和组分守恒方程共同控制多孔介质中的流动。

$$\frac{\partial}{\partial t}[\varepsilon_{eff}\rho_g] + \nabla \cdot (\rho_g \boldsymbol{u}_g) = S_m \tag{7-9}$$

式中，ε 为孔隙率；源项 S_m（单位：$kg \cdot m^{-3} \cdot s^{-1}$）包括氢气、氧气和水蒸气的变化率，$kg/(m^3 \cdot s)$。

连续性方程的源项 S_m 包括氢气、氧气的消耗以及水的相变和转移，涉及水的产生、传质和相变过程[22]。本文将达西定律代入动量守恒方程，得到下式：

$$\frac{\rho_g}{\varepsilon_{eff}} \times \frac{\partial \boldsymbol{u}_g}{\partial t} + \frac{\rho_g}{\varepsilon_{eff}} \times (\boldsymbol{u}_g \cdot \nabla)\left(\frac{\boldsymbol{u}_g}{\varepsilon_{eff}}\right) =$$

$$-\frac{2\mu_g}{3}\nabla\left[\nabla \cdot \left(\frac{\boldsymbol{u}_g}{\varepsilon_{eff}}\right)\right]\nabla p_g + \mu_g \nabla \cdot \left[\nabla\left(\frac{\boldsymbol{u}_g}{\varepsilon_{eff}}\right) + \nabla\left(\frac{\boldsymbol{u}_g^T}{\varepsilon_{eff}}\right)\right] + F + \left(\kappa^{-1}\mu + \frac{\dot{m}_g}{\varepsilon_{eff}^2}\right)\boldsymbol{u} \tag{7-10}$$

式中，$\boldsymbol{u}_g$ 和 p_g 是气相组分的达西速度和压力；μ_g 是气体运动黏性系数；κ 是多孔介质渗透率；源项 F 是体积力。

组分守恒方程如式(7-11)所示：

$$\frac{\partial}{\partial t}[\varepsilon_{eff}\rho_g Y_i] + \nabla \cdot (\rho_g \boldsymbol{u}_g Y_i) = \nabla \cdot (\rho_g D_i^{eff} \nabla Y_i) + S_{lq} \tag{7-11}$$

式中，Y_i 是气体组分体积分数。有效孔隙率 ε_{eff} 和各组分间有效扩散系数 $D_{ik,eff}$ 分别可以计算为：

$$\varepsilon_{eff} = \varepsilon_{GDL}(1 - s_{ice} - s_1) \tag{7-12}$$

$$D_{ik,eff} = \varepsilon_{eff}^{1.5} D_{ik} \tag{7-13}$$

式中，ε_{GDL} 为 GDL 孔隙率；D_{ik} 为组分间扩散系数。

能量守恒方程即式(7-14)：

$$\frac{\partial}{\partial t}[(\rho c_p)_{fl,sl}^{eff} T] + \nabla \cdot [(\rho c_p)_{fl,sl}^{eff} \boldsymbol{u}_g T] = \nabla \cdot (\kappa_{fl,sl}^{eff} \nabla T) + S_T \tag{7-14}$$

式中，T 为电池温度；$(\rho c_p)_{fl,sl}^{eff}$、$\kappa_{fl,sl}^{eff}$ 分别为流体和固体介质的有效体积比容

和热导率；源项 S_T 包括潜热、欧姆热、活化热和可逆热。

其他物态的连续性由液态水守恒和冰守恒控制，分别如式(7-15) 和式（7-16）所示：

$$\frac{\partial(\varepsilon s_{\mathrm{lq}}\rho_{\mathrm{lq}})}{\partial t}+\nabla\cdot(t\rho_{\mathrm{lq}}\boldsymbol{u}_{\mathbf{g}})=\nabla\cdot(\rho_{\mathrm{lq}}D_{\mathrm{lq}}\nabla s_{\mathrm{lq}})+S_{\mathrm{lq}} \tag{7-15}$$

式中，S_{lq} 是冰融化速率和水蒸气液化速率，$\mathrm{kg\cdot m^{-3}\cdot s^{-1}}$。

冰守恒

$$\frac{\partial(\varepsilon s_{\mathrm{ice}}\rho_{\mathrm{ice}})}{\partial t}=S_{\mathrm{ice}} \tag{7-16}$$

式中，源项 S_{ice} 是液态水凝结和水蒸气升华速率，$\mathrm{kg\cdot m^{-3}\cdot s^{-1}}$。

7.4.2　实验方法

通过实验测量燃料电池冷启动过程中的性能参数，表征冷启动结束后的微观结构变化，是研究燃料电池冷启动衰减机理最直接、最可靠的手段，也是检验冷启动策略优劣最直观的方法。美国能源部（DOE）提出的冷启动指标主要考察输出功率和启动温度。因此，首先需要研究的参数就是启动过程中的电流（电流密度）、电压以及电池的温度。图 7-17 展示了 Tabe 等人[80] 在燃料电池冷启动特性实验研究中的结果。

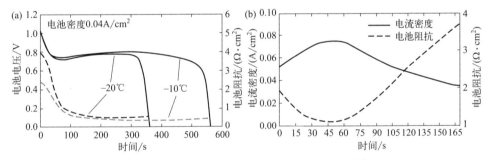

图 7-17　燃料电池在冷启动期间的输出性能[80]

（a）0.04A/cm² 下，工作温度为−20℃和−10℃时冷启动电池电压（实线）和电池阻抗（虚线）；

（b）恒电压冷启动期间电流密度（实线）和电池阻抗（虚线）的变化

通过研究燃料电池冷启动的输出特性可以发现，电池内部的水分布是影响冷启动性能的最主要因素，电池内部水在低温环境下结冰是导致冷启动失败的直接原因。对水在电池内部的变化有显著影响的因素包括初始湿度、初始温度、启动电流密度和过冷水的存在。

初始温度主要影响燃料电池冷启动时各区域升温到冰点以上的难易程度、电池内部的冰分布、PEM 与 CL 的含水饱和度以及膜的阻抗。由于燃料电池自身的不同性质、装夹方式以及实验环境都有或多或少的差异，对于燃料电池能否成功冷启动没有一个确定的初始启动温度值，通过研究只能发现冷启动基本遵循启动温度越低，电池越难成功启动的规律。

启动电流密度主要影响燃料电池冷启动时电化学反应的产水量以及发热量。显然，若启动电流密度过低，则反应发热量较少，会导致温度提升过慢，甚至不足以维持温度的上升，不利于冷启动的顺利进行。若启动电流密度过高，反应生成的大量水会使膜迅速饱和，多余的水在电池内部迅速结冰而抑制反应的进一步进行，同样会导致冷启动的失败。

因此，针对不同燃料电池的实际情况，均能找到一个合理的启动电流密度范围，既能产生足够的热量以维持电池升温，又不会在启动初期迅速产生大量的水直接结冰而抑制反应。升温的过程可以用式（7-17）描述：

$$\left(\sum m_i c_{pi}\right) \times \frac{\mathrm{d}T}{\mathrm{d}t} = \dot{Q}_{\text{gen}} - \dot{Q}_{\text{loss}} \tag{7-17}$$

式中，下标 i 表示冷却液、CL、GDL、质子交换膜、双极板和端板。生成热量 $\dot{Q}_{\text{gen}}$ 可以采用下式计算：

$$\dot{Q}_{\text{gen}} = \dot{Q}_{\text{rev}} + \dot{Q}_{\text{irev}} + \dot{Q}_{\text{lantent}} \tag{7-18}$$

可逆热 $\dot{Q}_{\text{rev}}$、不可逆热 $\dot{Q}_{\text{irev}}$ 和汽化潜热 $\dot{Q}_{\text{lantent}}$ 的计算分别见式（7-1）～式（7-3）。散热所导致的热损失 $\dot{Q}_{\text{loss}}$ 可以采用下式计算：

$$Q_{\text{loss}} = (mc_p)_{\text{outlet}} T - (mc_p)_{\text{inlet}} T_0 + h_0 A(T - T_0) \tag{7-19}$$

冷启动过程中的宏观输出性能受到电池内部冰的影响，而水冻结成冰会导致电池内部结构破坏，进而导致电池在正常运行中性能出现衰减，耐久性下降。对此，研究人员利用各种先进的表征手段，对冷启动后电池内部微观结构的变化进行研究，分析电池耐久性下降的原因。通过表征冷启动后电池微观结构的形貌，发现冰的形成导致了电池内部结构之间的分层和表面的开裂，相邻结构热膨胀系数的差异在温度大范围变化时还会出现结构弯曲的问题。这些损伤均会导致燃料电池在冷启动后耐久性下降。图 7-18 为冷启动后电池 GDL 微观结构的形貌，可用于对低温损伤和寿命的研究。

7.4.3 工程应用

国内外燃料电池系统应用和整车的工程应用在低温冷启动方面已经有了长足的进展。表 7-4 展示了国际量产燃料电池汽车冷启动的先进水平，中国厂商在整车低温冷启动方面与国际先进水平（尤其是丰田 Mirai 和现代 NEXO 两款车型）还有着一定的差距。

图 7-18　冷启动后电池 GDL 微观结构的形貌

(a) 100 倍 SEM 照片；(b) 20000 倍 SEM 照片

表 7-4　国内外冷启动先进水平

产品	极限温度/℃	辅助启动/℃	无辅助启动/℃	启动时间/s
Mirai	-40	-40	-30	35s(60%额定功率) 70s(100%额定功率)
NEXO	-40	-40	-30	30
FCV-Clarity	-40	-40	-30	30
上汽荣威 950	-40	—	-20	—
上汽大通 FCV80	-40	—	-10	—
长安 SUV	-40	—	-30	—
捷氢 PROME P390	-40	—	-30	30
亿华通	-40	—	-30	—

下面，以丰田 Mirai 的冷启动策略为例，介绍商用氢能发动机的低温冷启动工程应用现状。7.4.1 节提到 Ahluwa lia 等基于二维冷启动模型提出的自升温控制策略。这一方法也被丰田 Mirai[81] 所采用，并实现 -30℃快速启动。但是在近短路点工作，对于控制的要求很高，电堆有烧毁的风险。同时由于反应物饥饿，会造成碳载体腐蚀、电极反转现象和电流分布不均等问题。图 7-19 展示了这一过程的原理，即利用氢饥饿现象维持电堆的低输出功率、高产热状态，以实现快速升温。

基于上述冷启动升温方案，依靠减小空气过量比增大浓差过电势，加快产热速率，Mirai 进一步采用了精确的系统控制来实现热量的精确控制，以达到快速冷启动的目的。这一控制逻辑如图 7-20 所示，根据电堆在线监测得出的系统参数，实现对性能和温升速度的闭环控制。这一冷启动解决方案既能高效地冷启动，又能最大程度上避免系统电失控和热失控造成的衰退。

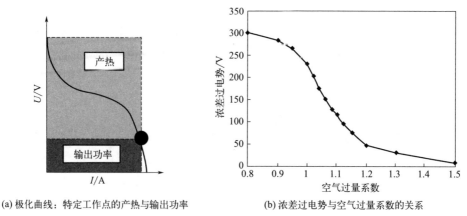

(a) 极化曲线：特定工作点的产热与输出功率　　　(b) 浓差过电势与空气过量系数的关系

图 7-19　阴极反应气体饥饿的低温冷启动策略

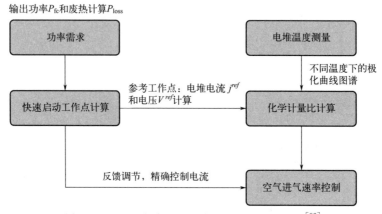

图 7-20　Mirai 在线监测和冷启动闭环控制逻辑[82]

7.5　小结

　　本章从燃料电池汽车运行过程中实际工况出发，介绍了包括"三高"极限环境在内的工作环境和运行条件对燃料电池堆耐久性的影响，并解释了水热管理和合理的控制策略对于提升电堆寿命的重要性。

　　PEMFC 工作过程中，既要保证电解质充分加湿以维持质子的传输，同时也要避免存在过多的水造成水淹，影响氧化剂与还原剂的传输。燃料电池的水管理问题更是影响着电池的耐久性、运行工况的变化、性能参数等重要指标。而不充分的热管理会导致电池整体温度过高或局部温度过高，使得质子交换膜受损甚至穿孔。温度作为电堆的重要运行条件之一，直接或间接影响了电堆内部质子交换膜的湿度、反应气体的湿度、膜内质子传导的速率、催化剂的活性、电堆的输出电压以及电堆使用寿命。

燃料电池汽车运行过程中的典型车载工况包括动态变载过程、启动/停机过程、怠速空转过程、额定负荷过程以及过载过程。这些分解工况会导致高电势、循环电势和反极等现象，将会进一步造成 MEA 不可逆的降解，同时其他材料微观形貌也会发生变化。

燃料电池在冬季工况下的启动也对 PEMFC 耐久性有着重要的影响。为研究这一过程，需要建立描述水相变过程的燃料电池堆低温冷启动解析模型和机理模型。同时，测量冷启动性能参数，表征微观结构变化，是研究燃料电池冷启动衰减机理最直接、最可靠的手段。通过辅助或无辅助的启动策略或升温手段，可以实现电堆的快速升温，最大限度地避免低温工况和冻融循环对电堆寿命的影响。

参考文献

[1] Jourdan M, Mounir H, El Marjani A. Compilation of factors affecting durability of proton exchange membrane fuel cell（PEMFC）[C]//2014 International Renewable and Sustainable Energy Conference（IRSEC）. IEEE, 2014: 542-547.

[2] 邵静玥, 黄海燕, 卢兰光, 等. 车用质子交换膜燃料电池典型工况的试验研究[J]. 汽车工程, 2007, 29（7）: 566-569.

[3] Yuan X Z, Zhang S, Wang H, et al. Degradation of a polymer exchange membrane fuel cell stack with Nafion® membranes of different thicknesses: Part I . In situ diagnosis[J]. Journal of Power Sources, 2010, 195（22）: 7594-7599.

[4] Vengatesan S, Panha K, Fowler M W, et al. Membrane electrode assembly degradation under idle conditions via unsymmetrical reactant relative humidity cycling[J]. Journal of Power Sources, 2012, 207: 101-110.

[5] Wu J, Yuan X Z, Martin J J, et al. Proton exchange membrane fuel cell degradation under close to open-circuit conditions: Part I : In situ diagnosis[J]. Journal of Power Sources, 2010, 195（4）: 1171-1176.

[6] 王诚, 黄俊, 王树博, 等. 车用燃料电池启停工况性能衰减[J]. 化学通报, 2016, 79（11）: 1001-1011.

[7] 余意. 频繁启停对质子交换膜燃料电池堆性能的影响[J]. 电池, 2015 （2）: 74-77.

[8] Yu Y, Li H, Wang H, et al. A review on performance degradation of proton exchange membrane fuel cells during startup and shutdown processes: causes, consequences, and mitigation strategies[J]. Journal of Power Sources, 2012, 205: 10-23.

[9] Zhang X, Yang Y, Guo L, et al. Effects of carbon corrosion on mass transfer losses in proton exchange membrane fuel cells[J]. International Journal of Hydrogen Energy, 2017, 42（7）: 4699-4705.

[10] Linse N, Scherer G G, Wokaun A, et al. Quantitative analysis of carbon corrosion during fuel cell start-up and shut-down by anode purging[J]. Journal of Power Sources, 2012, 219: 240-248.

[11] Gan M. Modeling of water transport in the membrane-electrode assembly of the proton exchange membrane fuel cell[M]. The University of Iowa, 2006.

[12] Liu D, Case S. Durability study of proton exchange membrane fuel cells under dynamic testing conditions with cyclic current profile[J]. Journal of Power Sources, 2006, 162（1）: 521-531.

[13] Yu J, Matsuura T, Yoshikawa Y, et al. In-situ analysis of performance degradation of a PEMFC under nonsaturated humidification[J]. Electrochemical and Solid-State Letters, 2005, 8（3）: A156.

[14] Guo H, Liu X, Zhao J F, et al. Effect of low gravity on water removal inside proton exchange membrane fuel cells （PEMFCs） with different flow channel configurations[J]. Energy, 2016, 112: 926-934.

[15] Lu Z, Kandlikar S G, Rath C, et al. Water management studies in PEM fuel cells, Part Ⅱ: Ex situ investigation of flow maldistribution, pressure drop and two-phase flow pattern in gas channels [J]. International Journal of Hydrogen Energy, 2009, 34: 3445-3456.

[16] Hussaini I S, Wang C Y. Visualization and quantification of cathode channel flooding in PEM fuel cells[J]. Journal of Power Sources, 2009, 187（2）: 444-451.

[17] Lu Z, Rath C, Zhang G, et al. Water management studies in PEM fuel cells, part Ⅳ: Effects of channel surface wettability, geometry and orientation on the two-phase flow in parallel gas channels[J]. International Journal of Hydrogen Energy, 2011, 36: 9864-9875.

[18] Malhotra S, Ghosh S. Effects of channel diameter on flow pattern and pressure drop for air-water flow in serpentine gas channels of PEM fuel cell——an ex-situ experiment [J]. Experimental Thermal and Fluid Science, 2019, 100: 233-250.

[19] Qian D, Lawal A. Numerical study on gas and liquid slugs for Taylor flow in a T-junction microchannel[J]. Chemical Engineering Science, 2006, 61（23）: 7609-7625.

[20] Scholta J, Escher G, Zhang W. Investigation on the influence of channel geometries on

PEMFC performance [J] . Journal of Power Sources, 2006, 155 (1) : 66-71.

[21] Gong J, Li Q, Sui P C, et al. Numerical and experimental investigations of bipolar membrane fuel cells: 3D model development and effect of gas channel width[J]. Journal of the Electrochemical Society, 2018, 165 (11) : 994.

[22] Hsieh S S, Huang Y J, Her B S. Pressure drop on water accumulation distribution for a micro-PEM fuel cell with different flow field plates[J]. International Journal of Heat and Mass Transfer, 2009, 52 (23-24) : 5657-5659.

[23] Gopalan P, Kandlikar S G. Effect of channel materials and trapezoidal corner angles on emerging droplet behavior in proton exchange membrane fuel cell gas channels [J]. Journal of Power Sources, 2014, 248: 230-238.

[24] Coeuriot V, Dillet J, Maranzana G, et al. An ex-situ experiment to study the two-phase flow induced by water condensation into the channels of proton exchange membrane fuel cells (PEMFC) [J]. International Journal of Hydrogen Energy, 2015, 40 (22) : 7192-7203.

[25] Mortazavi M, Heidari M, Niknam S A. A discussion about two-phase flow pressure drop in proton exchange membrane fuel cells[J]. Heat Transfer Engineering, 2020, 41 (21) : 1784-1799.

[26] Mishima K, Hibiki T. Some characteristics of air-water two-phase flow in small diameter vertical tubes[J]. International Journal of Multiphase Flow, 1996, 22 (4) : 703-712.

[27] Choi C, Kim M. Flow pattern-based correlations of two-phase pressure drop in rectangular microchannels[J]. International Journal of Heat and Fluid Flow, 2011, 32 (6) : 1199-1207.

[28] Carey V P. Liquid-vapor phase-change phenomena: an introduction to the thermophysics of vaporization and condensation processes in heat transfer equipment [M]. CRC Press, 2018.

[29] Quibén J M, Thome J R. Flow pattern based two-phase frictional pressure drop model for horizontal tubes, Part Ⅱ: New phenomenological model[J]. International Journal of Heat and Fluid Flow, 2007, 28 (5) : 1060-1072.

[30] Ramin F, Sadeghifar H, Torkavannejad A. Flow field plates with trap-shape channels to enhance power density of polymer electrolyte membrane fuel cells [J]. International Journal of Heat and Mass Transfer, 2019, 129: 1151-1160.

[31] Niu Z, Fan L, Bao Z, et al. Numerical investigation of innovative 3D cathode flow channel in proton exchange membrane fuel cell [J]. International Journal of Energy Research, 2018, 42 (10) : 3328-3338.

[32] Konno N, Mizuno S, Nakaji H, et al. Development of compact and high-performance fuel cell stack[J]. SAE International Journal of Alternative Powertrains, 2015, 4 (1) :

123-129.

[33] 何璞. 碱性阴离子交换膜燃料电池水热管理的实验及仿真研究[D]. 天津：天津大学，2014.

[34] Garsany Y, Sassin M B, Gould B D, et al. Influence of short-side-chain perfluoro sulfonic acid ionomer as binders on the performance of fuel cell cathode catalyst layers [C]//Electrochemical Society Meeting Abstracts 232. The Electrochemical Society Inc, 2017（34）: 1469-1469.

[35] Jung D, Yu S, Assanis D N. Modeling of a proton exchange membrane fuel cell with a large active area for thermal behavior analysis [J]. Journal of Fuel Cell Science and Technology, 2008, 5（4）: 044502.

[36] Soboleva T, Malek K, Xie Z, et al. PEMFC catalyst layers: the role of micropores and mesopores on water sorption and fuel cell activity [J]. ACS Applied Materials & Interfaces, 2011, 3（6）: 1827-1837.

[37] Hou Z, Wang R, Wang K, et al. Failure mode investigation of fuel cell for vehicle application[J]. Frontiers in Energy, 2017, 11（3）: 318-325.

[38] Dohle H, Schmitz H, Bewer T, et al. Development of a compact 500 W class direct methanol fuel cell stack[J]. Journal of Power Sources, 2002, 106（1-2）: 313-322.

[39] Choi E J, Park J Y, Kim M S. A comparison of temperature distribution in PEMFC with single-phase water cooling and two-phase HFE-7100 cooling methods by numerical study[J]. International Journal of Hydrogen Energy, 2018, 43（29）: 13406-13419.

[40] Dijoux E, Steiner N Y, Benne M, et al. Experimental validation of an active fault tolerant control strategy applied to a proton exchange membrane fuel cell [J]. Electrochem, 2022, 3（4）: 633-652.

[41] Hossain M S, Shabani B. Metal foams application to enhance cooling of open cathode polymer electrolyte membrane fuel cells [J]. Journal of Power Sources, 2015, 295: 275-291.

[42] Islam M R, Shabani B, Rosengarten G, et al. The potential of using nanofluids in PEM fuel cell cooling systems: A review [J]. Renewable and Sustainable Energy Reviews, 2015, 48: 523-539.

[43] Lin R, Xiong F, Tang W C, et al. Investigation of dynamic driving cycle effect on the degradation of proton exchange membrane fuel cell by segmented cell technology [J]. Journal of Power Sources, 2014, 260: 150-158.

[44] Zhang S, Yuan X Z, Hiesgen R, et al. Effect of open circuit voltage on degradation of a short proton exchange membrane fuel cell stack with bilayer membrane configurations[J]. Journal of Power Sources, 2012, 205: 290-300.

[45] Radev I, Koutzarov K, Pfrang A, et al. The influence of the membrane thickness on the performance and durability of PEFC during dynamic aging [J]. International Journal of Hydrogen Energy, 2012, 37（16）: 11862-11870.

[46] 黄豪, 杨座国, 王亚蒙, 等. 开路电压工况下燃料电池膜电极耐久性研究[J]. 华东理工大学学报: 自然科学版, 2018, 44（5）: 638-643.

[47] Onar O C, Uzunoglu M, Alam M S. Dynamic modeling, design and simulation of a wind/fuel cell/ultra-capacitor-based hybrid power generation system[J]. Journal of Power Sources, 2006, 161（1）: 707-722.

[48] Borup R, Meyers J, Pivovar B, et al. Scientific aspects of polymer electrolyte fuel cell durability and degradation[J]. Chemical Reviews, 2007, 107（10）: 3904-3951.

[49] Ota K I, Nishigori S, Kamiya N. Dissolution of platinum anodes in sulfuric acid solution [J]. Journal of Electroanalytical Chemistry and Interfacial Electrochemistry, 1988, 257 （1-2）: 205-215.

[50] Shao Y, Kou R, Wang J, et al. The influence of the electrochemical stressing （potential step and potential-static holding） on the degradation of polymer electrolyte membrane fuel cell electrocatalysts[J]. Journal of Power Sources, 2008, 185（1）: 280-286.

[51] Wang X, Kumar R, Myers D J. Effect of voltage on platinum dissolution: relevance to polymer electrolyte fuel cells [J]. Electrochemical and Solid-State Letters, 2006, 9 （5）: 225.

[52] 黄俭标, 杨代军, 常丰瑞, 等. 低氢气计量比下车载工况燃料电池电堆耐久性研究[J]. 高校化学工程学报, 2015, 29（06）: 86-92.

[53] Schulze M, Reissner R, Gülzow E. Alteration of PTFE in AFC, DMFC and PEFC electrodes during start-up procedure and during operation[C]//Proceedings-CD Fuel Cell Seminar, 2006.

[54] Patterson T W, Darling R M. Damage to the cathode catalyst of a PEM fuel cell caused by localized fuel starvation [J]. Electrochemical and Solid-State Letters, 2006, 9 （4）: 183.

[55] 杨代军, 李冰, 张存满, 等. 一种车载燃料电池用高耐久性阳极催化剂及其制备方法: CN103623817B[P]. 2016-01-20.

[56] Kang J, Jung D W, Park S, et al. Accelerated test analysis of reversal potential caused by fuel starvation during PEMFCs operation [J]. International Journal of Hydrogen Energy, 2010, 35（8）: 3727-3735.

[57] Gerard M, Poirot-Crouvezier J P, Hissel D, et al. Oxygen starvation analysis during air feeding faults in PEMFC[J]. International Journal of Hydrogen Energy, 2010, 35（22）: 12295-12307.

[58] 梁栋, 侯明, 窦美玲, 等. 质子交换膜燃料电池燃料饥饿现象[J]. 电源技术, 2010, 34 （08）: 767-770.

[59] Yuan X Z, Song C, Wang H, et al. Electrochemical impedance spectroscopy in PEM fuel cells: fundamentals and applications[M]. Springer, 2010.

[60] Niya S M R, Phillips R K, Hoorfar M. Study of anode and cathode starvation effects on the impedance characteristics of proton exchange membrane fuel cells [J]. Journal of Electroanalytical Chemistry, 2016, 775: 273-279.

[61] Lauritzen M V, He P, Young A P, et al. Study of fuel cell corrosion processes using dynamic hydrogen reference electrodes[J]. Journal of New Materials for Electrochemical Systems, 2007, 10 (3): 143-145.

[62] Wohlfahrt-Mehrens M, Vogler C, Garche J. Aging mechanisms of lithium cathode materials[J]. Journal of Power Sources, 2004, 127 (1-2): 58-64.

[63] Patterson T W, Darling R M. Damage to the cathode catalyst of a PEM fuel cell caused by localized fuel starvation [J]. Electrochemical and Solid-State Letters, 2006, 9 (4): 183.

[64] Hawkins D W, Roberts D A, Wilkinson J H, et al. New processes for preparing pesticidal intermediates. TW574185B[P]. 1997-9-12.

[65] El-kharouf A, Pollet B G. Gas diffusion media and their degradation [M]//Polymer electrolyte fuel cell degradation. New York: Academic Press, 2012: 215-247.

[66] 余意. 质子交换膜燃料电池启停特性及控制策略研究[D]. 武汉: 武汉理工大学, 2013.

[67] 侯明, 俞红梅, 衣宝廉. 车用燃料电池技术的现状与研究热点[J]. 化学进展, 2009, 21 (11): 2319.

[68] Kulikovsky A A. A simple model for carbon corrosion in PEM fuel cell[J]. Journal of the Electrochemical Society, 2011, 158 (8): 957.

[69] Engl T, Gubler L, Schmidt T J. Fuel electrode carbon corrosion in high temperature polymer electrolyte fuel cells—crucial or irrelevant? [J]. Energy Technology, 2016, 4 (1): 65-74.

[70] Sidik R A. The maximum potential a PEM fuel cell cathode experiences due to the formation of air/fuel boundary at the anode[J]. Journal of Solid State Electrochemistry, 2009, 13: 1123-1126.

[71] Shen Q, Hou M, Liang D, et al. Study on the processes of start-up and shutdown in proton exchange membrane fuel cells [J]. Journal of Power Sources, 2009, 189 (2): 1114-1119.

[72] Kim J, Lee J, Tak Y. Relationship between carbon corrosion and positive electrode potential in a proton-exchange membrane fuel cell during start/stop operation[J]. Journal of Power Sources, 2009, 192 (2): 674-678.

[73] Baba M, Kumagai N, Kobayashi H, et al. Fabrication and electrochemical characteristics of all-solid-state lithium-ion batteries using V_2O_5 thin films for both electrodes[J]. Electrochemical and Solid-State Letters, 1999, 2 (7): 320.

[74] Lee G, Choi H, Tak Y. In situ durability of various carbon supports against carbon corrosion during fuel starvation in a PEM fuel cell cathode[J]. Nanotechnology, 2018, 30

（8）：085402.

[75] Sundaresan M, Mooro R M. Polymer electrolyte fuel cell stack thermal model to evaluate sub-freezing startup[J]. Journal of Power Sources, 2005, 145（2）：534-545.

[76] Huo S, Jiao K, Park J W. On the water transport behavior and phase transition mechanisms in cold start operation of PEM fuel cell[J]. Applied Energy, 2019, 233: 776-788.

[77] Ahluwalia R K, Wang X. Rapid self-start of polymer electrolyte fuel cell stacks from subfreezing temperatures[J]. Journal of Power Sources, 2006, 162（1）：502-512.

[78] Yao L, Peng J, Zhang J, et al. Numerical investigation of cold-start behavior of polymer electrolyte fuel cells in the presence of super-cooled water[J]. International Journal of Hydrogen Energy, 2018, 43（32）：15505-15520.

[79] Tajiri K, Tabuchi Y, Wang C Y. Isothermal cold start of polymer electrolyte fuel cells[J]. Journal of the Electrochemical Society, 2006, 154（2）：147.

[80] Tabe Y, Saito M, Fukui K, et al. Cold start characteristics and freezing mechanism dependence on start-up temperature in a polymer electrolyte membrane fuel cell[J]. Journal of Power Sources, 2012, 208: 366-373.

[81] Nakagaki N. The newly developed components for the fuel cell vehicle, Mirai[R]. SAE Technical Paper, 2015.

[82] Manabe K, Naganuma Y, Nonobe Y, et al. Development of fuel cell hybrid vehicle rapid start-up from sub-freezing temperatures[R]. SAE Technical Paper, 2010.

第8章

杂质气体对PEMFC性能的影响

杂质气体对 PEMFC 性能的影响，可追溯到 20 世纪 90 年代，当时西方发达国家已发现氢和空气中的杂质组分对 PEMFC 的发电性能存在负面影响，并开展了相关研究工作。根据 PEMFC 工作原理，阳极和阴极均使用贵金属铂基催化剂，且工作温度较低（通常 80℃ 左右），其对燃料气体中含有的微量杂质和空气中的污染物极其敏感。这些杂质气体随燃料和空气气流进入 PEMFC 电堆，引起催化剂反应活性面积衰退、电池发电性能下降，且用常规手段难以恢复，从而严重制约了 PEMFC 的运行寿命。本章详细介绍了氢和空气中杂质的来源、杂质气体研究分析手段和对 PEMFC 性能的影响及其机理。在应对措施方面，除了制定氢气中的杂质气体容许限值标准以外，还提出了降低空气杂质对 PEMFC 影响的策略，只有这样，才能从控制 PEMFC 进气品质方面提高 PEMFC 耐久性，加速其商业化的进程。

8.1 氢气/空气中的杂质来源

氢气作为燃料电池汽车（FCV）的燃料，其杂质成分含量影响着燃料电池的运行寿命。对不同的制氢方法制得的氢气须经提纯净化后，才能作为燃料电池用氢。根据制氢原料以及制氢过程中所消耗的能量对其进行细分如图 8-1，将利用化石能源作为原料或以其作为能量来源的制氢方法称为传统制氢方法，该方法主导着全球氢气生产；而以生物质、醇类（甲醇、乙醇）、电解水等非化石能源为原料[1]、以其他能量形式（如太阳能、风能、核能、水能/海洋能源等）作为产氢过程中能量消耗来源的方法称为新型制氢方法[2]。

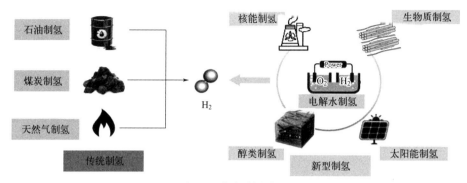

图 8-1 氢气制取方法

8.1.1 传统制氢技术

传统制氢方法有天然气蒸汽重整制氢、石油裂解制氢、煤制氢等。

2019 年国际能源署（IEA）应 20 国集团之邀于日本 G20 峰会期间发布的《氢的未来》报告中提出，纯氢年产量为 7000 万吨，其中以天然气蒸汽重整（SMR）方法获得的氢气占比为 75％，煤气化方法占比为 23％[3]。SMR 是指在一定温度、压力及催化剂作用下，天然气中的烷烃分子与蒸汽发生重整反应产生氢气的过程，工艺流程图如图 8-2。天然气重整可以用于现场制氢的加氢站，效率为 75％～80％，若进行废热回收和使用，效率可达 85％以上[4]。

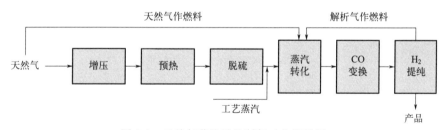

图 8-2 天然气蒸汽重整制氢工艺流程图

石油制氢是以石油炼制后所得到的烃类物质（如石油焦、石脑油、重油等）为原料制备氢气[5]。石油焦是蒸馏后的原油中重质油经热裂解转换后的产品，其制氢技术的主要工艺流程是先将石油焦在一定高温及压力状态下与氧气进行气化反应制取 CO、H_2 合成气，将混合气体经过一氧化碳转换反应以提高产氢率，经低温甲醇清洗工序得到并回收副产品硫黄，最后对所生成混合气体进行尾气分离以及变压吸附（PSA）提纯，得到高纯度的氢气产品。

煤炭资源占我国能源消费结构 70％的比重，占世界消耗总量的 51.7％[6]。钢铁、化工工业具有大量的焦炉煤气资源，其中主要来源为丙烷脱氢、氯碱工业、焦炉煤气、乙烷裂解等，通常含有氢气（50%～60%）、CH_4（20%～25%）以及少量的 CO、CO_2、H_2S 和其他烃类。这些气体资源经 PSA 分离提纯处理即可制得满足 FCV 使用要求的氢气，PSA 技术是根据固体吸附剂对多组分气体选择性吸附及吸附容量随压力变化而改变的特性，来达到分离气体的一种工艺。该工艺一次吸附能除去氢气中多种杂质组分，纯化流程较简单，且受进口气体杂质的影响较小，不需要任何热能，杂质可被吸附，然后减压再脱附[7-10]。合理开发高效清洁的煤炭技术不仅可减少石油进口依赖，也为实现"碳达峰、碳中和"国家重大战略目标做出重要贡献。煤气化制氢作为洁净煤技术的重点方向之一，也是我国重要的制氢方式之一[11]。煤炭气化是指煤在气化炉内，在一定温度及压力下使煤中碳与气化剂（如蒸汽/空气或氧气等）发生一系列化学反应，得到以 CO 和 H_2 为主要成分的气体产品，再经除尘装置、脱硫装置、CO 转化器以及 PSA 后将高纯净的 H_2 储存于钢瓶的过程，工艺流程如图 8-3 所示。主要反应方程式为[12]：

$$碳与水蒸气反应：C+H_2O \longrightarrow CO+H_2 \tag{8-1}$$

$$水煤气变换反应：CO+H_2O \longrightarrow CO_2+H_2 \tag{8-2}$$

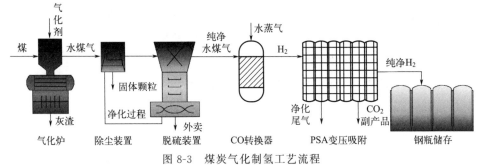

图 8-3　煤炭气化制氢工艺流程

2021 年中共中央、国务院发布的《关于完整准确全面贯彻新发展理念做好碳达峰碳中和工作的意见》中明确提出要推进规模化碳捕集、利用与封存技术（CCUS）。CCUS 是在 CO_2 的捕集、运输、长期封存三个环节基础上增加了对 CO_2 利用环节[13]。CO_2 捕集包括燃烧前捕获、富氧燃烧及燃烧后捕获，是利用化石能源的过程中对产生的 CO_2 进行分离和富集的过程。针对不同的 CO_2 气源，采用相应的捕集技术，再通过工程技术手段将捕集的 CO_2 实施资源化，主要包括地质利用、化学利用和生物利用，而无法被利用的 CO_2 则需要通过特定的封存技术进行封存[14]。CCUS 将 CO_2 从化石燃料电厂或工业设施中捕集提纯，然后通过运输投入新的生产过程加以利用，或注入地层最终实现 CO_2 有效减排。因此，CCUS 是能够实现化石能源大规模低碳化利用的减排技术，也是实现我国碳中和目标的技术组合中重要构成部分。

在我国"双碳"目标下,煤炭行业势必迎来新一轮技术升级和产业绿色转型,由超低排放向近零排放、零排放迈进。根据 2017 年国家发展改革委与工业和信息化部印发的《现代煤化工产业创新发展布局方案》,建成了四个现代煤化工产业示范区——内蒙古鄂尔多斯、陕西榆林、宁夏宁东和新疆准东,可用来布局光伏发电和风电项目,为制氢项目提供便宜的绿电[15]。

8.1.2 氢气的提纯工艺

在传统的化石能源制氢过程中必须包含氢气提纯工艺,因为从煤、石油和天然气所获取的氢气一定会掺杂包含 C、O、S 等元素的杂质气体,必须对其进行分离和提纯操作,严格控制氢气中的杂质含量。同时,明确燃料氢气的品质标准,也有助于相关企业制定分离提纯目标,设计合理的分离提纯工艺流程。参考国际标准化组织(ISO)氢能技术委员会制定的氢能技术领域标准(ISO/TC197 *Hydrogen technology*),我国制定颁布了相应的国家标准(GB/T 37244—2018)[16],表 8-1 中列出了 PEMFC 用氢气所需达到的各项技术指标。

表 8-1　氢气技术指标[16]

项目名称	指标
氢气纯度(摩尔分数)	99.97%
非氢气体总量	$300\mu mol/mol$
单类杂质的最大浓度	
水(H_2O)	$5\mu mol/mol$
总烃(按甲烷计)①	$2\mu mol/mol$
氧(O_2)	$5\mu mol/mol$
氦(He)	$300\mu mol/mol$
总氮(N_2)和氩(Ar)	$100\mu mol/mol$
二氧化碳(CO_2)	$2\mu mol/mol$
一氧化碳(CO)	$0.2\mu mol/mol$
总硫(按 H_2S 计)	$0.004\mu mol/mol$
甲醛(HCHO)	$0.01\mu mol/mol$
甲酸(HCOOH)	$0.2\mu mol/mol$
氨(NH_3)	$0.1\mu mol/mol$
总卤化合物(按卤离子计)	$0.05\mu mol/mol$
最大颗粒物浓度	$1mg/kg$

①当甲烷浓度超过 $2\mu mol/mol$ 时,甲烷、氮气和氩气的总浓度不准许超过 $100\mu mol/mol$。

绝大多数化石能源基本都含有 C、O、H 这三大基本元素，在进行裂解转化制备氢气的过程中会产生 CO、CO_2、H_2O 等杂质气体，以及未分解的甲烷等小分子烃类。除此之外，部分制氢原料中还存在 N 和 S 元素，在进行反应时，就会有氮氧化物（NO、NO_2）、硫化物（SO_2、H_2S）等杂质气体产生。同时，空气中含量最多的氮气也会不可避免地参与其中。表 8-2 为以传统化石原料为氢源的重整气中杂质含量。

表 8-2　以传统化石原料为氢源的重整气中杂质含量

杂质成分	氢源				
	甲醇	乙醇	天然气	石脑油	煤焦化
CO	0.48%	1%	0.98%	0.11%	15.1%
CO_2	0.23%	1%	0.2%	2.1%	30.8%
CH_4	4.2×10^{-6} [①]	2%	0.2%	16%	8.6%
C_2H_6	1.4×10^{-6}	0.1%	0.01%	18×10^{-6}	0.52%
C_2H_4	0.5×10^{-6}	0.1%	0.01%	95×10^{-6}	0.26%
C_6H_6	0.2×10^{-6}	0.1%	0.005%	9×10^{-6}	—
NH_3	—	—	—	—	0.8%
H_2S	—	—	—	—	1.3%

① 10^{-6} 均表示体积分数。

因此，任一种制氢方式所得氢气必须经提纯才能得到高纯度的氢气，提纯工艺主要有 PSA、膜分离、深冷吸附及水合物分离技术等。近年来，由于采取多次均压、抽真空、多床层多种吸附剂装填等新工艺，PSA 技术变得日趋完善，产品气的纯度逐渐提高。其中，膜分离技术原理在于利用气体组分在膜内溶解和扩散特性的不同，即渗透速率的不同，来实现分离，目前高分子气体分离膜已用于氢的分离，新研制的无机膜也已开始用于超纯氢制备等领域，并有可能在高温气体分离领域获得广泛的应用。通常 PSA 氢气纯化技术的单程收率偏低；而膜分离技术对气源存在严苛的要求，产品收率虽高但纯度相对偏低。因此，将二者结合，可形成优势互补。比如，在 2010 年上海世博会期间，燃料电池汽车所采用的氢气就主要来源于同济大学在上海焦化厂内建成的一座膜分离和变压吸附相结合的副产氢气提纯示范装置，其流程如图 8-4。

表 8-3 为原料气和氢气产品成分含量变化。由表可知，经过膜分离-PSA 工艺提纯后，氢气纯度达到 99.99%，其中 S 含量降低至 10×10^{-9} 以下，NH_3 降低至 18×10^{-9} 以下，其余杂质浓度大多降至 1×10^{-6} 以下。

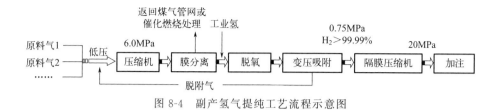

图 8-4 副产氢气提纯工艺流程示意图

表 8-3 原料气及氢气产品成分

项目	组成								
	H_2	CO	CO_2	C_nH_m	O_2+Ar	N_2	CH_3OH	S	NH_3
提纯前									
原料气 1	85.63%	13.21%	—	0.01%	0.60%	0.56%	—	0.42×10^{-6}	—
原料气 2	68.17%	27.58%	3.42%	0.25%	0.16%	0.41%	0.012%	0.1×10^{-6}	—
工业氢	99.9%	1×10^{-6}	<0.1%	1×10^{-6}	<0.1%	<0.1%	—	0.14×10^{-6}	—
提纯后									
产品氢	>99.99%	$<1\times10^{-6}$	$<1\times10^{-6}$	$<1\times10^{-6}$	$<1\times10^{-6}$	$<50\times10^{-6}$	—	$<10\times10^{-9}$①	$<18\times10^{-9}$

① 10^{-9} 均表示体积分数。

8.1.3 新型制氢技术

化石燃料的迅速枯竭、空气质量的恶化和全球变暖正在极大地影响世界的能源安全和自然环境。因此，《氢能产业发展中长期规划（2021—2035 年）》将清洁低碳作为氢能发展的基本原则，提出构建清洁化、低碳化、低成本的多元制氢体系，将发展重点放在可再生能源制氢上，并严格控制化石原料制氢。电解水制氢技术是目前最广泛使用的把可再生能源转化为氢气的技术[17]，电解水制取氢气是将水电解生产氢气，副产物主要为水和氧气，对 PEMFC 无毒害。电解水制氢气可根据电解槽的不同分为：碱性电解槽（采用碱性电解质，如 KOH 或 NaOH）、酸性电解槽（隔膜为质子交换膜）和固体氧化物（SOE，隔膜为固体氧化物）电解槽等。其中，碱性电解槽电解水技术是目前最成熟、成本最低廉、应用也最广的电解水技术[18-19]。碱性电解槽电解水制氢工艺流程为：在电极两端施加足够的电压，电解槽阳极发生氧化反应生成 O_2，阴极发生还原反应生成 H_2[20]。产生的气体分别进行压缩和干燥后储存。碱性电解水制氢的工艺流程图如图 8-5 所示，反应式如下：

$$阳极反应：2OH^- - 2e^- \longrightarrow H_2O + \frac{1}{2}O_2 \tag{8-3}$$

$$阴极反应：2H_2O + 2e^- \longrightarrow 2OH^- + H_2 \tag{8-4}$$

$$总反应：2H_2O \longrightarrow 2H_2 + O_2 \tag{8-5}$$

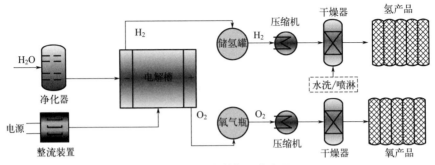

图 8-5　电解水制氢工艺流程

通过水的电解产生的氢气不含有使燃料电池催化剂中毒的杂质，其中还有可能会存在碱雾（碱水电解）、氧气、氮气和水等杂质。碱雾对燃料电池的催化层、质子交换膜都有不可逆的影响[21]；其他杂质虽然不会毒化燃料电池，但也可能会影响氢压缩机、流量计的正常工作，必须去除[8]。碱雾主要通过水洗、喷淋等方式去除。

除电解水之外，可再生的清洁能源制氢方式还包括太阳能光解水制氢、生物质制氢及核能热化学循环制氢等依托清洁能源发展起来的其他新型制氢技术，均受到了广泛关注和研究，这为氢的来源提供了更多选择。

8.1.4　大气污染物来源分析

大气污染的主要来源可分为自然因素、工农业生产以及交通和城市建设导致的大气污染[22]。其中，工业生产过程中（如发电、钢铁冶炼、橡胶和塑料制品、化学原料和化学制品、化肥、金属制品和计算机、通信和其他电子设备等制造业）会排放出诸如二氧化硫（SO_2）、H_2S 等硫化物，以一氧化氮（NO）、二氧化氮（NO_2）为主的氮氧化物（NO_x），以及可吸入颗粒物（PM 10）、细颗粒物（PM 2.5）、挥发性有机物（VOCs）、非甲烷总烃及总挥发性有机化合物（TVOC）等，还有影响大气环境质量及人民群众健康的异味污染物[23-24]。燃油的不完全燃烧会产生有毒气体、温室气体以及悬浮颗粒等，种类极其复杂，主要包括一氧化碳（CO）、二氧化碳（CO_2）、NO、NO_2、VOC，以及燃烧产生和蒸发产生的小分子的烃、醇、醛、酮、酸、多环芳烃（PAH）和固体颗粒物（PM）等[25]。这些汽车尾气在大气中还会不断发生变化，转化成二次污染物。在众多污染物中，最重要同时也是与燃料电池运行密切相关的污染物有碳氢化合物（H_xC_y）、CO、NO_x、

SO_x 及 PM 等。

2012 年我国颁布的环境空气质量标准（GB 3095—2012）[26] 将环境空气功能区分为两类：一类区为自然保护区、风景名胜区和其他需要特殊保护的区域；二类区为居住区、商业交通居民混合区、文化区、工业区和农村地区。其中，一类区适用一级浓度限值，二类区适用二级浓度限值，如表 8-4。由表 8-4 可知，标准中规定了环境空气中 SO_2、NO_2、CO、臭氧（O_3）、PM、总悬浮颗粒物、NO_x、铅和苯并芘的污染物限值。

表 8-4　环境空气污染物浓度限值

序号	污染物项目	平均时间	浓度限值		单位
			一级	二级	
1	二氧化硫(SO_2)	年平均	20	60	$\mu g/m^3$
		24h 平均	50	150	
		1h 平均	150	500	
2	二氧化氮(NO_2)	年平均	40	40	
		24h 平均	80	80	
		1h 平均	200	200	
3	一氧化碳(CO)	24h 平均	4	4	mg/m^3
		1h 平均	10	10	
4	臭氧(O_3)	日最大 8h 平均	100	160	
		1h 平均	160	200	
5	颗粒物(粒径小于等于 $10\mu m$)	年平均	40	70	
		24h 平均	50	150	
6	颗粒物(粒径小于等于 $2.5\mu m$)	年平均	15	35	
		24h 平均	35	75	
7	总悬浮颗粒物(TSP)	年平均	80	200	$\mu g/m^3$
		24h 平均	120	300	
8	氮氧化物(NO_x)	年平均	50	50	
		24h 平均	100	100	
		1h 平均	250	250	
9	铅(Pb)	年平均	0.5	0.5	
		季平均	1	1	
10	苯并[a]芘(BaP)	年平均	0.001	0.001	
		24h 平均	0.0025	0.0025	

由表 8-4 可见，大气污染物的种类是极其复杂而多变的，其对 PEMFC 的负面影响也并未研究得很透彻。目前 PEMFC 通常使用高度分散的 Pt/C 作为阳极和阴极的催化剂，Pt 是氢氧化反应（HOR）和氧化还原反应（ORR）的良好催化剂，但很容易受到燃料和空气中各种污染物的毒害。作为一种替代型新能源汽车，在过渡时期，特别是在示范阶段，采用 PEMFC 的 FCV 必然要与传统内燃机（ICE）汽车共同行驶，而 PEMFC 一般采用空气作为氧化剂，因此机动车（特别是排放不良的柴油车、以尿素为还原剂的重卡）尾气中的污染物种类和浓度将对 PEMFC 的运行产生影响。尽管大气中各种污染物的浓度都远不及其在汽车尾气中的浓度大，但在一些特殊的区域，如交通不畅的马路、正在施肥的农田、火电厂附近或一些污染物的污染源（如空气中含 S 量高的火山）附近，大气中某些污染物的浓度可能会远远超过常规的数值[27]。

8.1.5　空气污染物的去除方法

脱除燃料电池空气中的杂质气体是在常温下进行的，因此固体吸附法相对而言是最适宜的同时脱硫脱硝的方法。固体吸附法通常采用比表面积大、孔隙率高的物质（如活性炭、活性炭纤维、硅胶、活性氧化铝等）作为吸附剂，通过活化改性提高吸附性能，增加吸附容量。活性炭材料是最普遍应用于固体吸附的材料，对气体的吸附包括物理吸附和化学吸附[28]。物理吸附主要取决于活性炭的结构特性，即孔隙结构和孔隙容积；化学吸附主要取决于活性炭的表面化学性质[29]。根据 Polanyi 的位能理论，直径越小的孔具有越大的吸附势，因此在吸附质和吸附剂的作用相同的条件下，吸附质应优先被微孔吸附[30]。活性炭的孔隙结构是指孔体积、孔径分布、面积和孔的形状。不同孔径（微孔、中孔和大孔）的孔在吸附催化过程中发挥的作用有所不同。大孔（半径 $r>200nm$）的内表面积可以发生多层吸附，孔体积一般为 $0.2\sim0.8cm^3/g$，比表面积 $0.5\sim2.0m^2/g$，常是吸附质分子的通道。中孔（$2<r<100\sim200nm$）既是吸附质分子的通道，支配着吸附过渡，又在一定相对压力下发生毛细管凝结，它对大分子的吸附有着重要的作用，孔体积一般为 $0.02\sim0.10cm^3/g$，比表面积 $20\sim70m^2/g$。微孔（$r<2nm$）是吸附作用最大的，它对活性炭吸附量起着支配作用，微孔孔体积一般 $0.2\sim0.6cm^3/g$，比表面积几百至几千 m^2/g。在吸附分离操作中，吸附质分子或离子能进入和充填的孔隙才是有效孔隙，对吸附剂利用率最高的孔径和吸附质分子直径的比值为 $1.7\sim3$，对需要重复再生的吸附剂比值为 $3\sim6$ 或更高[31]。Claudino 等[32] 通过 NO 在活性炭上的吸附平衡实验和模拟突破曲线研究表明，活性炭的 BET 表面积是决定 NO 在活性炭上吸附容量的一个重要因素。活性炭材料进行修饰改性将明显提高其吸附容量，宋晓锋等[33] 利用硝酸铁溶液浸渍聚丙烯腈基活性炭纤维（PAN-ACF），对一氧化氮的吸附转化率影响显著，在硝酸铁溶液初始浓度为 $0.12mol/L$ 时，吸附转化率

达到最大值，浸渍时间和真空处理温度影响不显著。Lee 等[34-36] 利用 KOH 作为活化剂对活性炭材料进行活化改性后发现，活性炭材料对 NO、NO_2、SO_2 等在 $100\sim150℃$ 下均有很高的吸附容量。

氧气和水分的存在有利于提高活性炭的吸附能力，Kong 等[37] 利用活性炭材料在氧气和潮湿环境中吸附 NO_x，发现 NO 很容易被氧化为 NO_2，而水分的存在将使 NO_2 进一步转化为 HNO_3 吸附在活性炭上。Claudino 等[32] 利用三种不同氧含量的碳材料在 $45\sim85℃$ 范围内吸附 NO，实验在无氧气条件下进行，结果表明活性炭对 NO 的吸附容量随活性炭自身含氧量的增加而增大，这说明活性炭中含氧官能团的存在有利于活性炭对污染性气体的吸附。活性炭材料中的含氮官能团由于能提高活性炭的碱性，因此也可以通过改性提高活性炭中含氮官能团的数量，从而提高活性炭对 NO_x、SO_2、H_2S 等的吸附能力。Bagreev 等[38] 利用三聚氰胺和尿素对活性炭进行改性，发现改性后活性炭对 H_2S 的吸附能力提高了 10 倍。Shirahama 等[39-41] 利用尿素溶液对活性炭纤维进行浸渍改性后，发现活性炭纤维对 NO_x 具有良好的吸附性能。但是，在 NO_x 和 SO_2 同时存在的情况下，SO_2 会首先跟活性炭中的铵离子反应生成硫酸铵盐，覆盖在活性炭的表面，阻塞活性炭的孔道。因此，增加含氮官能团的方法不适用于 NO_x 和 SO_2 同时存在的情况[42]。

8.2 杂质气体影响的分析方法

燃料气体杂质（如 CO_x、H_2S 等）及空气污染物（如 SO_x、NO_x 等小分子）影响着 PEMFC 的耐久性，阻碍其商业化推广。氢气杂质 CO_2、CH_4、氮、氩、氨等杂质组分会降低氢气的分压，导致燃料电池局部氢气供应不足，可能造成电池反极并发生碳腐蚀现象[43]。CO 会占据 PEM 催化剂的活性位进而阻碍氢气在催化剂上吸附，降低氢气电离出质子的速率，严重时会导致催化剂完全失活[44]。不同种类的硫化物如 H_2S、SO_2 都会对 PEMFC 阴极催化剂产生不可逆的毒化作用[45-46]。甲酸和甲醛均会在电池膜电极催化剂表面产生吸附，减少反应面积[47]。反应气中存在的微量 NH_3，对 PEMFC 性能有十分重要的影响，NH_3 和 H^+ 反应生成 NH_4^+，再与离聚物或质子交换膜中的酸性基团 HSO_3^- 进行置换，将极大地降低 Nation® 的导电性[48-49]。卤素离子在电池阴极上与氧气的竞争吸附会影响燃料电池的工作效率，降低电池性能[50]。颗粒物杂质最直接的影响是填塞气体扩散层或催化层中的微通道，影响气体传质效率，当然也不排除颗粒物中复杂的物质可能对催化剂产生化学影响[51]。

这些杂质气体随燃料和空气气流进入 PEMFC 电堆，通过物理或化学作用产生的吸附或毒化作用在短期内一般不够显著，但其长期影响深远，有些甚至可能导致 MEA 永久性的损坏[52-53]。杂质气体主要通过对电极的毒化作用来影响其发电性能：①破坏电池催化剂反应动力学，使电池反应减慢甚至停止；②使质子交换膜和催化层中的离子传导阻抗增加；③改变电极表面活性物质的吸附状态，影响基元反应等。为了抵抗杂质气体对电池的性能和寿命造成的影响，必须采取必要的措施加以应对。在此之前，准确而快速地测量反应气中的杂质种类和含量就成为研究其影响的前提，也是氢能在燃料电池和固定式发电领域快速发展的迫切需求。从后文可见，在杂质气体分析特别是在线分析方面，这样的需求其实很难得到满足，这也是氢能行业在发展过程中亟须解决的瓶颈问题。

8.2.1 水分分析方法

GB/T 37244—2018[16] 中建议以露点法[54] 对氢气中的水分含量进行准确测量，测量时须采用内表面经过电化学抛光的不锈钢管作为采样气路管线，并且保证内表面没有油、颗粒或者其他污染物。露点法通过制冷的方式（如半导体制冷、液氮制冷、液化气制冷、机械制冷、绝热膨胀制冷、溶剂蒸发制冷等）使一定体积的气体在恒压下降温至水分饱和状态，此临界点即为露点，通过露点温度可计算出对应的水分含量，最低可以检测−100℃（$0.014\mu mol/mol$）露点的气体。

8.2.2 总烃及无机杂质组分分析方法

GB/T 37244—2018[16] 针对总烃（含 CH_4）、CO_2、CO、氧、氦、氮、氩等气态杂质组分分别推荐了以下分析方法：

① 总烃（含 CH_4）、CO_2、CO 的测定通过甲烷化转化器将微痕量的 CO、CO_2 和 C_xH_y 转化为甲烷，采用配有火焰离子化检测器（FID）的气相色谱仪进行测定，检出限可低至 $0.05\mu mol/mol$[55]。

② 氧的测定采用电化学法，氧含量检出限约为 $0.01\mu mol/mol$ 甚至更低[56]。常见的传感器包括燃料电池、赫兹电池、氧化锆电池（须切割掉氢气进样）等。

③ 氦的测定采用天然气中组分分析方法——国家标准 GB/T 27894.3—2011，该方法以氩作为载气，通过带热导检测器（TCD）的气相色谱仪进行分析，对氦的分析范围为 0.01%～0.50%（体积分数）[57]。

④ 总氮和氩的测定参照《氢气 第 2 部分：纯氢、高纯氢和超纯氢》GB/T 3634.2—2011[58] 中的分析方法，可采用氦离子化气相色谱法或热导气相色谱法。

8.2.3 总硫分析方法

在 GB/T 37244—2018[16] 中对总硫的含量进行了规定（不可超过 $0.004\mu mol/mol$）。此外，各种硫化物气体，尤其是硫化氢和硫醇类化合物，极易在进样分析过程中与气路中接触的材料表面发生物理吸附、解吸或者化学反应。目前对痕量硫化物的分析主要有直接进样分析法和预浓缩进样分析法[59]。

8.2.4 氨分析方法

GB/T 37244—2018[16] 标准中以离子选择电极法对氨进行测定（详见 GB/T 14669—1993）[60]。通过电极电位与氨浓度呈线性关系的原理实现对氨的定量分析，此方法的检出限可到 $0.02\mu mol/mol$。此外，还可以采用傅里叶变换红外光谱法（FTIR）、离子色谱法（IC）和光腔衰荡光谱法（CRDS）等方法[61]，检出限可分别达到 $0.02\mu mol/mol$、$0.001\mu mol/mol$ 和 $0.00086\mu mol/mol$，均可满足检出限要求。

8.2.5 氯化氢分析方法

GB/T 37244—2018 附录 A[16] 中详细介绍了采用去离子水吸收与离子色谱分析结合的方法对氯化氢进行定量分析，采样时间为 200min，采样量为 100L，须配制淋洗液、去离子水，配备高精度的湿式气体流量计等计量设备，检出限为 $0.01\mu mol/mol$。

8.2.6 颗粒物分析方法

GB/T 37244—2018[16] 标准中要求颗粒物的含量在 1mg/kg 以下。我国现行标准中对气体中颗粒物的分析方法有基于光散射的尘埃粒子计数器法[62] 和滤膜称量法[63] 两种。前者适用于直径介于 $0.1\sim10.0\mu m$ 的环境空气中颗粒物的测量，测量结果以单位体积内某粒径的颗粒个数表示；后者是针对压力介于 $0.1\sim6.0MPa$，且颗粒物含量介于 $0.1\sim100.0mg/m^3$ 的天然气样品检测。因此，后续应建立适用于以质量浓度（mg/kg）计量的检测评价标准。

8.2.7 电化学测试分析方法

8.2.7.1 耐受性曲线（V-t）

电池在以恒定的电流发电时，Pt 对阴阳极反应的催化活性可以用电压来衡量。电池的稳定性和对杂质的耐受性通过记录恒电流发电情况下的 V-t 曲线来考察。一般来说，每条 V-t 曲线分为三个阶段：第一阶段，通入杂质前，电池先经 $20\sim40h$

的充分活化；第二阶段，通入杂质，此时连续记录电池的电压，直至电压基本稳定，结束杂质的通入；第三阶段，即吹扫阶段，电池用纯氢运行，观察电池受影响后的可逆性。如果电池性能不能完全恢复，再对阳极侧进行循环伏安（CV）扫描，考察电池性能的可恢复性。

8.2.7.2 极化曲线（V-I）

极化曲线是检验燃料电池性能最基本的手段之一[64]。进行极化曲线测定时保持电池在最佳条件下运行，反应气体的利用率（UR）恒定（即随发电流密度的变化相应地改变气体流量），每一个电流密度测试点至少保持 1min，记录相应电压。

8.2.7.3 电化学交流阻抗谱（EIS）

电化学交流阻抗谱（EIS）是用交流电来研究界面电化学反应对界面阻抗的影响[65]。在测试过程中，用对称的交变电流（或电压）信号来极化电极，同时测量相应的电压（或电流）信号。如果干扰信号强度不太大，而频率足够高，以致每半个周期延续的时间足够短，就不会引起严重的浓差极化及表面变化。这是因为阴极反应和阳极反应正好相反，因此当这两种过程交替出现时不会导致极化现象的累积性发展。另外，如果对研究体系通以不同频率的交变电流（或交变电压），就可以获得体系中发生的电量（电子和离子）转移、气体扩散、杂质吸附、微观结构变化、腐蚀、凝聚等过程的电压（或电流）响应。因为这些过程的弛豫时间各不相同，从 $1\mu s$ 到数百小时，并且同时发生，因此用稳态极化的方法不太适用，因为它只适用于有一个决速步骤控制的过程[66]。而 PEMFC 的多孔电极正是这样一个多个过程同时发生的电化学反应体系，EIS 就成了一种非常适用的研究方法[67]。图 8-6 为 EIS 实验装置及各电极连接方法。

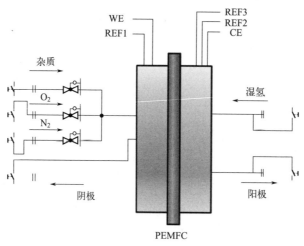

图 8-6　EIS 测试原理示意图

测试时，阳极作为对电极（CE）和参比电极（RE），阴极作为工作电极（WE）。电池通入杂质前后的阻抗变化通过电池在恒流模式下以 5A 的电流发电时进行 EIS 测定的结果来反映。干扰电流振幅为 200mA，测试频率为 10kHz～100MHz。EIS 可以在原位进行测试，即在电池发电的情况下测试电极过程的微小变化。实验所得的谱图记录在复平面上，即以每一个频率的信号干扰下的响应——电池阻抗的虚部的负值 ［−Img(Z)］对阻抗的实部 ［Re(Z)］ 作图。这样的图又叫奈奎斯特（Nyquist）图（图 8-7）。

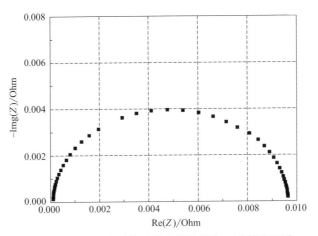

图 8-7 （RC）复合元件的交流阻抗频率响应复平面图

8.2.7.4　原位循环伏安（in-situ CV）

CV 图谱可以反映电极在没有活性物质吸附时的材料特性[68]，同时它也是一种研究杂质在电极表面吸附行为极灵敏的方法。原位循环伏安则是在电池本身而不是在电解质溶液中进行 CV 实验。具体操作方法如下：电池温度维持在 70℃，阴极作为对电极（CE）和参比电极（RE），先向阴极侧通入 N_2 将残余的空气吹扫干净，再向阴极侧通入 300mL/min H_2；阳极侧作为工作电极（WE），通入 300mL/min H_2。同时，由于采用高纯 H_2 以及 Pt 对 H_2 氧化反应的良好催化活性，通入 H_2 的一端可被视为标准氢电极（RHE）。图 8-8 是一个典型的多晶铂的原位 CV "蝴蝶" 图，但由于电解质是 Nafion® 膜，而且 Pt 为高度分散状态，所以该图与光滑 Pt 在溶液体系中的 "蝴蝶" 图尚有一定差别。正向扫描时，0.05～0.35V 为所谓的 "H 区"，对应的是 H 原子在吸附强度不同的晶面上的脱附或氧化；0.3～0.7V 之间的一个平台区域对应的是双电层充电电流；0.7V 以上，O 开始出现，Pt-O 生成，1.4V 以上 O_2 析出。反向扫描时，出现的第一个大峰对应的是 Pt-O 的还原，紧接着 H 原子在不同晶面上生成，继续向 0.1V 以下扫描时，H_2 就开始析出。如果有其他活性物质吸附在 Pt 表面，则可以在 CV 扫描时出现对应的氧化还原峰，或者原有的特征峰被影响。

电极的表面积是反映电池性能好坏的一个重要指标，通过分析电池原位的 CV 扫描即可方便、准确地获得 PEMFC 电化学活性表面积（EAS）[69]，而且不需要破坏 MEA。如图 8-8 所示，用图中阴影部分的电流 I 对时间 t 积分，可得氧化 Pt-H 所需的电量 Q_H，即可由下式求出 EAS（cm^2/g）：

$$EAS = \frac{Q_H}{210a} \tag{8-6}$$

式中，210 为氧化单位面积单层吸附的 H 原子所需的电量[70]；Q 为积分电量，$\mu C/cm^2$；a 为 Pt 的担载量，g/cm^2。但是在应用该式时必须保证 Nafion® 含量、Pt 担载量和扫描速度一致，因为这些参数对测试结果的影响很大[71]。

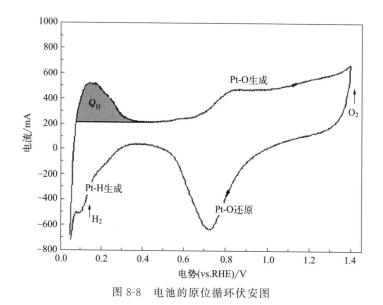

图 8-8　电池的原位循环伏安图

8.2.8　空气/氢气中杂质对 PEMFC 性能影响的测试方法

参照 GB/T 31886.1—2015 标准[72-73] 搭建的带动态稀释配气系统的 PEMFC 测试平台，如图 8-9 所示，此测试平台可满足单电池和小电堆空气/氢气中杂质对 PEMFC 性能的影响的测试。气体流量和所需配制的杂质气体浓度通过 9 个质量流量计（美国 Alicat，图中仅以 2 个示意）控制。为了防止阳极气体中的杂质溶解于水中，对于溶于水的杂质（如 H_2S）在阳极侧进口处配入（如图中虚线所示）。测量中采用鼓泡增湿技术，增湿器的温度由恒温水槽（MB，德国 Julabo）控制，以此调节增湿度。H_2 管路外缠加热带保温。被测燃料电池的温度由另一恒温水槽

（F32，Julabo）保持恒定。为避免管路腐蚀和电池短路，所有用水都采用纯水机（Option R30，英国 PURELAB）制备的超纯水，出水电阻率＞18MΩ·cm。采用电子负载（SUN-FEL200A，大连新源动力）发电。空气/氢气杂质支流由质量流量计控制，空气杂质支流管路应选用对 SO_2、NO_x 等气体组分无吸附或改性作用的材质，或通过对其他材质管路内壁进行一定的表面涂层处理以避免对 SO_2、NO_x 等气体组分的吸附或改性。氢气杂质支流管路应选用对 CO 气体组分无吸附或改性作用的材质，或通过对其他材质管路内壁进行一定的表面涂层处理以避免对 CO 气体组分的吸附或改性。

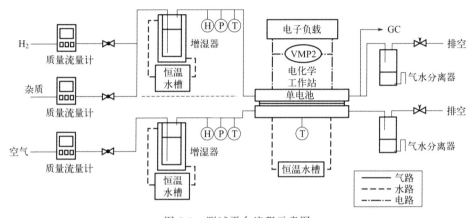

图 8-9　测试平台流程示意图

H—湿度；P—压力；T—温度

测试步骤包括稳态阶段、毒化阶段及恢复阶段，如图 8-10 所示。待测燃料电池样品应至少进行 $200mA/cm^2$、$500mA/cm^2$、$800mA/cm^2$ 三个电流密度条件下的测试。

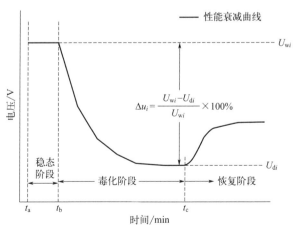

$$\Delta u_i = \frac{U_{wi} - U_{di}}{U_{wi}} \times 100\%$$

图 8-10　测试过程示意图

8.3 氢气杂质对 PEMFC 的影响

目前氢气燃料的来源主要以重整气为主，当 H_2 中存在杂质时，将在 Pt 表面发生竞争吸附，导致裸露的 Pt 活性位点占比下降，引起 HOR 反应过电位升高，燃料电池输出电压下降，对燃料电池的阳极催化剂和电解质膜造成严重的影响。

H_2 中存在杂质时，HOR 反应过电位的增加主要由以下因素影响：

① 杂质在 Pt 表面的吸附速率与杂质在 Pt 表面的吸附机制有关，取决于 Pt-杂质吸附活化能和反应温度；

② H_2 中杂质的含量；

③ 杂质与 H_2 在 Pt 表面的竞争吸附速率取决于 Pt-H 和 Pt-杂质的相对吸附强度以及反应温度。

因此，为控制 HOR 反应过电位、保障 PEMFC 输出性能，应依据杂质在 Pt 表面的吸附机制（活化能、速率常数）以及 PEMFC 操作条件（温度、电流密度），严格限制 H_2 中杂质的含量[74]。

8.3.1 CO 对阳极的影响

由于 CO 在 Pt 表面具有强吸附作用，当燃料中含有 CO 时，CO 会优先占据 Pt 催化剂的活性位，并覆盖在其表面，从而阻碍了 H_2 的吸附和随后的电化学氧化过程，10×10^{-6} 级的 CO 即造成电池性能的严重下降[75-78]。

Wilson 等[79] 分别向阳极侧通入 5×10^{-6}、20×10^{-6} CO 及 25％CO_2，研究了电池运行温度为 80℃时其对 PEMFC 单电池（阳极侧 Pt 担载量 0.12～0.14mg/cm^2）性能的影响，结果表明，在 500mA/cm^2 电流密度发电时，5×10^{-6} CO 可造成电池 150mV 的电位极化，而 25％CO_2 仅造成 75mV 的电位极化，说明 CO 对 PEMFC 性能造成的影响比 CO_2 要严重得多。Wagner 等[80] 采用 E-TEK 公司的 Pt/C 催化剂和 DuPont 公司的 Nafion® 117 膜装配了 23cm^2 的单电池，考察了 70℃时阳极侧加入 100×10^{-6} CO 后电压及阻抗随时间的变化。在 217mA/cm^2 恒电流模式下阳极侧通入 CO 运行电池 200min 后，电压从 740mV 下降到 250mV，阳极半电池反应的电荷转移阻抗提高了 2 个数量级，从 3mΩ 增大到 500mΩ。EIS 测试结果表明，电池阻抗的变化取决于毒化时间和运行电压。由于质子交换膜燃料电池工作温度低（约 80℃），CO 对质子交换膜燃料电池影响显著，燃料气中 CO

浓度应控制在 2×10^{-6} 以下。沈猛等[81] 探究了 PEMFC 在含 0.2×10^{-6}、0.4×10^{-6}、0.7×10^{-6}、1.0×10^{-6}、5.0×10^{-6}（体积比）CO 的氢气条件下的工作状况。研究结果表明，各种浓度 CO 的存在会导致电池电压的下降，电压最终稳定在一个固定值。通过分析电压下降程度与 CO 浓度的关系，使用含 CO 浓度不超过 0.4×10^{-6} 的氢气，PEMFC 的电压下降不超过 10%，且能保持稳定运行。图 8-11 为不同浓度 CO 通入电池阳极侧后电池的 V-t 曲线。通过向 PEM 单电池阳极侧配入 5 种不同浓度（$0.2 \sim 5.0 \times 10^{-6}$）的 CO，运行电池至电池电压值基本稳定后，停止通入 CO，通过考察电池受 CO 影响后电压下降最终稳定值的大小及电压衰减的快慢，来研究 H_2 中 CO 对 PEMFC 性能的影响。在考察 CO 影响前，采用纯 H_2 做空白实验作为参照。

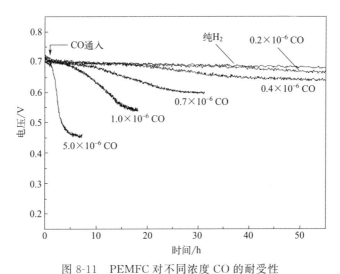

图 8-11　PEMFC 对不同浓度 CO 的耐受性

MEA 面积：$50 cm^2$；Pt 担载量：每侧 $0.3 mg/cm^2$；H_2/空气利用率：70%/30%；$p = 1.0 bar$；

$T_{cell} = 70℃$；电流密度：$500 mA/cm^2$

图 8-11 中，CO 毒化前的电池初始电压约 0.700V，当通入 5.0×10^{-6} CO 约 5h 后，电压基本稳定在 0.460V；通入 1.0×10^{-6} CO 约 15h 后，电压基本稳定在 0.54V；其他浓度（0.7×10^{-6}、0.4×10^{-6}、0.2×10^{-6}）的 CO 对电池电压的影响表现出相似的规律，经 CO 毒化后的电池电压最终均能下降至稳定值，CO 浓度越高，到达稳态所需的时间越少，稳态时的电压越低。值得注意的是，CO 的毒化不是累积的，其对电池性能的影响程度与 CO 浓度之间存在一个平衡，每一个浓度对应一个稳定值。在每个浓度 CO 毒化电池至电池性能下降至稳定后，做了极化曲线测试，如图 8-12 所示。在毒化实验开始前，采用纯 H_2 做了电池的初始极化曲线作为参照。由图 8-12 可见，在低电流密度（$< 100 mA/cm^2$）段，不同浓度的

CO 影响下，电池的活化极化变化不明显，特别是当 CO 浓度低于 $0.4×10^{-6}$ 时，$300mA/cm^2$ 以下的极化曲线几乎重合。在较高的电流密度下，电池的欧姆极化和浓差极化程度随 CO 浓度的增加而加剧。$5.0×10^{-6}$ 的 CO 造成比较严重的极化，电流密度超过 $800mA/cm^2$ 时电池不能正常运行。CO 在 Pt 上的吸附形成 $Pt=CO$ 键，占据了 Pt 的活性位，加剧了电池的阳极极化，使得高电流密度放电时 Pt 活性位不够，从而电池电压降低。

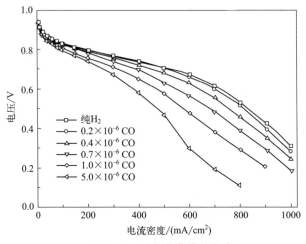

图 8-12　CO 对极化曲线的影响

MEA 面积：$50cm^2$；Pt 担载量：每侧 $0.3mg/cm^2$；H_2/空气利用率：$70\%/30\%$；$p=1.0bar$；$T_{cell}=70℃$

　　PEMFC 对 CO 的耐受性实验结果表明，CO 在 Pt 表面的吸附并非累积的，因而经一定浓度 CO 毒化后电池性能仍可稳定。图 8-13 为 CO 影响下电池阻抗的奈奎斯特图。经 CO 毒化后，半圆容抗弧半径显著增大，而直线与实轴的交点位置仅有很小右移，说明在 CO 存在的情况下，阳极侧 HOR 反应过程发生了变化，CO 吸附在 Pt 表面并占据 Pt 活性位；经 CV 氧化后，EIS 曲线与毒化前的 EIS 曲线基本重合，说明 CV 氧化基本能消除 CO 的毒化影响，CO 的吸附脱附过程基本没有影响 Pt 颗粒结构，其毒化前后阳极侧 HOR 反应过程基本不变，因而毒化后的 EIS 图谱可完全恢复到毒化前的水平。

　　图 8-14 为毒化前后的 CV 曲线。由图 8-14 可见，与 CO 毒化前的 CV 曲线（a 线）相比，毒化后的 CV 曲线（b 线）上 H 的氧化和脱附峰消失，取而代之的是 $0.5\sim0.7V$ 范围内的 CO 氧化和脱附峰。由于在 $0.5\sim0.7V$ 时 $Pt=CO$ 被氧化并随 N_2 吹扫出电池，Pt 裸露出来，在 $0.75\sim0.95V$ 的电压下被氧化成 PtO 或 PtO_2，因而 $0.75\sim0.95V$ 的 Pt 氧化峰并没有减小。第二个循环扫描曲线（c 线）与 a 线很好地重合，说明第一个循环扫描已经将吸附在 Pt 表面的 CO 完全氧化去除。

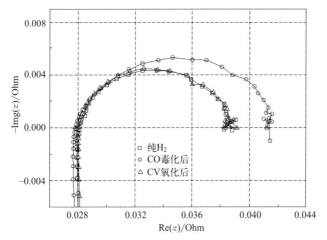

图 8-13　CO 影响下电池阻抗的奈奎斯特图

MEA 面积：$50cm^2$；Pt 担载量：每侧 $0.3mg/cm^2$；$c_{CO}=5.0\times10^{-6}$；$I=5A$；$f=10kHz\sim100MHz$

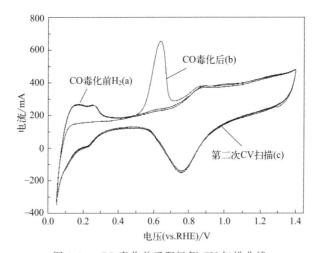

图 8-14　CO 毒化前后阳极侧 CV 扫描曲线

$c_{CO}=5.0\times10^{-6}$；$T_{cell}=70℃$；阴阳极分别通以 H_2 和 N_2，扫速 20mV/s，

扫描电压 $0.05\sim1.4V$（vs. RHE）

　　俞红梅等[82] 研究发现 CO 吸附为吸热反应，随着温度的提高，CO 的毒化作用有所减轻。此外，污染的催化剂经纯净 H_2 吹扫后，PEMFC 发电性能基本恢复，表明 CO 在催化剂表面的吸附是可逆的。图 8-15（a）为电池在 $500mA/cm^2$ 的电流密度发电时，50×10^{-6} CO 通入后电压的变化[83]。该图体现了电池对 CO 的耐受性。由图可见，电池对 CO 非常敏感，通入 CO 后电池电压迅速下降，并呈先快后慢的趋势，直至 140min 后才基本稳定。这是因为在阳极 H_2 分子进行电极反应所需的 Pt 催化剂表面被 CO 占据，并且这种吸附较为牢固，不易脱附，而氧化又需要较高的过电

位，因此在较高工作电压下，Pt 催化剂活性表面大量减少，从而导致电池性能大幅降低。当电压下降至约 0.3V 后就不再下降，表明 CO 在 Pt 表面的吸附达到了平衡。为了考察 H_2 中更低浓度的 CO 对 PEMFC 的影响，利用含 10×10^{-6} CO 的重整氢气作为燃料供单电池使用。用 V-I 曲线表征此时电池性能变化，并与 50×10^{-6} CO 存在时的 V-I 曲线进行对比，共同显示于图 8-15(b) 中。图中以 50% H_2/N_2 为燃料的 V-I 曲线可作为以重整氢气直接作燃料时的比较基准。由图 8-15(b) 可知，当 H_2 中含 50×10^{-6} CO 时，电池性能随着电流密度增大而迅速下降，且在电流密度超过 $350mA/cm^2$ 后就不能稳定发电。而采用含 10×10^{-6} CO 的重整氢气作燃料时，当电流密度高于 $500mA/cm^2$ 时，电池也不能稳定发电，而在 $500mA/cm^2$ 时电池性能的下降幅度约为 10.6%。

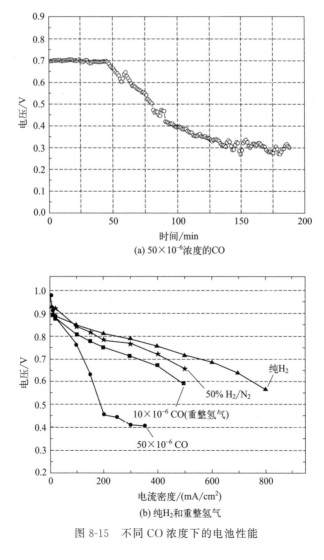

(a) 50×10^{-6}浓度的CO

(b) 纯H_2和重整氢气

图 8-15　不同 CO 浓度下的电池性能

8.3.2 H₂S 对阳极的影响

石伟玉等[84] 在相同的测试条件下，探究 H₂S 和 CO 在催化剂 Pt 表面的吸附程度。实验结果表明，H₂S 在 Pt 表面的吸附强度远远大于 CO，牢牢占据 Pt 的活性位点，导致 H₂S 对 PEMFC 的毒化作用明显高于 CO。美国 Los Alamos 国家实验室和 South Carolina 大学的研究发现，H₂S 对电池造成的中毒效应非常严重，且随时间延长而加重[85-87]。沈猛等[88] 研究了在 7 种 H₂S 浓度的 H₂ 条件下运行的 PEMFC 性能衰减情况，如图 8-16 所示。在 PEMFC 性能衰减程度相同的情况下，将通入的 H₂S 的量与浓度进行拟合，计算得出 H₂ 中 H₂S 最低浓度应控制在 $\leqslant 0.2 \times 10^{-6}$。H₂S 浓度等于或低于 0.5×10^{-6} 时，通入阳极侧运行电池 100h 后终止；浓度等于或高于 0.75×10^{-6} 时，在 100h 以内，电压下降严重，电池不能正常发电，此时终止电池。由图可见，H₂S 浓度等于或低于 0.5×10^{-6} 的 V-t 曲线电压下降较平稳，而浓度等于或高于 0.75×10^{-6} 时，V-t 曲线变化规律相似，均存在两个拐点，第一个拐点处电压开始突降（A 点）；第二个拐点处电压下降速度趋缓，同时电压波动程度加大（B 点）。以 1.0×10^{-6} 的曲线为例，前 30h 电池电压下降缓慢，平均电压下降速率约为 1.5mV/h；30h 后，电压下降速率骤然加快，平均约 12mV/h，至约 60h 时，电压下降又趋于平缓，但此时电压波动明显增大。

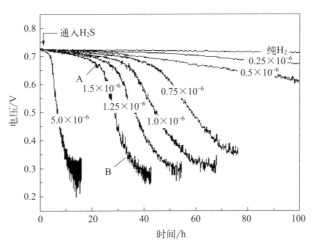

图 8-16 PEMFC 对不同浓度 H₂S 的耐受性

MEA 面积：50cm²；Pt 担载量：每侧 0.3mg/cm²；H₂/空气利用率：70%/30%；p＝1.0bar；

T_{cell}＝70℃；电流密度：500mA/cm²

Najdeker 等[89] 在 H₂SO₄ 溶液中开展了 H₂S 在 Pt 电极上的电化学动力学研究，也发现 H₂S 会在 Pt 电极表面发生强烈吸附。在 0.625V 时发生如下反应，并生成 Pt 的硫化物。

$$Pt(H_2S)_2 \Longrightarrow PtS_2 + 4H^+ + 4e^- \tag{8-7}$$

1.42V 的氧化峰所对应的 PtS_2 的氧化（生成单质硫）及部分未被覆盖的 Pt 的氧化反应机理可能为：

$$Pt + H_2O \Longrightarrow PtO + 2H^+ + 2e^- \tag{8-8}$$

$$PtS_2 + H_2O \Longrightarrow PtO + 2S + 2H^+ + 2e^- \tag{8-9}$$

$$PtS_2 + 2H_2O \Longrightarrow PtO_2 + 2S + 4H^+ + 4e^- \tag{8-10}$$

对于 H_2S 在 Pt 催化剂上的吸附、分解和氧化行为，石伟玉[90] 通过电位阶跃法发现，当电池温度在 60℃时，H_2S 在 0.5V 附近发生分解，分解生成的吸附态硫则在 0.9V 附近被氧化。因此，通过对 H_2S 中毒的阳极外加高电压脉冲（≥0.9V）可以将吸在催化剂上的 H_2S 氧化，从而恢复催化剂活性。考虑到 Pt 催化剂在高电位下会被氧化而丧失催化活性，可在高电压脉冲之后，施加低电压脉冲（≤0.5V），使氧化态的铂还原。在 H_2S 毒化，经过外加高电压脉冲（1.5V，2min）和低电压脉冲（0.2V，2min）后，电池性能在低电流密度范围内（0~500mA/cm²）可完全恢复。

8.3.3 Cl_2 对阳极的影响

氯碱和氯酸钠工业等产生的副产品氢含有氯，是主要污染物/杂质，对燃料电池性能有害[91-92]。氯也以气溶胶形式存在于沿海地区，在寒冷气候条件下也用作除冰剂[93]。根据日本的一项调查，水稻作物的农业废弃物燃烧导致空气中氯离子浓度高达约 7×10^{-3}[94]。Li 等人提出，当氯污染物与增湿燃料氢流同时存在时，会在铂催化下发生反应，如式(8-13)所示，并且还通过在燃料流中注入不同浓度的 HCl 来研究氯化物的影响[92]。

$$H_2 + Cl_2 \xrightarrow{Pt, H_2O} 2HCl \tag{8-11}$$

当氯化物污染物被引入燃料电池时，无论阳极/阴极流如何，都会观察到初始电压突然下降，随后达到平衡。据报道，反应物进料中的低相对湿度和高氯化物浓度、高电流密度和低电池温度的操作条件都有助于增加氯化物污染影响的严重程度[95]。

图 8-17 为不同浓度 Cl_2 通入电池阳极侧后电池的 V-t 曲线。通过向 PEM 单电池阳极侧配入 2 种不同浓度（1.0×10^{-6} 和 2.0×10^{-6}）的 Cl_2，运行电池 100h，通过考察电池电压的变化来研究 H_2 中 Cl_2 对 PEMFC 性能的影响。在考察 Cl_2 的影响前，采用纯 H_2 做 100h 空白实验作为参照。由图 8-17 可见，在 100h 内 1.0×10^{-6} Cl_2 使得电压从 0.709V 的初始值下降至 0.69V，而 2.0×10^{-6} Cl_2 使电压值

下降至 0.665V。可见 10^{-6} 级的 Cl_2 没有造成电压明显下降，相反，电池性能衰减平稳，并有最终稳定在某值的趋势。

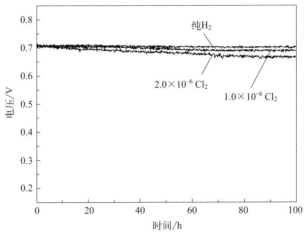

图 8-17　PEMFC 对不同浓度 Cl_2 的耐受性

MEA 面积：50cm²；Pt 担载量：每侧 0.3mg/cm²；H_2/空气利用率：70%/30%；

$p=1.0$bar；$T_{cell}=70℃$；电流密度：500mA/cm²

　　Uddin 等人使用单个电池研究了不同来源［如盐酸（HCl）和不同氯盐（如 $AlCl_3$、$FeCl_3$、$CrCl_3$、$NiCl_2$ 和 $MgCl_2$）］浓度为 50×10^{-6} 时的影响，研究发现 HCl 在水中的溶解度比其他氯盐高得多，金属离子可以取代催化剂层离聚物中的质子，并且氯盐离解形成水合离子（例如 $[Al(H_2O)_6]^{3+}$）有助于降低氯离子迁移率。这一情况与各种气体（氢、氮和氧）扩散率的降低相似，因此 HCl 对性能衰退的影响最大[93]。Unnikrishnan 等[96] 研究了阳极反应气流中含有 100×10^{-6} 和 200×10^{-6} 的干氯气对完全运行的 PEMFC 单电池的影响。研究结果表明，在工作电压为 0.6V 时 100×10^{-6} 和 200×10^{-6} 氯气存在的条件下性能损失分别为 94% 和 96%。经电化学阻抗谱测试，阳极氯污染后电池电阻和电荷转移电阻均有增加。通过在 0.1V 电压下对电池进行"充电"，从而完全恢复受污染的电池，发现污染物浓度越高，电池完全恢复所需的时间越长。

8.3.4　NH_3 对阳极的影响

　　燃料中含有的微量 NH_3 及 PEMFC 运行过程中电池内部 H_2 和 N_2 反应生成的微量 NH_3 都会影响电池的性能[48]。图 8-18 为不同浓度 NH_3 通入电池阳极侧后电池的 V-t 曲线。通过向 PEM 单电池阳极侧配入 4 种不同浓度（$0.25\times10^{-6}\sim10\times10^{-6}$）的 NH_3，运行电池 100h，通过考察电池电压的变化，来研究 H_2 中 NH_3 对

PEMFC 性能的影响。在考察 NH_3 影响前，采用纯 H_2 做 100h 空白实验作为参照。不同浓度的 NH_3 通入电池阳极侧后，电池电压的变化规律呈现持续下降趋势，说明阳极侧 NH_3 的影响具有累积性。值得注意的是，电压出现不同程度的不稳定，这是 NH_3 与酸性的全氟磺酸膜发生反应所致。NH_3 进入阳极侧后，部分被 Pt 吸附，部分通过扩散到达膜表面，与 SO_3H^- 发生反应生成 NH_4^+，造成膜酸性和质子传递能力的降低。以上两种情况造成了 Pt 表面 HOR 反应受阻，导致电池性能衰减。

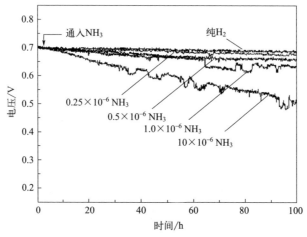

图 8-18　PEMFC 对不同浓度 NH_3 的耐受性

MEA 面积：$50cm^2$；Pt 担载量：每侧 $0.3mg/cm^2$；H_2/空气利用率：$70\%/30\%$；$p=1.0bar$；

$T_{cell}=70℃$；电流密度：$500mA/cm^2$

NH_3 对 PEMFC 性能的影响程度随 NH_3 浓度的提高而加剧。0.25×10^{-6} NH_3 造成电压在 100h 下降了 0.027V，电压下降率为 0.27mV/h；而 0.5×10^{-6} NH_3 造成的电压下降率提高了 1 倍，至 0.54mV/h；1.0×10^{-6} 和 10×10^{-6} 的 NH_3 造成的电压下降率则分别提高至 0.8mV/h 和 2.0mV/h。在 10×10^{-6} NH_3 毒化电池后，对电池性能进行了恢复，如图 8-19 所示。在毒化 100h 并做了 V-I、EIS 测试后，停止通入 NH_3，采用纯 H_2 运行电池 24h，电池性能缓慢回升，从毒化后的 0.492V 升高至 0.539V，相当于毒化前的水平（0.697V）的 77.3%；然后向阳极侧通入 100mL/min 空气吹扫阳极侧 10h，重新开启电池，电池性能大幅回升，稳定在 0.647V，相当于毒化前电压的 92.8%；采用 CV 氧化后，电池性能恢复至 0.686V，约为毒化前电压的 98.4%。可见，即使经过一系列手段恢复电池性能，也未使电池恢复至毒化前的水平，表明 NH_3 可能对膜或 Pt/C 催化剂造成了破坏。

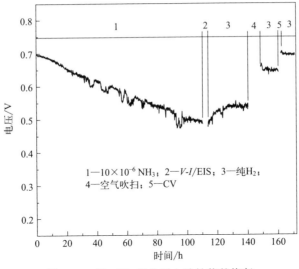

图 8-19　经 NH$_3$ 毒化后电池性能的恢复

MEA 面积：50cm^2；Pt 担载量：每侧 0.3mg/cm^2；H$_2$/空气利用率：70%/30%；$p=1.0$bar；$T_{cell}=70$℃；

电流密度：500mA/cm^2；空气流速：100mL/min；CV 扫描：0.05～1.4V (vs. RHE)，20mV/s

图 8-20 为 NH$_3$ 对极化曲线的影响结果。在每个浓度的 NH$_3$ 毒化电池 100h 后，分别做了电池的极化曲线测试。在毒化实验开始前，采用纯 H$_2$ 做了电池的初始极化曲线作为参照。NH$_3$ 浓度低于 1.0×10^{-6} 时，电池的活化极化几乎没有发生变化，极化的加剧主要体现在欧姆极化和浓差极化段。0.5×10^{-6} 和 0.25×10^{-6} 的 NH$_3$ 没有造成极化曲线明显变化，而 1.0×10^{-6} 的 NH$_3$ 造成电池欧姆极化和浓差极化的过电位增幅与 0.5×10^{-6} NH$_3$ 相比，增加了不止 1 倍。10×10^{-6} 的 NH$_3$ 造成相当严重的极化，在电流密度高于 700mA/cm^2 时，电池已经不能正常运行。这是由于起传递质子作用的 SO$_3$H$^-$ 与 NH$_3$ 发生反应而转化成 NH$_4^+$，使得质子传递过程严重受阻，并且 NH$_3$ 在 Pt 表面的吸附也阻碍了 HOR 反应过程及电荷传递过程，从而导致严重的欧姆极化和浓差极化。

Rajalakshmi 等[97] 研究发现，在 NH$_3$ 浓度低于 10×10^{-6} 时没有检测到电池性能衰减，但当 NH$_3$ 浓度增加到 10×10^{-6} 时电池性能明显下降，在 NH$_3$ 浓度超过 20×10^{-6} 后，NH$_3$ 与质子发生反应生成 NH$_4^+$ 对电解质膜造成不可恢复的影响。Goodwin 等[98-99] 的研究也同样证明，当燃料中的 NH$_3$ 低于 2×10^{-6} 时，NH$_3$ 不会对 PEMFC 性能造成明显的影响，纯 H$_2$ 或关掉 NH$_3$ 都可以使 NH$_3$ 对电池性能的短时间影响恢复。但 PEMFC 长时间在 NH$_3$ 存在条件下工作时，NH$_3$ 进入 PEMFC 阳极后，在 Pt 表面发生吸附，与电解质膜中的 H$^+$ 反应形成 NH$_4^+$，

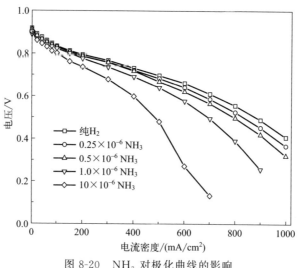

图 8-20　NH₃ 对极化曲线的影响

MEA 面积：$50cm^2$；Pt 担载量：每侧 $0.3mg/cm^2$；H_2/空气利用率：$70\%/30\%$；$p=1.0bar$；$T_{cell}=70℃$

而 NH_4^+ 能够取代电解质膜的 H^+，从而造成质子传递效率下降，欧姆电阻增加，导致电池性能损伤，反应可表示为式（8-12）和式（8-13）[48]：

$$NH_3(g)\longrightarrow NH_3(膜) \tag{8-12}$$

$$NH_3(g)\longrightarrow NH_3(膜)+H^+\longrightarrow NH_4^+ \tag{8-13}$$

上述研究表明，NH_3 对 PEMFC 性能的影响程度随 NH_3 浓度增大而加剧，通过增加进气湿度可提高 PEMFC 对 NH_3 的耐受性[100-101]。此外，在高电流密度下运行 PEMFC，可减小 NH_3 引起的膜电导率下降程度，但 NH_3/NH_4^+ 会从阳极向阴极扩散或迁移，进而影响阴极离子电导和电极反应[102]。

8.3.5　CO_2 对阳极的影响

有机燃料的蒸汽重整气中约含 2.5% 的 CO_2，虽然 CO_2 不会像 CO 一样在 Pt 催化剂表面形成强烈化学吸附，但也会在一定程度上对 PEMFC 性能造成影响。图 8-21 为不同浓度 CO_2 的氢燃料对 PEMFC 极化曲线的影响[81]。在毒化实验开始前，采用纯 H_2 做了电池的初始极化曲线作为参照。由图可见，总体上电池的极化随 CO_2 浓度的增加而加剧。不同浓度 CO_2 影响下的极化曲线在低电流密度（$<200mA/cm^2$）下运行时基本重合；10% 以下的 CO_2 造成极化曲线的变化主要表现在较高电流密度段（$>500mA/cm^2$）的浓差极化加剧，这是由于 CO_2 的配入造成 H_2 分压降低，从而导致 H_2 的扩散受到了影响；20% 的 CO_2 毒化后，与毒化前的极化曲线相比，欧姆极化也有一定程度增大，此时电池阳极侧 Pt/C 催化剂可能受到影响，电池性能降低。此外，局部 H_2 供应不足，会造成电池出现反极和碳腐蚀现象，导致 Pt/C 催化剂中 C 载体含量减少，PEMFC 性能不可恢复至初始水平。

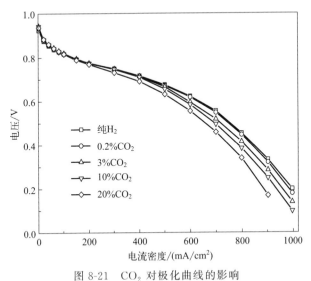

图 8-21　CO_2 对极化曲线的影响

MEA 面积：$50cm^2$；Pt 担载量：每侧 $0.3mg/cm^2$；阳极气体流量：$250mL/min$；空气利用率：30%；

$p = 1.0bar$；$T_{cell} = 70℃$

Bruijn 等[103] 总结了 CO_2 对 PEMFC 的影响机理，如式（8-14）和式（8-15）所示：

$$2Pt + H_2 \longrightarrow 2Pt-H \tag{8-14}$$

$$CO_2 + 2Pt-H \longrightarrow Pt-CO + Pt + H_2O \tag{8-15}$$

H_2 氧化所需的 Pt 表面活性位虽然不直接与 CO_2 形成 Pt-CO_2，但与 Pt 表面的 Pt—H 键相互作用形成 Pt—CO 键，会对 PEMFC 阳极催化剂造成毒化[104]。

8.4　空气杂质对 PEMFC 的影响

空气作为 PEMFC 的氧化剂，其杂质含量与 PEMFC 的性能有着密切的关系。空气污染物一般包括硫化物（如 SO_2、H_2S 等）、氮氧化物（以 NO、NO_2 为主）以及 CO、CO_2、H_xC_y、固体颗粒物等。在燃料电池运行的环境下，含 S、N 等杂质的反应气，会吸附在阴极催化剂表面从而占据催化剂上的活性位，使得电化学反应活性面积降低，影响氧气在催化剂上的催化反应，进而影响燃料电池的性能和耐久性[105]。此外，空气中的 N_2 也会对电池性能产生一定的影响。图 8-22 为空气中主要杂质气体对 PEMFC 性能的影响。由图可见，硫化物是影响 PEMFC 性能最主要的空气污染物，NO_x 对 PEMFC 性能的影响比 SO_2 稍轻[106]。

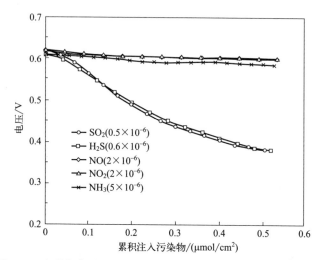

图 8-22　各种气体对 PEMFC 性能的影响（$1A/cm$，$25cm^2$ MEA）

8.4.1　N_2 对阴极的影响

N_2 是空气的主要组成部分，约占空气体积的 78%，其对 PEMFC 的影响与 CO_2 相似，主要体现在对燃料的稀释作用上，对 H_2 的扩散传质过程具有一定阻碍。图 8-23 为保持阳极侧 H_2 与 N_2 总流量（$250mL/min$）不变，即增加 N_2 浓度的同时降低 H_2 流量。逐渐向 PEM 单电池阳极侧配入 4 种不同浓度（$1\%\sim10\%$）的 N_2，每个浓度稳定 $1\sim2h$，记录 V-t 曲线。由图可见，1% 的 N_2 基本没有造成电池电压下降；当 N_2 浓度加大到 3% 时，电压下降 $10mV$ 左右；N_2 浓度加大到 5% 时，电压下降 $30mV$，至此电池仍然能够稳定运行；而当 N_2 浓度加大到 10% 时，出现间歇性反极现象。

上述研究表明，N_2 对 PEMFC 性能的影响主要通过稀释作用，即在 PEMFC 阴极造成 O_2 或空气供应不足，导致 PEMFC 发电性能下降，可通入足量的 O_2 和空气实现性能恢复。

8.4.2　NO_x 对阴极的影响

空气中的氮氧化物对 PEMFC 性能的影响较 SO_2 稍轻[107-108]。在含 10×10^{-6}

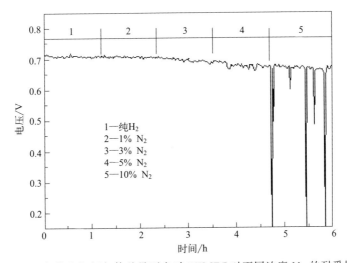

图 8-23 保持阳极侧气体总量不变时 PEMFC 对不同浓度 N_2 的耐受性

MEA 面积：50cm^2；Pt 担载量：每侧 0.3mg/cm^2；阳极气体流量：250mL/min；空气利用率：30%；

$p=1.0$bar；$T_{cell}=70$℃；电流密度：500mA/cm^2

NO$_x$ 的阴极空气中电池性能仅下降 8.9%，但 NO$_x$ 浓度大于 140×10^{-6} 时可使电池性能快速下降，降幅超过 37%。杨代军等[109] 认为，NO$_x$ 对 PEMFC 性能的影响是因为 NO$_2$ 与 H$_2$O 相互作用形成亚硝酸，亚硝酸在 O$_2$ 存在下非常不稳定，会快速转化形成硝酸：

$$2NO_2 + H_2O \longrightarrow HNO_3 + HNO_2 \tag{8-16}$$

$$4HNO_2 + 2O_2 \longrightarrow 4HNO_3 \tag{8-17}$$

硝酸在水溶液中很容易电离出 H$^+$，导致阴极 H$^+$ 浓度明显高于 NO$_x$ 不存在时的 H$^+$ 浓度，从而提高阴极反应电势。空气中的微量 NO$_x$ 会对 PEMFC 性能造成明显的影响。但 NO$_x$ 对电池性能的影响是一种可逆过程，停止通入含 NO$_x$ 的空气或通入纯净空气后，被毒化电池性能会快速恢复。图 8-24 为 500mA/cm^2 电流密度发电时，不同浓度的 NO$_x$ 对电池电压的影响。当 1480×10^{-6} NO$_x$ 通入阴极后，电池电压在 5min 内迅速跌至 0.37V 以下，然后在余下的 55min 极缓慢地下降至 0.34V（约为初始电压 0.67V 的 50%）。停止通入 NO$_x$ 后，电池电压在 3min 内迅速上升至 0.48V（约为初始电压的 70%），在接下来的约 6h 缓缓上升至 0.6V，即初始电压的 90%，之后不再上升。进一步用 N$_2$ 经隔夜吹扫后，电池的电压才能完全恢复。

通入 NO$_x$ 后电池性能急速下降的现象说明，NO$_x$ 在 Pt 表面的吸附是一个快速过程，一旦 NO$_x$ 分子在 Pt 表面吸附，就会抑制 O$_2$ 的吸附，从而影响 ORR 反应，导致电压下降。电压下降后很快稳定在 0.34V，这又说明 NO$_x$ 在 Pt 表面的

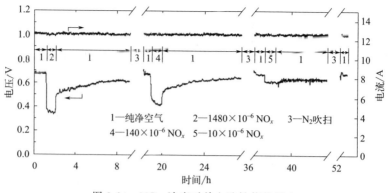

图 8-24　NO_x 浓度对单电池性能的影响

$25cm^2$ MEA，不锈钢流场板，H_2/空气利用率 70％/30％；$500mA/cm^2$ 放电

吸附是一个快速但较弱的作用，具有可逆性，所以电池电压在经过洁净空气和 N_2 吹扫后可以完全恢复。图 8-25 为不同浓度的 NO_x 影响下的电池极化曲线。由图可见，由于 NO_x 的通入，电池的电化学极化段性能下降最明显，这说明阴极 ORR 反应过程受到了阻碍，发生了中毒，并且电池性能下降与浓度的关系与图 8-24 中所显示的结果一致。电池性能在低电流密度区（电化学极化和欧姆极化区）下降很大，这说明电化学极化可能是电池性能下降的主要原因。进一步发现，在 1480×10^{-6} NO_x 的影响下，当电流密度大于 $700mA/cm^2$ 时，电池不能稳定发电，而在 140×10^{-6} 和 10×10^{-6} NO_x 影响下，电池直至 $900mA/cm^2$ 仍表现良好。

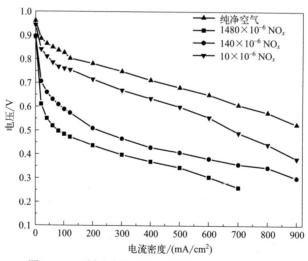

图 8-25　不同浓度的 NO_x 影响下的电池极化曲线

美国洛斯阿拉莫斯国家实验室[110] 的研究人员也发现，在高电流密度下，

NO_x 容易被 H_2 还原成 NH_4^+ 并与 H^+ 发生离子交换，引起电解质膜的 H^+ 传递阻抗上升，从而导致电解质膜的电导率下降。同时，短时间内 NO_x 对 PEMFC 性能的影响能够自动恢复，在提高电池工作温度的条件下，也不能使毒化电池性能恢复能力提高。如果 PEMFC 在 NO_x 条件下长时间工作，PEMFC 性能因 NO_x 的吸附和脱附速率相等而达到稳定状态。傅杰[111] 采用 $5cm^2$ 单电池，阴极通入含 5×10^{-6} NO_2 杂质气体的空气，对比了以纯净空气、含有 5×10^{-6} NO_2 杂质气体的空气以及重新以纯净空气恢复供气并恒流运行电池时，单电池电压的变化。发现空气中 5×10^{-6} NO_2 杂质对电池性能产生影响。在电池性能基本稳定后，停止含 NO_2 气的进入，重新以纯净空气恒流运行电池时，与初始采用纯净空气运行电池的电压基本相同，说明 NO_2 对电池性能的影响通过纯净空气吹扫可以恢复。Jing 等[112] 也发现空气所含的低浓度杂质也会对 PEMFC 性能产生一定的影响。在 NO_2 浓度为 1×10^{-6} 条件下，PEMFC 工作电压下降 70mV，经 CV 扫描后电池性能可以完全恢复。

8.4.3　SO_2 对阴极的影响

SO_2 对电池的影响最严重[113]，当电池在 $500mA/cm^2$ 的电流密度下运行时，若其浓度超过 50×10^{-9}，所造成的影响即不可忽略；SO_2 浓度为 $2 \times 10^{-6} \sim 10 \times 10^{-6}$ 范围时可使电池的性能快速下降，降幅可高达 50%。并且，受 SO_2 影响后电池的性能很难通过洁净空气吹扫的办法使之完全恢复。Contractor 和 Hira[114] 揭示了液相中 Pt 表面的 SO_2 吸附反应机理：

$$SO_2 + 2H^+ + 2e^- + Pt \longrightarrow Pt-SO + H_2O \tag{8-18}$$
$$Pt-SO + 2H^+ + 2e^- \longrightarrow Pt-S + H_2O \tag{8-19}$$

杨代军[83] 研究了空气中含四种不同浓度 SO_2（3.2×10^{-6}、2×10^{-6}、500×10^{-9} 和 50×10^{-9}）时对单电池性能的影响。其中，10^{-6} 级的 SO_2 由 81.6×10^{-6} SO_2/N_2 标准气稀释获得，低于 1×10^{-6} 的 SO_2 则由 6.8×10^{-6} SO_2/N_2 标准气稀释获得。由于 SO_2 极易吸附在大多数材料表面，为了避免其在进入电池阴极前先被电池前端管路吸附，在进行 V-t 曲线测试前要对此段管路用 SO_2 预饱和吸附，之后再连接入电池。图 8-26 显示了空气中含上述四种浓度 SO_2 时的 V-t 曲线。其中含 500×10^{-9} SO_2 时的完整 V-t 曲线示于图 8-27 中。由图可见，通入 3.2×10^{-6} SO_2 后，电池电压在 2.5h 内从 0.72V 迅速跌至 0.42V，降幅达 2mV/min；随后电压以较慢的降幅（0.13mV/min）继续下降至 0.38V，并且基本稳定，平均降幅（ADR）达 0.75mV/min。电压的快速下降主要是因为 SO_2 在 Pt 表面上的强烈吸附，阻碍了 ORR 反应，而电压不再下降则说明 SO$_2$ 在 Pt 表面的吸附已达到平衡。从 V-t 曲线先快后慢的下降趋势看，SO$_2$ 在 Pt 表面的作用可能是一个选择性毒化的过程，即先吸附在对 ORR 反应活性较高的活性位［如（111）晶面］，再吸附在对 ORR 反应活性不太高的吸附位。

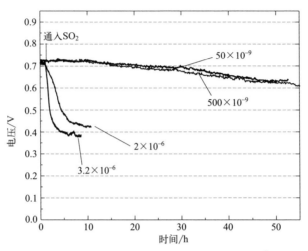

图 8-26　SO$_2$ 浓度对电池性能的影响（500mA/cm^2 发电）

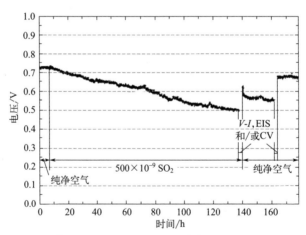

图 8-27　500×10^{-9} SO$_2$ 的通入对电池 V-t 曲线的影响（500mA/cm^2 发电）

将 2×10^{-6} 的 SO$_2$ 通入阴极后，对电池的影响与 3.2×10^{-6} 的 SO$_2$ 通入后的现象类似，只是 ADR 比较小，为 0.46mV/min。因为 SO$_2$ 在 Pt 表面的覆盖度是由阴极空气中 SO$_2$ 的浓度决定的，所以电池电压的下降与 SO$_2$ 在 Pt 表面的覆盖度有关。将 50×10^{-9} SO$_2$ 通入后，电池电压下降的行为明显不同，在初期 8h 内性能较为稳定，此时电池电压几乎没有下降。此后电压开始下降，但即使再运行 40h

后，电压仍维持在 0.65V 左右（降幅约为 9.7%），ADR 仅为 0.029mV/min。这是因为如果发电电流密度不大，则 ORR 反应所需的 Pt 活性位也不多，在吸附初始阶段，覆盖度比较小，有"多余"的 Pt 可用于对 SO_2 的吸附，因此还不足以影响 O_2 在铂上的吸附。但是随着覆盖度的逐步增大，ORR 反应所需的 Pt 活性位最终会受到阻碍，于是阴极极化电势开始增大。其实在 3.2×10^{-6} 和 2×10^{-6} SO_2 的影响实验中，这个稳定化期也存在，只是因为时间太短难以分辨而已。

取上述四个浓度影响下 V-t 曲线中第二阶段完成后（即电势下降趋于稳定时）的 V-I 测试数据作图，即可比较不同浓度的 SO_2 对 PEMFC 性能影响的差异（图 8-28）。

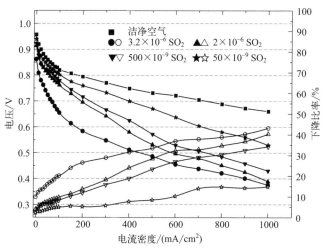

图 8-28　不同浓度的 SO_2 对极化曲线（实心符号）和性能下降比率曲线（空心符号）的影响（相对于洁净空气下的各电压值）

由图 8-28 可见，SO_2 通入后，电池的电化学极化明显加强，当浓度为 3.2×10^{-6} 时最严重，这说明阴极 ORR 反应受到抑制，电极催化剂发生了中毒。SO_2 对电池的影响与其浓度呈正相关，即空气中 SO_2 的浓度越大，则其在催化剂表面的覆盖度也就越大，对电池性能的毒化也越严重。以 500mA/cm^2 电流密度为例，在 3.2×10^{-6}、2×10^{-6}、500×10^{-9} 和 50×10^{-9} 的 SO_2 的影响下，电压分别稳定在 0.486V、0.532V、0.572V 和 0.67V，与通入 SO_2 之前的性能相比，降幅分别为 33.5%、28.4%、23.3% 和 8.5%。这说明 SO_2 的吸附与其在阴极气流中的浓度有关，这符合气体等温吸附的基本规律，气体在固体表面的化学吸附与气体的本体浓度成正相关，而 SO_2 的覆盖率越大，电极极化就越严重。由于 SO_2 在 Pt 表面上的吸附，ORR 反应速率受到限制，只有增加电化学极化来保证同样的反应速率（即维持恒定的发电电流），因此 SO_2 浓度越高，相同电流密度下电势的下降就越严重。电流密度越高，电化学极化受 SO_2 浓度影响的效应表现得越明显。由图 8-28 中的电势下降比率曲线可见，在每一个浓度下，尽管 SO_2 的覆盖率不变，但是其影响却会随着电流密度的增大而变得越来越严重。美国洛斯阿拉莫斯国家实验室[115-116]选取了 1×10^{-6} 和 5×10^{-6} 的 SO_2 进行 PEMFC 毒化实验，从 0.5V 恒电压发电的 I-t 曲线看，两种浓度的 SO_2 都会使 PEMFC 的性能产生迅速而显著的下降，且停止通入 SO_2 30h 后也不能恢复，SO_2 浓度越大，性能下降越明显。CV 曲线显示，由于 SO_2 的吸附覆盖了部分 Pt 表面，H 在 Pt 表面的脱附峰（$0.1 \sim 0.4V$）变得很小；而在 $0.9 \sim 1.3V$ 处有一个杂质的氧化峰，重复多次扫描后，该峰消失，PEMFC 的性能才得以恢复。同时，他们提出了采用过滤的方法去除空气中的 SO_2。

上述研究表明，SO_2 是对 PEMFC 阴极危害最大的物质。即使是微量的 SO_2 也会由于累积效应在 Pt 积聚而对 PEMFC 性能产生严重的影响。此外，由于 SO_2 是强力地吸附在 Pt 表面，纯净空气基本不能恢复被 SO_2 毒化的电池性能，即使是在高电压下 CV 扫描也只能部分恢复 PEMFC 的性能。因此，为了提高 PEMFC 的耐 SO_2 性能，除了尽量降低空气中的 SO_2 含量或者采用空气过滤器（将在 8.5 节中进行介绍）外，一般情况下 PEMFC 用空气中 SO_2 的含量应低于 0.5×10^{-6}。

8.4.4　H_xC_y 对阴极的影响

H_xC_y 对 PEMFC 性能影响的浓度上限较大，其中不饱和烃比饱和烃更易于吸附在 Pt/C 催化剂上，因而其对电池性能的影响更大[117]。40×10^{-6} 的 H_xC_y 对电池的影响即不可忽略，100×10^{-6} 的 H_xC_y 可以使电池的性能显著下降；PEMFC-GC 联测实验表明，在电池正常运行的条件下，H_xC_y 尤其是不饱和烃类很容易被 O_2 氧化成 CO_2 和 H_2O，因而它们对电池性能的影响是可逆的，通过洁净空气吹扫即可恢复电池性能。

以分别含丙烷和 1,3-丁二烯 1% 的标准气作为 H_xC_y 源，并以动态配气的方式稀释至目标浓度后通入电池阴极进行实验。本文分别研究了 20×10^{-6}（丙烷：1,3-丁二烯＝1:1，下同）、40×10^{-6}、100×10^{-6} 和 1000×10^{-6} 四种浓度的 H_xC_y 对电池性能的影响。电池以稳定的 $500mA/cm^2$ 的电流密度发电，运行 1h 以后，将 H_xC_y 通入阴极空气中，记录电池电压下降直至稳定的 V-t 变化，如图 8-29。

8.4.5　CO 对阴极的影响

如前所述，阳极受到氢气中 CO 的强烈影响，而燃料电池阴极对 CO 却表现出了良好的耐受性，即使在 $1000mA/cm^2$ 的电流密度发电，空气中含 1500×10^{-6} 的

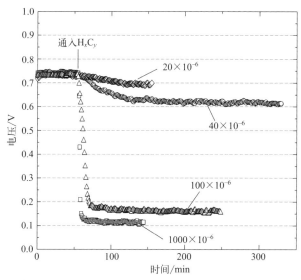

图 8-29　阴极中不同浓度的 H_xC_y（丙烷＋1,3-丁二烯）对燃料电池性能的影响

CO 时对电池性能的影响也微乎其微[118]。图 8-30 为阴极空气中 CO 浓度由低到高逐渐增加时的 V-t 曲线。在此测量过程中，电池始终以 500mA/cm^2 的电流密度发电。由图 8-30 可见，尽管通入了高达 1500×10^{-6} 的 CO，且时间延续约 65h，电池的性能仍相当稳定。图 8-31 为 1500×10^{-6} CO 对电池极化曲线的影响。由图 8-31 可见，1500×10^{-6} 的 CO 通入阴极后，当发电电流密度低于 600mA/cm^2 时，所测得的极化曲线几乎与在纯净空气中运行时所得的极化曲线重合，只有当发电电流密度高于 600mA/cm^2 后，电池电压才出现 $20\sim40\text{mV}$ 的下降。这种下降有可能是因为在高电流密度发电的情况下，阴极 O_2 被 CO 消耗一部分后，更加剧了浓差极化。

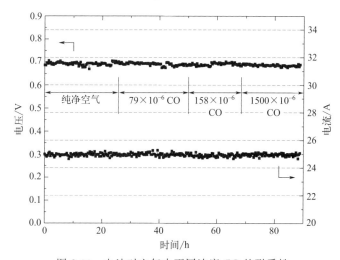

图 8-30　电池对空气中不同浓度 CO 的耐受性

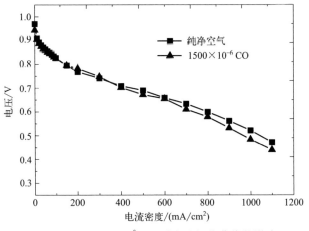

图 8-31 1500×10^{-6} CO 对电池极化曲线的影响

8.4.6 协同影响

Moore 等[119] 对一个 $11cm^2$，阴阳极都含 $0.3mg/cm^2$ Pt 的单电池进行多种杂质气体（CO、SO_2、苯、NO_2 等）影响实验。PEMFC 首先在洁净空气中运行 30min，再通入杂质运行 30min，然后再用洁净空气吹扫，所有杂质对电池的性能有无影响及影响的大小都从恒电流发电的电压-时间（V-t）曲线来判断。从 $50mA/cm^2$、$100mA/cm^2$、$200mA/cm^2$ 恒电池发电的 V-t 曲线来看，500×10^{-9} 的 SO_2 对电池性能几乎没有影响，但是通入的时间仅 30min，通入的总量仅 $0.33\mu mol$，而且发电电流密度较低。类似的 NO_2 的实验表明，400×10^{-9} 的 NO_2 对电池性能也没有什么影响，但上述实验通入的总量也很少，仅有 $0.27\mu mol$。20×10^{-6} CO 通入后对电池性能有少许影响，但这种影响可逆。通入 90×10^{-6} 丙烷对电池无影响，而 50×10^{-6} 的苯可使电池性能持续下降，最多时达 5%，且用洁净空气吹扫基本无效。Jing 等[112] 也分别研究了含 SO_2、NO_2 及 SO_2 和 NO_2 混合气体的空气对电池性能的影响，发现以含 SO_2 的空气为氧化剂的 PEMFC 性能下降幅度最大。在含 1×10^{-6} SO_2 的空气条件下工作 100h 后电池电压下降达到 240mV，即使 CV 扫描也只能将该电池性能恢复初始性能的 84%。Gould 等[120] 研究了 SO_2、H_2S、COS（羰基硫）对 PEMFC 阴极 Pt/C 性能的影响发现，相同条件下 3 种物质都使电池性能衰减到同等程度，表明硫化物的种类特性对电池阴极衰减没有影响。此外，研究还发现 CV 能够通过对 Pt 表面硫化物的氧化而使电池性能恢复到初始性能的 92%，采用极化扫描也可以使电池性能恢复到初始性能的 85%。

8.5 缓解空气杂质对 PEMFC 影响的策略

根据上述空气杂质中毒机理研究，针对提高 PEMFC 耐久性的研究主要集中在以下四个方面：①增设过滤器；②电化学恢复；③吹扫法；④HT-PEMFC。

8.5.1 空气过滤器

FCV 空气净化装置的结构设计，即空气流通路径的选择，会影响燃料电池阴极空气的传输效率和净化效果。按空气流通路径与管壁方向之间的关系可以将净化装置分为垂直式、平行式及介于两者之间的混合式，如图 8-32。空气过滤器需具备如下优势：①能有效地除去多种杂质气体，尽量减轻燃料电池受到的影响；②空气与吸附材料具有较大的接触面积，以提高净化速率；③改善空气的流动特性；④抽取式整体型吸附剂设计，方便吸附剂的更换；⑤独特的流动通道设计，使其同时具有消声作用[121]。

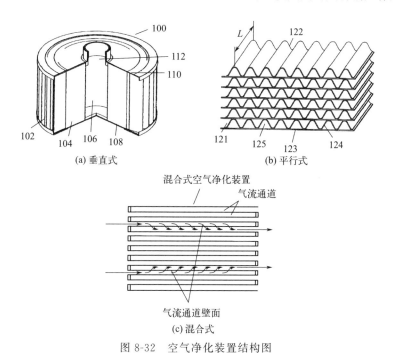

(a) 垂直式   (b) 平行式

(c) 混合式

图 8-32 空气净化装置结构图

8.5.1.1 化学吸附原理

化学吸附主要是去除空气中的 SO_2、H_2S、NO_x、NH_3、CO 以及 VOCs 等可

降低 PEMFC 性能的有害气体。化学吸附的滤芯材料可以由活性炭、活性炭纤维、活性氧化铝、分子筛、气凝胶、离子交换树脂、离子交换纤维中的一种或多种材料组成。对于 SO_2、NO_x 等有害气体，活性炭由于炭表面积较大，吸附容量大，是一种比较好的吸附材料。由于炭固体表面原子不饱和性的存在，它们将以化学形式结合炭成分以外的原子和原子基团，形成各种表面功能基团，因而使活性炭产生了各种各样的吸附特性。对活性炭吸附性能产生重要影响的化学基团主要是含氧官能团和含氮官能团[122]。Boehm[123] 指出活性炭材料表面可能存在以下几种含氧官能团：羧基、酸酐、酚羟基、羰基、醌基、内酯基、乳醇基、醚基。此外，活性炭材料表面还有酰胺、酰亚胺、内酰胺、吡咯和嘧啶等含氮官能团[124]。

根据燃料电池对有害气体的耐受性以及大气中有害气体的浓度，采用各种熟知的改性和成型方法对活性炭进行处理，如：适当添加 HNO_3 等酸性物质有利于碱性气体的吸附，适当添加 KOH、K_2CO_3 等碱性物质则有利于酸性气体的吸附[32,125-126]。空气中影响燃料电池性能的杂质气体主要是酸性气体，所以在 N_2 或真空气氛中高温（700℃左右）加热活性炭，会造成表面酸性含氧基团的缺失[127-128]。利用氨水、KOH 等碱性溶液特定条件下浸渍活性炭[129-130]，可提高活性炭表面碱性基团的含量，提高对杂质气体的吸附能力[131]。Zhu 等[126] 利用 Na_2CO_3 和 KOH 对活性炭进行了表面改性，并研究了改性后的活性炭对 NO 和 SO_2 的吸附情况。在 Na_2CO_3 和 KOH 总重量保持 6.5％ 的情况下，改变 Na_2CO_3 和 KOH 的相对含量，发现 Na_2CO_3：KOH＝4.0：2.5 时吸附效果最好。他们认为，NO 和 SO_2 在吸附过程中是相互影响的，在 $200×10^{-6}$ 以下时，NO 的增加能促进 SO_2 的吸附，超过 $200×10^{-6}$ 后随着 NO 的增加 SO_2 的吸附将受限制。相应地，$50×10^{-6}$ 是 SO_2 影响 NO 的分界点，SO_2 含量在 $50×10^{-6}$ 以下将促进 NO 的吸附，高于 $50×10^{-6}$ 将限制 NO 的吸附。

吸附剂可以选用某些比表面积大、密度小的高孔隙率材料（如活性炭、活性炭纤维、氧化铝、离子交换纤维、硅胶等）作为载体，辅以表面改性技术或者负载催化剂，即可达到较高的吸附效果，必要时可以利用燃料电池的余热优化空气净化的反应条件。但是，空气净化时将增加传输阻力，进而增加系统的附加功耗。除了增加空气阻力外，采用干燥的活性炭作吸附剂还会减小空气湿度，这也不利于电池运行。随着活性炭表面吸附的水分逐渐饱和，这种影响可以逐渐消失，但是吸附了水分子的活性炭表面吸附其他杂质的性能就会大大下降，这就需要从装置上进行改进和优化。因此，从空气净化系统整体的角度考虑，一方面通过优选材料，经过改性预处理达到理想的净化效率；另一方面，通过系统结构优化和仿真模拟改善空气流动，从而降低附加功耗。

8.5.1.2 过滤器的开发

Kennedy 等[132] 详细阐述了设计和优化燃料电池空气过滤器应该考虑以下五个因素：①进气性质（污染物类型、污染物浓度和空气流量）；②滤芯型式的选择（包裹床层 PB、纤维材料 MFM、混合床层 MFM＋PB）；③滤芯大小的设计；④滤芯材料的吸附量；⑤压缩机性质；⑥燃料电池堆的性质，如图 8-33 所示。根据进气属性，选择合适的滤芯材料，根据滤芯材料的化学吸附性能，通过结构的优化设计使过滤器具有最高的吸附效率、最小的压降以及合适的体积。因此，滤芯材料的开发以及过滤器的结构设计是燃料电池空气过滤器开发的重点。

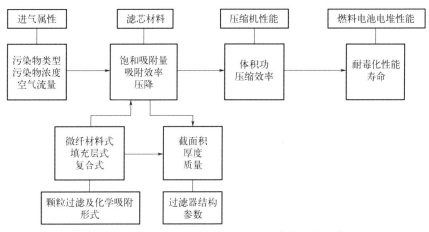

图 8-33 燃料电池阴极空气过滤器设计考虑的因素

(1) 吸附剂开发

活性炭材料中的含氮官能团能提高活性炭的碱性，因此可以通过改性提高活性炭中含氮官能团的数量，从而提高活性炭对 NO_x、SO_2、H_2S 等的吸附能力。研究人员对活性炭的改性及吸附研究可参见 8.1.5 节。

马晓伟等[121,133] 对燃料电池空气过滤器的滤芯材料进行了研究，他们采用活性炭作为空气过滤器的吸附材料，将其分别浸渍于不同浓度的 KOH 和 K_2CO_3 溶液中进行化学改性，并通过吸附穿透实验测得改性活性炭对 NO_x 和 SO_2 的吸附性能。结果表明，活性炭材料经过化学修饰改性后，常温下对 NO_x 和 SO_2 的吸附容量显著提高。原因在于 KOH 和 K_2CO_3 对活性炭浸渍改性的过程中，会改变活性炭的表面结构，同时 KOH 和 K_2CO_3 将不再以晶体的形式存在。在 KOH 和 K_2CO_3 对活性炭浸渍改性的各种样品中，KOH 负载量为 10% 时所获得的样品具有最高的 NO_x 和 SO_2 吸附容量 ［$NO_x/AC＝0.136$；$SO_2/AC＝0.255$（质量比）］。利用该样品所做的 NO_x 和 SO_2 循环吸附-脱附实验表明，该样品对 NO_x 的吸附具有很好的可再生能力，而对 SO_2 的可再生能力不如 NO_x。

氧气和水分的存在有利于提高活性炭的吸附能力，Kong 等[37] 利用活性炭材料在氧气和潮湿环境中吸附 NO_x，发现 NO 很容易被氧化为 NO_2，而水分的存在将使 NO_2 进一步转化为 HNO_3 吸附在活性炭上。Claudino 等[32] 利用三种不同氧含量的碳材料在 45~85℃ 范围内吸附 NO，实验在无氧气条件下进行，结果表明活性炭对 NO 的吸附容量随活性炭自身含氧量的增加而增大，这说明活性炭中含氧官能团的存在有利于活性炭对污染性气体的吸附。

（2）流体力学设计

计算流体力学（CFD）是应用计算机和流体力学的知识对流体在特定条件下的流动特性进行模拟计算和描述的科学，其内容涉及计算机科学、流体力学、偏微分方程的数学理论、CAD 和数值分析等知识。计算流体力学技术是随着计算机技术和性能的提高而快速发展的，以计算流体力学为学科基础的 CFD 技术具有强大的模拟能力，已覆盖了工程或非工程的广大领域。国内外学者广泛将 CFD 软件 Fluent 应用于燃料电池阴极流场、多孔介质、化学反应、组分输运、多相流等领域[134]。CFD 软件 Fluent 已广泛应用于燃料电池流场、固定床反应器的传质传热、化学反应、组分输运、流体力学性能方面的模拟。因此，通过 CFD 方法，对 FCV 空气过滤器滤芯材料的吸附行为进行仿真研究，同时结合对比吸附实验，得到空气过滤器流体力学以及化学吸附性能的信息。CFD 方法所得仿真计算结果具有可靠性，可以应用于指导设计开发燃料电池发动机空气过滤器，优化结构尺寸参数，提高燃料电池发动机的效率。

对于燃料电池空气过滤器滤芯结构参数的设计，在选定滤芯材料后首先需要根据滤芯材料的吸附容量计算滤芯的使用寿命，在确保其满足一定的吸附容量以及使用寿命外，还要求其具有较小的压降。陈专等[135] 利用 CFD 软件 Fluent 对空气经过不同厚度颗粒活性炭床层的压降进行了仿真研究，并根据压降和速度的试验数据计算得出黏性阻力系数 $1/\alpha$ 和惯性阻力系数 C_2。随后将黏性阻力系数 $1/\alpha$ 和惯性阻力系数 C_2 输入至 Fluent 建立多孔介质模型，设计出一种燃料电池空气过滤器，并对其速度分布流场进行仿真计算，结果如图 8-34 所示，该方法为燃料电池空气过滤器结构设计提供了重要的参考依据。

美国 Donaldson 公司是一家生产传统过滤装置的企业，也是最早开始研发燃料电池发动机空气过滤器的企业之一[136]。Donaldson 公司获得了世界上第一个燃料电池空气过滤器的专利。图 8-35 为该公司针对燃料电池设计的具有消声功能的空气过滤系统实例之一。含有颗粒和污染气体的空气从进气端（1）处进入，经过过滤组件（3）、消声组件（4），到达排气端（2），变为较为洁净的空气进入下游的燃料电池阴极。该设备还可以通过传感器接收孔（5）检测气体的状态参数，如空气流量和污染物浓度，依此观测过滤器滤芯的使用状况并判断是否需要更换滤芯。

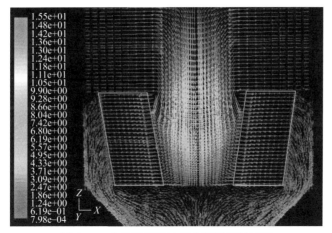

图 8-34　空气过滤器滤芯内部速度矢量图

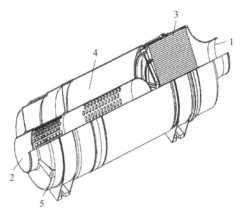

图 8-35　Donaldson 公司空气过滤系统实例

1—进气端；2—排气端；3—过滤组件；4—消声组件；5—传感器接收孔

　　过滤组件（3）可以是折叠状、圆柱状、平板状、箱体状[137]。一般认为，空气过滤器的过滤组件应该至少包含一层物理过滤层以及一层化学吸附层。与传统内燃机相似，燃料电池发动机同样需要过滤空气中会磨损燃料电池部件和降低化学吸附效率的颗粒物（如：粉尘、气溶胶等），此外，物理过滤也要考虑过滤水分以使燃料电池运行能够适应不同的湿度。

　　（3）器件开发

　　Donaldson 公司专利 US 2007/0003800 设计了一种用于低温催化反应过程的空气过滤器。如图 8-36 所示[137]。该空气过滤器既可以除去空气中的颗粒污染物，又可以除去空气中的化学污染物。空气由侧板上含有小孔的进气端（1）进入过滤器，侧板上的小孔具有去除如树叶、碎片等体积较大污染物的作用；然后，空气进入除水装置（3），其作用是吸附去除空气中的水滴；（6）为高效颗粒过滤滤芯，用于去除空气中微小的颗粒污染物；（4）为化学吸附滤芯，其作用是去除空气中的化学污染物。当 PEMFC 运行时，首先检测出空气中有害气体的浓度，然后依此来控制空气的输运通道；如果空气中有害气体的浓度较低，则空气不经过化学吸附层（4），而是直接经过物理过滤层（6）和排气端（2）到达燃料电池阴极侧；如果空气中有害气体的浓度较高，则需要经过化学吸附层（4）以及排气端（5）到达燃料电池阴极侧。该空气过滤器可以根据空气中化学污染物的浓度决定是否需要经过化学吸附，同时采用不同的滤芯除去不同类型的物质，这样可以节省滤芯材料，延长其使用寿命。但是，整个过滤器结构不够紧凑，而且空气气流在过滤器内的流动均匀性没有考虑，也没有采取具体措施减小过滤器的进气阻力。

Freudenberg 公司专利 WO 2007039037A1 设计了一种可以去除颗粒污染物和化学污染物，同时具有一定消声功能的用于燃料电池的空气过滤器，如图 8-37 所示[138]。含有颗粒物和有害气体的空气由进气端（1）进入空气过滤器，经过无纺布颗粒过滤层（2）粗过滤，主要去除颗粒物，再经过包裹在无纺布内的活性炭吸附层（4）精过滤，到达排气端（5）进入燃料电池，可以有效除去有害气体。该过滤器的优点在于考虑了流体力学性能，密封性能可靠，结构简单轻便，便于拆装和更换滤芯。该过滤器采用了扩张式过滤器壳体（3）结构，当气流通过时先突然扩张再收拢，会使一部分声能被消耗掉，从而使噪声得到衰减。

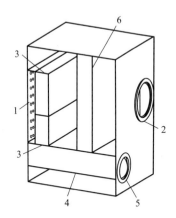

图 8-36　Donaldson 公司空气过滤组件实例

1—进气端；2，5—排气端；3—除水装置；4—化学
吸附层；6—高效颗粒过滤层

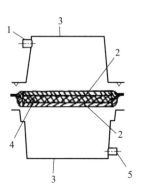

图 8-37　Freudenberg 公司空气过滤器实例

1—进气端；2—无纺布颗粒过滤层；3—扩张式
过滤器壳体；4—活性炭吸附层；5—排气端

Robert 等人设计的专门用于过滤燃料电池空气的装置共由三层组成，如图 8-38 所示[139]。外部空气由风机经壳体的进口送入颗粒过滤层（102），该憎水性的聚丙烯纤维层用于过滤空气中粒径大于 $0.3\mu m$ 的微小颗粒，并阻止水分进入；

然后空气中的有害气体在化学吸附层（104）处被吸收，该层由压缩过的活性炭组成，经特别处理后不会产生粉尘随空气进入燃料电池中去；空气沿径向到达气体流动通道（106）后，再沿通道轴向从排气端（112）流出，最后到达燃料电池阴极。该装置可保证使 SO_2 浓度低于 0.25×10^{-6}，NO_2 浓度低于 0.53×10^{-6}，H_2S 浓度低于 0.2×10^{-6}（体积分数）。

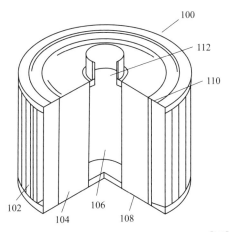

图 8-38　Plug Power 公司空气过滤器实例[140]

同济大学汽车学院专利 CN101079489 A 采用自主研发的具有良好性能的化学吸附材料以及整体式吸附剂与空气通道交替排列结构，设计了用于燃料电池的空气过滤器。图 8-39 为所制得空气净化器样机的结构分解示意图和实物图[141]。其中过滤器的锥形进气通道（1）由前往后截面逐渐增大的结构有利于降低空气流速，从而增加空气通过过滤器的时间，提高过滤效率，而排气通道（9）截面逐渐缩小的结构则有利于增大排气端空气流速以满足燃料电池空气流量的需要，利用其法兰（3）与净化器主体的法兰（5）由螺栓（2）通过螺孔（10）连接。净化器入口（13）和出口（14）均设计为圆形，便于过滤器与前端空气压缩机和后端圆形管道连接，锥形进气通道由圆形逐渐过渡至正方形。该空气过滤器在空气流动通道中利用与两侧壁面各呈 45°角的楔形挡板（12）改变空气的流动方向。设置楔形挡板的作用在于：一方面，强迫空气分流经过两侧的吸附剂后才能继续向前流动，多次分流透过吸附剂可以提高空气的过滤效果，同时保证各部分吸附剂的利用率基本相同；另一方面，45°的楔形设置，可以减少空气在改变流动方向过程中的紊流和黏滞阻力，从而减小空气传输阻力，提高空气流速，同时一定程度上还可以降低噪声。采用不锈钢滤网（7）的作用是滤除过滤器中可能夹带出的固体颗粒物，同时通过憎水性膜（4）有效滤除空气（如海边潮湿的空气）中的水分，并能很方便地将整体式吸附剂（11）从吸附层壳体（6）内取出，进行活化处理或者更换吸附剂。

吸附层、不锈钢滤网和锥形出气通道之间也采用相同的装配方法，即与图中所示的法兰（5）和法兰（8）进行连接。

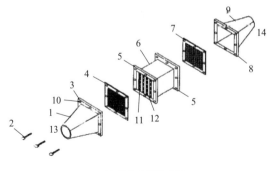

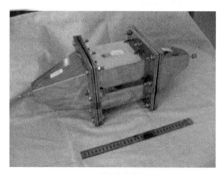

(a) 结构分解示意图   (b) 实物图

图 8-39　同济大学设计的空气净化器

白光金等人设计了一种燃料电池的空气过滤装置，如图 8-40 所示[142]。该装置包括空气进气歧管总成和过滤网总成。其中，空气进气歧管总成主体为圆形管，圆形管内部对称设置有导向槽，圆形管内径和过滤网总成外径相匹配；过滤网总成主体为圆形滤网，滤网外对称设置有导向杆，导向杆与空气进气歧管总成上的导向槽相匹配；在过滤网总成外表面和空气进气歧管总成内表面之间设置了密封圈，装配成型后将密封圈压紧。将滤网与歧管进行有效集成的结构设计，可有效阻断燃料电池系统中杂质进入电堆中，提高燃料电池的耐久可靠性。

曲鸿瑞等人设计的一种氢燃料电池空气过滤装置如图 8-41 所示[143]。从 PEMFC 后围进气格栅（1）吸入空气，通过空气过滤装置（2）的进气口（7）进入过滤装置，过滤空气中的杂质，空气过滤装置（2）下方有排水口（8），空气过滤装置（2）的进气口（7）

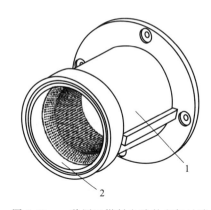

图 8-40　一种用于燃料电池的空气过滤装置装配体立体示意图

1—空气进气歧管总成；2—过滤网总成

连接空气压缩机，当空气压缩机工作时，吸入气体，排水口（8）下方的滴水帽（3）关闭，使气体更充分地进入空气压缩机工作；若平时不工作时，空气过滤装置（2）存储的水会从滴水帽流出。经空气过滤装置（2）进入的空气经空气滤清器（6）再次过滤经由进气管路（9）进入氢堆（5），使氢堆（5）发生反应，该设计可对进入氢堆中的空气进行过滤，减少空气中的杂质，获得最优的操作参数，使氢堆中的反应更充分。

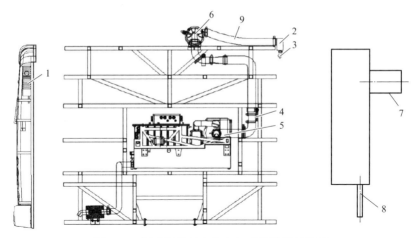

图 8-41　新型氢燃料电池空气过滤装置结构图

1—后围进气格栅；2—空气过滤装置；3—滴水帽；4—空气流量计；5—氢堆；

6—空气滤清器；7—进气口；8—排水口；9—进气管路

8.5.1.3　空气过滤器效果

陈专等[135] 采用改性的颗粒活性炭作为去除空气中杂质气体的吸附材料，通过比较其压降、装配体积以及对杂质气体的吸附性能等综合指标，确定最佳方案，并通过 Fluent 软件模拟过滤器内部速度场，对滤芯结构进行优化，使其对杂质气体的吸附性能更佳。进行空气净化器-PEMFC 电池的联测实验，结果表明：过滤器最大压降为 650Pa（不含纸质滤芯）；对空气中杂质气体 SO_2 的吸附量为 6755mg，可以满足 5kW 燃料电池电动车半年以上的使用时间；在加装空气净化器后，燃料电池性能与通入干净空气的燃料电池性能相当，过滤器可以对燃料电池起到很好的保护作用。Uribe 等[85] 采用化学过滤器 Donaldson FC Test Fil FCX400027，对含 SO_2 的空气在进入电池前进行净化，结果表明对 SO_2 和 NO_2 有较好的吸收效果，再加装此产品以后，在 $1×10^{-6}$ 浓度的 SO_2 或 $5×10^{-6}$ 浓度的 NO_2 下，燃料电池都有较好的性能。

马晓伟[121] 将化学浸渍法制成的整体式吸附剂（活性炭－10% KOH 负载）装入自行设计的空气净化器中，探究空气净化器对于 SO_2 和 NO_x 的吸附去除效果。图 8.42 是在有空气净化器的情况下，电堆在 70A 恒电流发电时电压值随时间变化的 V-t 曲线图。图中曲线 a 显示了通入洁净空气时电堆的性能变化。曲线 b 显示了含有杂质气体的空气通过空气净化器净化后再通入电堆时，电堆的性能变化。为了对比验证空气净化器的效能，在电堆运行 185h 后，卸去空气净化器，直接让含有杂质气体的空气通入电堆。从曲线 b 可以看出，电堆开始运行的 125h 内，电堆的性能变化基本和通入洁净空气时（曲线 a）变化一致。从 125h 开始，电堆的电压有 7mV 左右的衰退，随后保持稳定在 3.58V，这可能是因为空气净化器无法将所有杂质气体全部吸附，仍有微量的杂质气体进入电堆，在电堆运行 125h 后，杂质气体的累积吸附作用开始显现出来，但是由于空气净化器的吸附剂仍远未达到穿透，所以电堆的电压可以维持在 3.58V，并将稳定很长时间，这是一个空气净化器稳定发挥作用的过程。在 185h 后将空气净化器卸去，电堆电压快速下降。这说明在加装空气净化器的情况下，电堆性能有极大的改善。上述结果表明，加装空气净化器后，250W 燃料电池堆的抗衰减性能提高了 15 倍左右，经过 180h 的吸附实验表明，空气净化器还远未达到吸附饱和。

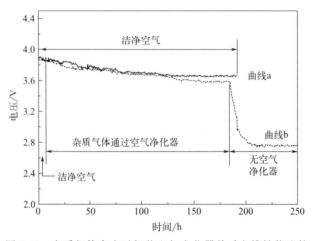

图 8-42　杂质气体存在时加装空气净化器前后电堆性能比较

电堆在上述三种情况下的极化曲线如图 8-43 所示。从图中可以看出，含有杂质气体的空气经过空气净化器净化后通入电堆后，电堆的电化学极化增强，说明电化学平衡受到影响，但是其影响远小于杂质气体直接通入电堆时产生的影响。这说明在空气中含有污染性杂质气体的情况下，通过加装空气净化器能有效提高燃料电池的抗中毒能力。

8.5.2　高电势氧化法

高电势氧化是指通过电化学的方法将吸附在 Pt 表面的有害物质氧化去除[144]，使得 Pt 表面能够重新恢复对 H_2 的氧化催化能力，从而恢复 PEMFC 的性能。Uribe 等[145] 探究了 H_2S 对 PEMFC 性能的影响，并比较了 CO 和 CO_2 对电池性能的影响。研究结果表明，H_2S 对电池性能的毒化作用是不可逆的，采用纯净氢气恢复法无法完全恢复电池性能，但采用电压为 0～1.4V（vs. RHE）的循环伏安

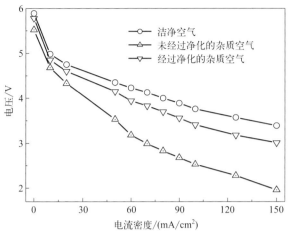

图 8-43 空气净化器对电堆极化曲线的影响

扫描可恢复大部分电池性能。Urdampilleta 等[146] 也研究了 H_2S 对 PEMFC 性能衰减的影响，研究考察了 H_2S 浓度、电池操作温度以及阳极气体湿度对 PEMFC 的毒化作用，结果表明 H_2S 对 PEMFC 的毒化作用具有累积性和不可逆性。通入纯净氢气恢复法只能部分恢复被毒化的电池性能，而多次的循环伏安扫描可以使毒化的电池性能完全恢复。Mohtadi 等[147] 针对膜电极组件（MEA）开展了 H_2S 中毒机理的探索性研究，通过对比在不同温度下 H_2S 在 MEA 中 Pt 表面的吸附速率发现，Pt-S 在 90℃的生成速率比在 50℃快 69%，但无论高温还是低温，长时间运行后，Pt 表面终将被 Pt-S 完全覆盖[87]。经纯净氢气恢复法和循环伏安法操作后，电池性能部分恢复，说明在较高浓度的 H_2S 中，Pt 对 H_2S 的吸附是部分可逆的。与纯净氢气恢复法的低恢复效率相比，循环伏安方法可以恢复电池大部分性能。虽然高电势氧化可恢复燃料电池性能，但高电势也会对关键组件及材料（如 PEM、双极板及密封件等）造成一定程度上的不利影响：①催化剂活性组分 Pt 在高电势下会发生溶解、团聚长大以及形成氧化物，使催化剂活性下降。②催化剂碳载体在高电势下会发生腐蚀，与 H_2O 反应生成并排放出 CO、CO_2。在 Pt 作为催化剂的作用下，与 Pt 接触的碳的表面碳腐蚀速率将进一步增加。碳被腐蚀后生成的 CO、CO_2 会毒化催化剂 Pt，载体被腐蚀后使得担载在其表面的 Pt 颗粒迁移、脱落、团聚长大，导致催化剂的电化学活性面积下降、寿命降低，同时碳载体腐蚀阻碍了电子传导，从而增加了电池的欧姆阻抗和接触电阻。③根据材料不同，目前 PEMFC 所用的流场板主要是石墨双极板和金属双极板，在高电势下石墨板的碳材料和金属板涂层会被腐蚀，导致流场变形和表面性质发生变化，进而影响气体的均匀分布和双极板的亲疏水性。此外，对 H_2S 中毒的电池进行电化学恢复的操作，需中断正在运行的电池，影响 PEMFC 的运行效率。

然而，原位电化学方法大多需要借助电化学工作站或电源，并多出现在研究论文中针对单电池或小堆开展，较难在整堆或实际运行坏境下开展，可操作性受限。未来可专门开发便携式专用电子设备对强化学吸附的杂质进行氧化去除。

8.5.3 吹扫法

为了提高氢的利用率，阳极配置通常处于死端模式或再循环模式。然而，即使在死端模式或再循环模式下，水和氮等杂质也会逐渐积聚在阳极通道内，从而导致局部缺氢，PEMFC 性能显著下降[148-149]，缺氢可能导致阴极催化剂层中的碳腐蚀[150]。通过吹扫去除这些杂质可以恢复性能，如图 8-44 所示。

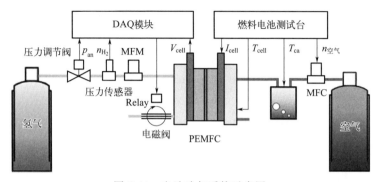

图 8-44　电池吹扫系统示意图

DAQ—数据采集；Relay—继电器；MFM—质量流量计；MFC—质量流量控制器

吹扫时间过长会浪费未使用的氢气，而吹扫时间过短会导致性能恢复不完全。在已发表的研究中，阳极吹扫策略是根据电压降、定期间隔[151]、氮累积[152-153]、电流积分[154] 或特征实时电流信号制定的[155]。Nikiforow 等[156] 使用氢气质量流量计研究了操作条件和吹扫策略对氢气利用率的影响，并得出结论：最佳吹扫策略随供应气体的湿度水平成比例变化。图 8-45 为采用洁净空气吹扫阴极，并结合外加电势脉冲法对其进行原位处理的电堆性能恢复。

由图 8-45 可见，当电堆电压受污染物的影响下降至 2.74V 左右并基本稳定时，停止通入污染物，用洁净空气吹扫。此时电池不发电，约 8h 后电堆电压升至 3.74V。随后用一节 1.4V 干电池对每一片单电池作外加电势脉冲，以除去不能通过吹扫脱除的 SO_2。由图可见，经三次重复后，电堆电压升至 3.83V（约恢复了 98%），并能继续稳定工作。

促进 CO 在 Pt 表面氧化转化，再生出 Pt 活性位，是缓解 PEMFC 阳极 CO 毒化的主要策略[157]。引入少量 O_2，在 Pt 表面形成吸附态氧 $Pt\text{-}O_{ads}$，与 $Pt\text{-}CO_{ads}$

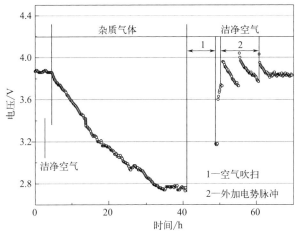

图 8-45　电堆受污染性能衰退后的恢复

反应生成 CO_2，释放出 Pt 活性位，可用 Langmuir-Hinshelwood 机理描述[158]，反应式如下：

$$3O_2 + 4Pt \Longleftrightarrow 2Pt-O_2 + 2Pt-O_{ads} \qquad (8-20)$$

$$CO + Pt \Longleftrightarrow Pt-CO_{ads} \qquad (8-21)$$

$$Pt-CO_{ads} + Pt-O_{ads} \Longleftrightarrow CO_2 + 2Pt \qquad (8-22)$$

Hu 等[159] 比较了使用不同直径净化阀的不同净化策略。他们最终得出结论，随着工作电流密度水平的增加，吹扫间隔趋于缩短，吹扫持续时间趋于延长，因为工作电流密度越高，水和氮的累积率越高。Omrani 等[160] 研究了操作温度对 DEA 模式下的 PEMFC 吹扫的影响，结果表明，当电堆温度为 40℃ 时，随着电堆电流从 0.25A/cm² 增加到 0.45A/cm²，最佳吹扫间隔分别从 90s 降至 45s 左右；电堆温度从 40℃ 增加到 50℃，最佳吹扫间隔增加到 120s 和 90s。因此，在 PEMFC 的低操作温度下，需要增加吹扫以除去液态水，而温度的升高增加了吹扫间隔。Lin 等[161] 同时测量不同工作电流密度水平和吹扫持续时间下电池电流密度下电池电压和阳极入口氢气流速的变化，探讨了吹扫时间对电池能量效率的影响。结果表明，最佳能效的吹扫持续时间随着操作电池电流密度的增加而减少，吹扫时间间隔随着吹扫时间的延长而增加。PEMFC 的最佳吹扫时间约为 0.2s，吹扫约四分之一的阳极气体可以使具有死端阳极模式的 PEMFC 获得最佳能源效率，并提出了一种确定最佳吹扫持续时间的方法。

8.5.4　高温质子交换膜燃料电池（HT-PEMFC）

针对质子交换膜燃料电池的 CO 中毒，可通过提高质子交换膜燃料电池工作温度来有效提高质子交换膜燃料电池的抗 CO 能力，原理是 CO 和 H$_2$ 在 Pt 上的吸附过程均为放热反应，且前者的焓变大于后者（25℃ 时，$\Delta H_{CO} = -134kJ/mol$，$\Delta H_{H_2} = -87.9kJ/mol$），当温度高于 100℃ 后，CO 在 Pt 催化剂上的吸附强度大大降低。HT-PEMFC 使用浸渍有磷酸（H$_3$PO$_4$）的聚苯并咪唑（PBI）膜来促进质子的转移，从而消除了对液态水的需求，因而允许在更高温度下操作，通常在 160℃ 左右。这种更高的工作温度具有优势，包括更容易冷却、更有效地利用多余热量、减少或不存在水管理问题，以及更高的杂质耐受性[162]。同时，还意味着 HT-PEMFC 系统可以使用（除纯氢外）多种燃料，这些燃料可以转化为富氢气体，而无需净化。例如，在碳氢化合物、蒸汽转化为富氢合成气的过程中，蒸汽的供应比例超过化学计量比。因此，除氢、CO$_2$ 和 CO 外，重整气体中始终存在一些水蒸气[163]。但同时要考虑高温操作对 PEMFC 各部件的影响，如升高电池温度会显著增大质子交换膜的电阻，加快 Pt 催化剂的团聚速度和 Pt 的溶解速度，当燃料电池操作温度高于 100℃ 后，水合质子的传导变得困难，膜的降解速度显著加快。此外，较高的电池操作温度对双极板与密封材料的要求也将更为苛刻。

尽管高温操作可以解决 LT-PEMFC 中遇到的问题，但它却带来了新的挑战，如：①工程材料的降解和机械故障，双极板与燃料和氧化剂直接接触，燃料和氧化剂因此暴露于相应侧的氧化和还原条件下。此外，温度超过 140℃ 以上会提高材料降解率[164]。②在较高温度下，负载有催化剂的高表面积碳载体在 Pt 催化剂存在下（尤其是在阴极）被氧化时可以反应形成诸如 CO 的气体[165]，且当碳载体氧化时催化剂利用率降低，从而导致电池发电性能随时间下降，甚至出现损伤。③加热策略，在较高温度下运行 PEMFC 可能具有许多好处，但创造高温环境并不是一件易事。HT-PEMFC 需要外部热源以预热燃料电池，并且将操作温度保持在 160℃ 以上。现阶段有两种方法可以实现，一种为使用外部加热炉创建高温环境；另一种是在环境温度下维持不变的情况下仅加热燃料电池组件，该策略由于较大的温差而提供了更好的热效率[166]。

8.6 小结

氢能作为一种清洁高效的二次能源，具有零碳、能量密度大、燃烧热值高，以及来源广、可压缩、可储存、可再生的特点，成为新时代能源低碳转型的重要抓手。虽然氢能的发展具有极大的潜力，但目前氢能的开发利用还存在着一些亟须解决的问题，主要为：①开发低成本、绿色的制氢技术。氢气作为二次能源，它的制取不仅需要消耗巨大的能量，而且目前制氢效率较低，且来源主要来自传统化石能源。因此，开发大规模、廉价、可持续的制氢技术是氢能开发亟待解决的问题。②安全可靠的储存和运输方式。由于氢气具有易汽化、爆炸、着火和扩散能力强等特点，其在储存和运输方面具有很大的困难。因此，能量密度高、能耗小、安全性高的储存和运输方式也是当前值得关注的问题。③氢燃料电池汽车的产业化。氢燃料电池的开发也是氢能推广应用的关键，在作为车载燃料使用时，应符合车载状况所需要满足的要求。同时，加氢站的建设须不断完善，促进氢生产-氢储运-加注-燃料电池氢应用所构建的"氢能-燃料电池"产业链和燃料电池汽车产业群的全面形成。

根据美国能源部 2020 年的目标，燃料电池 MEA 的总成本将降至 14 \$/kW（净功率），同时达到 5000 次循环作为耐久性标准。此外，电池性能应提高到 1000mW/cm^2，在电流密度 1.2A/cm^2 时，启动/关闭耐久性应达到 5000 个周期，电压下降不超过 5%。而当 PEMFC 反应气中存在杂质时，这些目标将非常具有挑战性，因为杂质和污染物进入 PEMFC 会迅速恶化燃料电池的性能。因此，反应气杂质对质子交换膜燃料电池的影响也同样不容忽视。对于阴极杂质，开发空气过滤器，通过化学吸附或物理吸附过滤，防止气态污染物到达催化剂部位，是目前较为有效和经济的方式。而对于阳极，尽管目前颁布了多项燃料电池级用氢的标准规范，严格限制了燃料杂质的浓度，但需要付出巨大的成本来达到这一要求。

参考文献

[1] Taipabu M I, Viswanathan K, Wu W, et al. A critical review of the hydrogen production from biomass-based feedstocks: Challenge, solution, and future prospect[J]. Process Safety and Environmental Protection, 2022, 164: 384-407.

[2] Ellabban O, Abu-Rub H, Blaabjerg F. Renewable energy resources: Current status, future prospects and their enabling technology[J]. Renewable & Sustainable Energy Reviews, 2014, 39: 748-764.

[3] IEA. The Future of Hydrogen: Seizing Today's Opportunities. Report Prepared by the IEA for the G20.2019.

[4] Tiax L. California hydrogen fueling station guidelines[R]. Consultant Report for the California Energy Commission, 2003.

[5] 殷卓成，马青，郝军，等. 制氢关键技术及前景分析[J]. 辽宁化工，2021, 50（05）: 634-636, 640.

[6] 李洪言，赵朔，林傲丹，等．2019年全球能源供需分析——基于《BP世界能源统计年鉴（2020）》[J]．天然气与石油，2020，38（06）：122-130．

[7] 杨小彦，陈刚，殷海龙，等．不同原料制氢工艺技术方案分析及探讨[J]．煤化工，2017，45（06）：40-43．

[8] 曹军文，张义强，李一枫，等．中国制氢技术的发展现状[J]．化学进展，2021，33（12）：2215-2244．

[9] 彭会君．碳中和目标下CCUS技术在油田的应用前景[J]．油气田地面工程，2022，41（09）：15-19．

[10] 张能，乔二浪，鲁得鹏，等．煤气化技术应用现状及发展趋势[J]．化工设计通讯，2022，48（07）：1-3．

[11] 张建强，宁树正，黄少青，等．内蒙古煤炭资源煤质特征及清洁利用方向[J]．中国矿业，2022，31（08）：60-68．

[12] Shoko E, McLellan B, Dicks A L. Hydrogen from coal: Production and utilization technologies[J]. International Journal of Coal Geology, 2006, 65: 213-222.

[13] 汪寿建．21世纪洁净煤气化技术发展综述[J]．化肥设计，2004，42（5）：3-5．

[14] 马建新．电动汽车氢源基础设施前期研究．国家高技术研究发展计划，2002，课题编号：2001AA501987．

[15] 阳国军，刘会友．现代煤化工与绿电和绿氢耦合发展现状及展望[J]．石油学报（石油加工），2022，38（04）：995-1000．

[16] 国家市场监督管理总局，中国国家标准化管理委员会．质子交换膜燃料电池汽车用燃料 氢气[S]．GB/T 37244—2018．北京：中国标准出版社，2018．

[17] 王璐，牟佳琪，侯建平，等．电解水制氢的电极选择问题研究进展[A]．中国化工学会2009年年会暨第三届全国石油和化工行业节能节水减排技术论坛[C]，2009：4．

[18] 谭静．煤气化、生物质气化制氢与电解水制氢的技术经济性比较[J]．东方电气评论，2020，34（03）：28-31．

[19] 刘军，梁艳，凌云志．水电解制氢改造技术工艺研究[J]．中国石油和化工标准与质量，2019，39（23）：194-195．

[20] 蔡昊源．电解水制氢方式的原理及研究进展[J]．环境与发展，2020，32（05）：119-121．

[21] 李洋洋，邓欣涛，古俊杰，等．碱性水电解制氢系统建模综述及展望[J]．汽车工程，2022，44（04）：567-582．

[22] 李波，王冰，李婷．大气污染的成因及治理措施分析[J]．清洗世界，2022，38（07）：143-145．

[23] 孟洁，翟增秀，荆博宇，等．工业园区恶臭污染源排放特征和健康风险评估[J]．环境科学，2019，40（9）：3962-3972．

[24] 李雷．大气主要污染物工业源排放分析及管控建议[J]．绿色科技，2022，24（06）：91-93．

[25] 李欣欣．关于碳排放与大气污染物排放分析及治理研究[J]．山西化工，2021，41（05）：287-288，291．

[26] 国家质量监督检验检疫总局，环境保护部．环境空气质量标准[S]．GB 3095—2012．北京：中国标准出版社，2012．

[27] 谢绍东，张远航，唐孝炎．我国城市地区机动车污染现状与趋势[J]．环境科学研究，2000，13（4）：22-26．

[28] Sun J, Hippo E J, Marsh H. Activated carbon produce from anillinois basin coal[J]. Carbon, 1997, 35: 341-352.

[29] Domingo G M, Lopez G F J, Perez M M. Effect of some oxidation treatments on the textural characteristics and surface chemical natural of an activated carbon[J]. Colloid Interface Science, 2000, 222（2）: 233-240.

[30] 符若文，杜秀英，黄爱萍．负载 Pd/Cu 活性碳纤维的孔结构研究[J]．中山大学学报（自然科学版），2002，41（1）：46-50．

[31] 古可隆．活性炭的应用[J]．林产化工通讯，1999，33（4）：37-40．

[32] Claudino A, Soares J L, Moreira R F, et al. Adsorption equilibrium and breakthrough analysis for NO adsorption on activated carbons at low temperatures[J]. Carbon, 2004, 42: 1483-1490.

[33] 宋晓锋，王建刚，王策．浸渍法改性活性炭纤维吸附一氧化氮的研究[J]．合成纤维工业，2005，28（2）：30-32．

[34] Lee Y W, Choi D K, Park J W. Performance of fixed-bed KOH impregnated activated carbon adsorber for NO and NO_2 removal with oxygen[J]. Carbon, 2002, 40（9）: 1409-1417.

[35] Lee Y W, Park J W, Yun J H, et al. Studies on thesurface chemistry based on competitive adsorption of NO_x -SO_2 onto a KOH impregnated activated carbon in excess O_2[J]. Environmental Science and Technology, 2002, 36: 4928-4935.

[36] Lee Y W, Kim H J, Park J W, et al. Adsorption and reaction behavior for the simultaneous adsorption of NO-NO_2 and SO_2 on activated carbon impregnated with KOH[J]. Carbon, 2003, 41: 1881-1888.

[37] Kong Y, Cha C Y. NO_x adsorption on char in presence of oxygen and moisture[J]. Carbon, 1996, 34（8）: 1027-1033.

[38] Bagreev A, Menendez A, Dukhno I, et al. Bituminous coal-based activated carbons modified with nitrogen as adsorbents of hydrogen sulfide[J]. Carbon, 2004, 42（3）: 469-476.

[39] Shirahama N, Mochida I, Korai Y, et al. Reaction of NO with urea supported on activated carbons[J]. Applied Catalysis B: Environmental, 2005, 57: 237-245.

[40] Shirahama N, Mochida I, Korai Y, et al. Reaction of NO_2 in air at room temperature with urea supported on pitch based activated carbon fiber[J]. Applied Catalysis B: Environmental, 2004, 52: 173-179.

[41] Shirahama N, Moon S H, Choi K H, et al. Mechanistic study on adsorption and

reduction of NO₂ over activated carbon fibers[J]. Carbon, 2002, 40 (14) : 2605-2611.

[42] Mochida I, Yozo K, Masuaki S, et al. Removal of SO₂ and NOₓ over activated carbon fibers[J]. Carbon, 2000, 38 (2) : 227-239.

[43] 沈猛. 氢气杂质对质子交换膜燃料电池性能的影响及关键杂质容限值研究[D]. 上海：华东理工大学, 2008.

[44] Thomason A H, Lalk T R, Appleby A J. Effect of current pulsing and "self-oxidation" on the CO tolerance of a PEM fuel cell[J]. Journal of Power Sources, 2004, 135 (1/2) : 204-211.

[45] Garsany Y, Baturina O A, Swider-Lyons K E. Impact of sulfur dioxide on the oxygen reduction reaction at Pt/Vulcan carbon electrocatalysts[J]. Journal of the Electrochemical Society, 2007, 154 (7) : 670-675.

[46] Sethuraman V A, Weidner J W. Analysis of sulfur poisoning on a PEM fuel cell electrode[J]. Electrochimica Acta, 2010, 55 (20) : 5683-5694.

[47] ISO. Gaseous hydrogen-fuelling stations——Part 8: Fuel quality control[S]. ISO 19880-8: 2019. Zurich: International Organization for Standardization, 2019.

[48] Halseid R, Vie P J S, Tunold R. Effect of ammonia on the performance of polymer electrolyte membrane fuel cells[J]. Journal of Power Sources, 2006, 154 (2) : 343-350.

[49] Hongsirikarn K, Napapruekchart T, Mo X, et al. Effect of ammonium ion distribution on Naflon® conductivity[J]. Journal of Power Source, 2011, 196: 644-651.

[50] Adžić R R, Wang J X. Structure and inhibition effects of anion adlayers during the course of O₂ reduction[J]. Electrochimica Acta, 2000, 45 (25/26) : 4203-4210.

[51] ASTM. Standard test method for test method for sampling of particulate matter in high pressure hydrogen used as a gaseous fuel with an in-stream filter[S]. ASTM D7650-10: 2010. West Conshohocken: ASTM International, 2010.

[52] Park S M, O'Brien T J. Effects of several trace contaminants on fuel cell performance.[R]. Department of Energy, Morgantown, WV, USA, 1980.

[53] Hayter P R, Mitchell P, Dams R A J, et al. The effect of contaminants in the fuel and air streams on the performance of a solid polymer fuel cell.[R]. Wellman CJB Limited, Portsmouth, UK, 1997.

[54] 中华人民共和国国家质量监督检验检疫总局，中国国家标准化管理委员会. 气体分析 微量水分的测定 第2部分：露点法[S]. GB/T 5832. 2—2016. 北京：中国标准出版社, 2016.

[55] 中华人民共和国国家质量监督检验检疫总局，中国国家标准化管理委员会. 气体中一氧化碳、二氧化碳和碳氢化合物的测定 气相色谱法[S]. GB/T 8984—2008. 北京：中国标准出版社, 2008.

[56] 中华人民共和国国家质量监督检验检疫总局，中国国家标准化管理委员会. 气体中微量氧的测定 电化学法[S]. GB/T 6285—2016. 北京：中国标准出版社, 2016.

[57] 中华人民共和国国家质量监督检验检疫总局，中国国家标准化管理委员会. 天然气 在一定

不确定度下用气相色谱法测定组分　第 3 部分：用两根填充柱测定氢、氦、氧、氮、二氧化碳和直至 C$_8$ 的烃类[S]. GB/T 27894. 3—2011. 北京：中国标准出版社，2011.

[58]　中华人民共和国国家质量监督检验检疫总局，中国国家标准化管理委员会. 氢气　第 2 部分：纯氢、高纯氢和超纯氢[S]. GB/T 3634. 2—2011. 北京：中国标准出版社，2011.

[59]　Downey M, Murugan A, Bartlett S, et al. A novel method for measuring trace amounts of total sulphur-containing compounds in hydrogen[J]. Journal of Chromatography A, 2015, 1375: 140-145.

[60]　国家环境保护局，国家技术监督局. 空气质量　氨的测定　离子选择电极法[S]. GB/T 14669—1993. 北京：中国标准出版社，1993.

[61]　ASTM. Standard test method for hydrogen purity analysis using a continuous wave cavity ring-down spectroscopy analyzer: ASTM D7941M-14: 2011 [S]. West Conshohocken: American Society for Testing and Materials, 2011.

[62]　中华人民共和国国家质量监督检验检疫总局，中国国家标准化管理委员会. 气体中颗粒含量的测定　光散射法 第 1 部分：管道气体中颗粒含量的测定[S]. GB/T 26570. 1—2011. 北京：中国标准出版社，2011.

[63]　中华人民共和国国家质量监督检验检疫总局，中国国家标准化管理委员会. 天然气中颗粒物含量的测定　称量法[S]. GB/T 27893—2011. 北京：中国标准出版社，2011.

[64]　Chen S, Ordonez J C, Vargas J V. Transient operation and shape optimization of a single PEM fuel cell[J]. Journal of Power Sources, 2006, 162（1）: 356-368.

[65]　Yan Q, Toghian H, Causey H. Steady state and dynamic performance of proton exchange membrane fuel cells （PEMFCs） under various operating conditions and load changes[J]. Journal of Power Sources, 2006, 161（1）: 492-502.

[66]　Ivers-Tiffée E, Weber A, Schichlein H. Electrochemical impedance spectroscopy. // Vielstich W, Gasteiger H A, Lamm A. Handbook of fuel cells-fundamentals, technology and applications[M]. John Wiley & Sons, 2003: 220-235.

[67]　Perea J, Gonzalez E R, Ticianelli E A. Impedance studies of the oxygen reduction on thin porous coating rotating platinum electrodes [J]. Journal of the Electrochemical Society, 1998, 145（7）: 2307-2313.

[68]　Vielstich W, Vielstich W, Gasteiger H A. Cyclic voltammetry//Hand book of fuel cells: fundamentals, technology and applications [M]. John Wiley & Sons, 2003: 153-162.

[69]　Pozio A, de Francesco M, Cemmi A. Comparison of high surface Pt/C catalysts by cyclic voltammetry[J]. Journal of Power Sources, 2002, 105（1）: 13-19.

[70]　Perez J, Gonzalez E R, Ticianelli E A. Oxygen electrocatalysis on thin, porous coating rotating platinum electrodes[J]. Electrochimica Acta, 44（8-9）: 1329-1339.

[71]　Søgaard M, Odgaard M, Skou E M. An improved method for the determination of the electrochemical active area of porous composite platinum electrode [J]. Solid State

Ionics, 2001, 145（1）: 31-35.

[72] 中华人民共和国国家质量监督检验检疫总局, 中国国家标准化管理委员会 . 反应气中杂质对质子交换膜燃料电池性能影响的测试方法　第 1 部分: 空气中杂质[S]. GB/T 31886. 1—2015.

[73] 中华人民共和国国家质量监督检验检疫总局, 中国国家标准化管理委员会 . 反应气中杂质对质子交换膜燃料电池性能影响的测试方法　第 2 部分: 氢气中杂质[S]. GB/T 31886. 2—2015.

[74] 何广利, 窦美玲 . 氢气中杂质对车用燃料电池性能影响的研究进展[J]. 化工进展, 2021, 40 （09）: 4815-4822.

[75] Sinha P K, Halleck P, Wang C Y. Quantification ofliquid water saturation in a PEM fuel cell diffusion medium using X-ray microtomography[J]. Electrochemical and Solid State Letters, 2006, 9（7）: 244-248.

[76] Tajiri K, Tabuchi Y, Wang C Y. Isothermalcold start of polymer electrolyte fuel cells[J]. Journal of the Electrochemical Society, 2006, 154（2）: 610-621.

[77] 繆智力 . 膜电极组件中掺杂 SiO_2 对质子交换膜燃料电池的影响[D]. 大连: 中国科学院大连化学物理研究所, 2009.

[78] 侯俊波 . 质子交换膜燃料电池零度以上保存与启动的研究[D]. 大连: 中国科学院大连化学物理研究所, 2008.

[79] Wilson M S, Derouin C, Valerio J, Gottesfeld S. Electrocatalysis issues in polymer electrolyte fuel cells[R/OL]. Proc 28th IECEC, 1993, 1: 1203-1208.

[80] Wagner N, Gülzow E. Change of electrochemical impedance spectra （EIS） with time during CO-poisoning of the Pt-anode in a membrane fuel cell [J]. Journal of Power Sources, 2004, 127: 341-347.

[81] 沈猛, 杨代军, 汪吉辉, 等 . 氢燃料气中 CO 和 CO_2 对 PEMFC 性能影响[J]. 电源技术, 2008, 32（7）: 442-445.

[82] 俞红梅, 侯中军, 衣宝廉, 等 . CO/H_2 燃料气的质子交换膜燃料电池性能研究[J]. 电化学, 2001, 7（2）: 238-243.

[83] 杨代军 . 大气污染物对质子交换膜燃料电池性能影响的研究[D]. 上海: 华东理工大学, 2007.

[84] Shi W, Yi B, Hou M, et al. The effect of H_2S and CO mixtures on PEMFC performance [J]. International Journal of Hydrogen Energy, 2007, 32（17）: 4412-4417.

[85] Uribe F, Zawodzinski T. Effects of fuel impurities on PEM fuel cell performance[C]. Proceedings of the 200th ECS Meeting. San Francisco, 2001.

[86] Mohtadi R, Lee W K, Cowan S, et al. Effects of hydrogen sulfide on the performance of a PEMFC[J]. Elecchemical and Solid-State Letters, 2003, 6（12）: 33-39.

[87] Mohtadi R, Lee W K, Zee J W V. The effect of temperature on the adsorption rate of hydrogen sulfide on Pt anode in a PEMFC[J]. Applied Catalysis B: Environmental,

2004, 56（1）：37-42.

[88] 沈猛，杨代军，汪吉辉，等．适用于质子交换膜燃料电池的 H_2 中 H_2S 浓度阈值控制研究[J]. 西安交通大学学报，2008，42（8）：1054-1058.

[89] Najdeker E, Bishop E. The formation and behaviour of platinum sulphide on platinum electrode[J]. Electroanalytical Chemistry an Interfacial Electrochemistry, 1973, 14: 79-87.

[90] 石伟玉．阳极杂质气体对质子交换膜燃料电池性能的影响及解决对策研究[D]．大连：中国科学院大连化学物理研究所，2005.

[91] Verhage A, Coolegem J, Mulder M, et al. 30000 h operation of a 70 kW stationary PEM fuel cell system using hydrogen from a chlorine factory[J]. International Journal of Hydrogen Energy, 2013, 38（11）：4714-4724.

[92] Li H, Wang H, Qian W, et al. Chloride contamination effects on proton exchange membrane fuel cell performance and durability[J]. Journal of Power Sources, 2011, 196（15）：6249-6255.

[93] Uddin M, Wang X, Qi J, et al. Effect of chloride on PEFCs in presence of various cations[J]. Journal of the Electrochemical Society, 2015, 162（4）：373-379.

[94] Ali S T, Li Q, Pan C, et al. Effect of chloride impurities on the performance and durability of polybenzimidazole-based high temperature proton exchange membrane fuel cells[J]. International Journal of Hydrogen Energy, 2011, 36（2）：1628-1636.

[95] Li H, Zhang S, Qian W, et al. Impacts of operating conditions on the effects of chloride contamination on PEM fuel cell performance and durability[J]. Journal of Power Sources, 2012, 218: 375-382.

[96] Unnikrishnan A, Janardhanan V M, Rajalakshmi N, et al. Chlorine-contaminated anode and cathode PEMFC-recovery perspective[J]. Journal of Solid State Electrochemistry, 2018, 22（7）：2107-2113.

[97] Rajalakshmi N, Jayanth T T, Dhathathreyan K S. Effect of carbon dioxide and ammonia on polymer electrolyte membrane fuel cell stack performance[J]. Fuel Cells, 2003, 3（4）：177-180.

[98] Goodwin J G, Zhang J, Sirikarn K H, et al. Effects of impurities on fuel cell performance and durability[R]. DOE Hydrogen Program Annual Merit Review and Peer Evaluation, USA: DOE, 2010.

[99] Goodwin J G, Zhang J, Sirikarn K H, et al. Effects of impurities on fuel cell performance and durability[R]. DOE Hydrogen Program Review, USA: DOE, 2009.

[100] Hongsirikarn K, Goodwin J G, Greenway S, et al. Influence of ammonia on the conductivity of Nafion® membranes[J]. Journal of Power Sources, 2010, 195（1）：30-38.

[101] Hongsirikarn K, Napapruekchart T, Mo X H, et al. Effect of ammonium ion

distribution on Nafion® conductivity[J]. Journal of Power Sources, 2011, 196（2）: 644-651.

[102] Gomez Y A, Oyarce A, Lindbergh G, et al. Ammonia contamination of a proton exchange membrane fuel cell[J]. Journal of the Electrochemical Society, 2018, 165（3）: 189-197.

[103] Bruijn F A, Papageorgopoulos D C, Sitters E F, et al. The influence of carbon dioxide on PEM fuel cell anodes[J]. Journal of Power Sources, 2002, 110（1）: 117-124.

[104] Bellows R J, Marucchi-Soos E P, Buckley D T. Analysis of reaction kinetics for carbon monoxide and carbon dioxide on polycrystalline platinum relative to fuel cell operation [J]. Industrial & Engineering Chemistry Research, 1996, 35（4）: 1235-1242.

[105] Aastrup T, Persson D, Wallinder I O, et al. In situ infrared reflection absorption spectroscopy studies of sulfuric acid formation on platinum and palladium surfaces[J]. Journal of the Electrochemical Society, 1998, 145（2）: 487-492.

[106] Yoshiki N, Seiho S, Kazuhiko S. The impact of air contaminants on PEMFC performance and durability[J]. Journal of Power Sources, 2008, 182（2）: 422-428.

[107] Yang D J, Ma J X, Xu L, et al. The effect of nitrogen oxides in air on the performance of the proton exchange membrane fuel cell[J]. Electrochimica Acta, 2006, 51（19）: 4039-4044.

[108] 杨代军，马建新，徐麟，等. 城市大气主要污染物对 PEMFC 性能的影响研究[C]. 第一届环境污染防治应用技术交流会论文集，2005.

[109] 杨代军，马建新，徐麟，等. 城市大气中 NO_x 和 CO 对质子交换膜燃料电池性能的影响研究[J]. 环境污染与防治，2005, 6（1）: 416-419.

[110] Los Alamos National Laboratory. Effects of fuel and air impurities on PEM fuel cell performance[R]. Annual Merit Review, USA: DOE, 2010.

[111] 傅杰. 阴极杂质气体对质子交换膜燃料电池性能的影响及对策研究[D]. 大连: 中国科学院大连化学物理研究所，2009.

[112] Jing F, Hou M, Shi W, et al. The effect of ambient contamination on PEMFC performance[J]. Journal of Power Sources, 2007, 166（1）: 172-176.

[113] Yang D J, Ma J X, Ma X, et al, Effects of NO_x and SO_2 in cathode stream on performance of PEMFC[J]. Battery Bimonthly, 2006, 36（5）: 354-358.

[114] Contractor A, Hira L. The nature of species adsorbed on platinum from SO_2 solutions [J]. Journal of Electroanalytical Chemistry and Interfacial Electrochemistry, 1978, 93（2）: 99-107.

[115] Bod B, Ken S, Wayne S. Fuel cell research and development at Los Alamos National Lab[R/OL]. http: //www. lanl. gov. 2006-5-30.

[116] Uribe F, Valerio J, Rockward T. Effects of some air impurities on PEM fuel cell performance[C]. 205th meeting of the electrochemical society meeting, 2004: 332.

[117] Ma J X, Yang D J, Ma X W, et al. Effects of mail impurities in cathode stream on the performance of PEMFC [C]. Abstract of 3rd Guangzhou fuel cell conference (international). 2006, : 53.

[118] 杨代军, 马建新. 阴极 CO 对质子交换膜燃料电池性能的影响研究[C]. 第六届全国氢能学术会议文集, 2005: 244-245.

[119] Moore J M, Adcock P L, Lakeman J B, et al. The effects of battlefield contaminants on PEMFC performance[J]. Journal of Power Sources, 2000, 85（2）: 254-260.

[120] Gould B D, Baturina O A, Swider-Lyons K E. Deactivation of Pt/VC proton exchange membrane fuel cell cathodes by SO_2、H_2S and COS[J]. Journal of Power Sources, 2009, 188（1）: 89-95.

[121] 马晓伟. 车用燃料电池空气净化器的研究[D]. 上海: 同济大学, 2007.

[122] 单晓梅, 杜铭华, 朱书全, 等. 活性炭表面改性及吸附极性气体[J]. 煤碳转化, 2003, 26（1）: 32-36.

[123] Boehm H P. Some aspects of the surface chemistry of carbon blacks and other carbons [J]. Carbon, 1994, 32（5）: 759-769.

[124] Mangun C L, Debarr J A, Economy J, et al. Adsorption of sulfur dioxide on ammonia-treated activated carbon fibers[J]. Carbon, 2001, 39（11）: 1689-1696.

[125] Young W L, Jee W P, Se J J, et al. NO_x adsorption-temperature programmed desorption and surface molecular distribution by activated carbon with chemical modification[J]. Carbon, 2004, 42（1）: 59-69.

[126] ZhuJ L, Wang Y H, Zhang J C, et al. Experimental investigation of adsorption of NO and SO_2 on modified activated carbon sorbent from flue gases[J]. Energy Conversion and Management, 2005, 46: 2173-2184.

[127] Menendez J A, Phillips J, Xia B, et al. On the modification of chemical surface properties of active carbon: in the search of carbon with stable basic properties [J]. Langmuir, 1996, 12: 4404-4410.

[128] Grajek H. Changes in the surface chemistry and adsorptive properties of active carbon previously oxidized and heat-treated at various temperatures Ⅰ. Physico-chemical properties of the modified carbon surface [J]. Adsorption Science and Technology, 2001, 19（7）: 565-576.

[129] 李开喜, 凌立成, 刘朗, 等. 氨水活化的活性炭纤维的脱硫作用[J]. 环境科学学报, 2001, 21（1）: 74-78.

[130] Bvans M, Halliop E, MacDonald J. The production of chemically-activated carbon[J]. Carbon, 1999, 37: 269.

[131] Yang D J, Ma X W, Lv H, et al. NO adsorption and temperature programmed desorption on K_2CO_3 modified activated carbons [J]. Journal of Central South University, 2018, 25: 2339-2348.

[132] Kennedy D, Cahela D, Zhu W. et al. Fuel cell cathode air filters: Methodologies for design and optimization[J]. Journal of Power Sources, 2007, 168（1）: 391-399.

[133] Ma X W, Yang D J, Zhou W, et al. Evaluation of activated carbon adsorbent for fuel cell cathode air filtration[J]. Journal of Power Sources, 2008, 175（1）: 383-389.

[134] Gavelli F, Bullister E, Kytomaa H. Application of CFD（Fluent）to LNG spills into geometrically complex environments[J]. Journal of Hazardous Materials, 2008, 159（1）: 158-168.

[135] 陈专，吕洪，马晓伟，等. FCE 空气过滤吸附材料压降试验与仿真研究[J]. 计算机仿真，2009，5: 296-298+ 340.

[136] Eivind S, William M N, Richard T C. Filter assembly for intake air of fuel cell: US 6783881 B2[P]. 2004-08-31.

[137] Andrew J D, Mark A G, Kristine M. et al. Air filter assembly for low temperature catalytic processes. US7101419 B2[P]. 2007-01-04.

[138] Kaffenberger, Hücker, Hintenlang, et al. Filter arrangement: WO2007039037A1[P]. 2006-06-22.

[139] Robert S T, Ballston L. Fuel cell air system and method: US7122258B2[P]. 2003-05-22.

[140] Wang C, Zhou S, Hong X, et al. A comprehensive comparison of fuel options for fuel cell vehicles in China[J]. Fuel Processing Technology, 2005, 86（7）: 831-845.

[141] 马建新，周伟，马晓伟，等. 发动机空气净化器：CN101079489A[P]. 2007-11-28.

[142] 白光金，柳二猛，王斐，等. 一种用于燃料电池的空气过滤装置：CN217367620U[P]. 2022-09-06.

[143] 曲鸿瑞，史建龙，龙兴利. 一种氢燃料电池空气过滤装置：CN216120393U[P]. 2022-03-22.

[144] Vielstich W, Lamm A, Gasteiger H A. Handbook of fuel cells: fundamentals, technology, and applications[M]. New York: Wiley, 2003.

[145] Uribe F A, Zawodzinski Jr T A. The effect of fuel impurities on PEM fuel cell performance[C]. 200th ECS Meeting, Ssan Francisco, 2001.

[146] Urdampilleta I, Uribe F, Rockward T, et al. PEMFC poisoning with H_2S: Dependence on operating cinditions[J]. ECS Transactions, 2007, 11（1）: 831-842.

[147] Mohtadi R, Lee W K, Cowan S, et al. Effect of hydrogen sulfide on the performance of a PEMFC[J]. Electrochemical and Solid-state Letters, 2003, 6（12）: 272-271.

[148] SasmitoA P, Ali M I, Shamim T. A factorial study to investigate the purging effect on the performance of a dead-end anode PEM fuel cell stack[J]. Fuel Cells, 2015, 15: 160-169.

[149] Lee H Y, Su H C, Chen Y S. A gas management strategy for anode recirculation in a proton exchange membrane fuel cell[J]. International Journal of Hydrogen Energy, 2018, 43: 3803-3808.

[150] Baumgartner W R, Parz P, Fraser S D, et al. Polarization study of a PEMFC with four reference electrodes at hydrogen starvation conditions[J]. Journal of Power Sources, 2008, 182: 413-421.

[151] Zhai S, Zhou S, Sun P, et al. Modeling study of anode water flooding and gas purge for PEMFCs[J]. Journal of Fuel Cell Science and Technology, 2012, 9（3）: 31007.

[152] Rabbani A, Rokni M. Effect of nitrogen crossover on purging strategy in PEM fuel cell systems[J]. Applied Energy, 2013, 111: 1061-1070.

[153] Chen Y S, Yang C W, Lee J Y. Implementation and evaluation for anode purging of a fuel cell based on nitrogen concentration[J]. Applied Energy, 2014, 113: 1519-1524.

[154] Nishizawa A, Kallo J, Garrot O, et al. Fuel cell and Li-ion battery direct hybridization system for aircraft applications[J]. Journal of Power Sources, 2013, 222: 294-300.

[155] Hung C Y, Huang H S, Tsai S W, et al. A purge strategy for proton exchange membrane fuel cells under varying-load operations[J]. International Journal of Hydrogen Energy, 2016, 41: 12369-12376.

[156] Nikiforow K, Karimäki H, Keränen T M, et al. Optimization study of purge cycle in proton exchange membrane fuel cell system[J]. Journal of Power Sources, 2013, 238: 336-344.

[157] Zamel N, Li X G. Transient analysis of carbon monoxide poisoning and oxygen bleeding in a PEM fuel cell anode catalyst layer[J]. International Journal of Hydrogen Energy, 2008, 33（4）: 1335-1344.

[158] Petukhov A V, Akemann W, Friedrich K A, et al. Kinetics of electrooxidation of a CO monolayer at the platinum/electrolyte interface[J]. Surface Science, 1998, 402/403/404: 182-186.

[159] Hu Z, Yu Y, Wang G, et al. Anode purge strategy optimization of the polymer electrode membrane fuel cell system under the dead-end anode operation[J]. Journal of Power Sources, 2016, 320: 68-77.

[160] Omrani R, Mohammadi S S, Mafinejad Y, et al. PEMFC purging at low operating temperatures: An experimental approach[J]. Int J Energy Res, 2019, 43: 7496-7507.

[161] Lin Y F, Chen Y S. Experimental study on the optimal purge duration of a proton exchange membrane fuel cell with a dead-ended anode[J]. Journal of Power Sources, 2017, 340: 176-182.

[162] Araya S, Zhou F, Liso V, et al. A comprehensive review of PBI-based high temperature PEM fuel cells[J]. International Journal of Hydrogen Energy, 2016, 41: 21310-21344.

[163] Simon A S, Thomas S, Lotrič A, et al. Effects of impurities on pre-doped and post-doped membranes for high temperature pem fuel cell stacks[J]. Energies, 2021, 14: 2994.

[164] Wu J, Yuan X Z, Martin J J, et al. A review of PEM fuel cell durability: degradation mechanisms and mitigation strategies [J]. Journal of Power Sources, 2008, 184: 104-119.

[165] Stevens D A, Dahn J R. Thermal degradation of the support in carbon-supported platinum electrocatalysts for PEM fuel cells[J]. Carbon, 2005, 43: 179-100.

[166] Rasheed R, Liao Q, Zhang C Z, et al. A review on modelling of high temperature proton exchange membrane fuel cells (HT-PEMFCs) [J]. International Journal of Hydrogen Energy, 2016, 42 (5): 3142-3165.